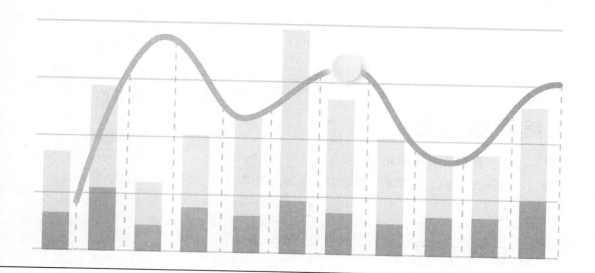

中国植物保护统计
原理与应用

全国农业技术推广服务中心 ◎ 编著

中国农业出版社
北　京

编审委员会

主　　任：魏启文　王福祥
委　　员：曾　娟　刘万才　郭永旺　王凤乐　姜玉英　郭　荣　赵中华

编写人员名单

主　　编：李春广　张　涛　刘　杰　郝丽萍　刘梦泽
副 主 编：李天娇　徐淑华　王　玲　韩伟君　于玲雅　余　璐　尹　丽　穆常青
　　　　　林文忠　李鑫杰　易继平　张军勇　王爱珺
编写人员：李春广　张　涛　刘　杰　赵中华　郭　荣　束　放　秦　萌　赵　清
　　　　　张　帅　李天娇　王爱珺　刘　晔　穆常青　叶少锋　王　丽　李　岩
　　　　　曹　烁　郭　青　张武云　郝丽萍　李春花　苏　日　李鑫杰　赵素梅
　　　　　李　眷　张贵峰　林文忠　尤凤芝　白洪玉　薛　争　朱　丹　李　岩
　　　　　沈慧梅　张　芳　王海波　罗川林　沈　颖　董　卉　曹辉辉　琚　阳
　　　　　汤银来　黄晓燕　庄家祥　余华春　施伟涛　于玲雅　朱继宏　郭姝辰
　　　　　师　辉　张军勇　张占英　刘梦泽　易继平　王　娟　沈　青　尹　丽
　　　　　李梅辉　黄秀兰　李建丰　龙梦玲　钟　灵　周天云　王　涛　胡　韬
　　　　　陈　俐　白玛德西　焦明姚　杨再学　韩伟君　谢飞舟　赵树良　姜仲辉
　　　　　徐淑华　李健荣　马　景　于海霞　余　璐

前 言

FOREWORD

统计是人类社会实践活动的产物，是随着人类记数活动和国家管理的需要产生和发展起来的。我国把统计工作作为反映国民经济和社会发展情况的主要手段，是国家制定经济政策和计划，监督和管理国民经济的重要工具。植物保护（简称"植保"）统计工作是一种部门专业统计，通称"植保专业统计"，它是整个农业统计工作的重要组成部分，做好这项工作，对及时准确掌握农业有害生物的发生、防治和危害损失情况以及工作动态，加强植物保护工作的宏观管理和决策有着重要作用。

新中国成立以来，农业农村部开展了农作物病虫害的发生、防治以及危害损失情况的调查和统计，随着植物保护工作越来越被重视，植保专业统计工作也得到长足发展。20世纪80年代，全国植物保护总站印发了《全国植保专业统计报表制度》。20世纪90年代，农业部加强了对所属的20多项专业统计的管理，所有报表均经国家统计局批准，依法进行包括植保专业统计在内的各项专业统计工作。1993年，全国植物保护总站组织编写出版了植保统计专用工具书《植物保护统计手册》，对植保统计工作的开展发挥了重要的作用。2010年和2018年，农业农村部先后制定并颁布了《农业植物保护统计工作规范》和《农作物主要病虫自然危害损失率测算准则》两项农业行业标准，这些都有力地推动了全国植保专业统计工作越来越科学化和标准化。

原《植物保护统计手册》自出版到现在近三十年中，从事植保专业统计人员已换了一批又一批，统计专用工具书在很多单位已经遗失无几，而且书中很多内容已经不能适应现在工作的需要。为此，全国农业技术推广服务中心组织部分省市植保部门有经验的统计人员，结合近年植保工作的新情况，新编了《中国植物保护统计原理与应用》，供各级植保系统统计人员参阅。

本书共分十二章。第一章到第五章按照统计学原理的基本理论和方法，从统计指标体系的角度，详细论述了植物保护统计指标的含义、统计范围、统计方法等。第六章到第十二章遵循了我国现阶段植物保护工作的特点，从"绿色植保、公共植保、科学植保、法治植保"的理念出发，详细介绍了植保统计调查、资料整理、统计分析预测的技术与方法和病虫危害损失的评估方法。附录部分包括农田杂草发生危害调查技术规范（参考使用）、全国植保专业统计调查制度、全国各地区主要农作物病虫 5 级自然危害损失率汇总表、农作物病虫危害损失测算系统（V1.0）使用说明等。

本书既有概念阐述又有具体案例分析，理论性和实用性较强，主要供全国各级植保部门从事专业统计的人员阅读和使用，也可作为各地培训教材使用。

在本书的编辑和修订过程中，得到了全国农业技术推广服务中心和各省（自治区、直辖市）植保站（局）领导和统计人员的支持和帮助，在此一并表示感谢。

由于编者水平和经验学识所限，书中难免有错误、疏漏和不足，敬请广大读者批评斧正。

《中国植物保护统计原理与应用》编委会

2020 年 11 月 26 日

目 录
CONTENTS

前言

第一章
概　论

第一节　统计的产生和发展

一、统计的概念

统计的概念一般有三种含义，即统计工作、统计资料和统计学。

统计工作，即统计实践，是指对社会经济现象数量方面进行的调查、整理、分析、预测等工作过程，负责这项工作的机构叫统计机构，从事这项工作的人员叫统计人员。

统计资料，即统计活动中所取得的各种统计数字及其分析说明等资料，主要表现为统计表和统计图，如各种统计报表和统计资料汇编等都是统计资料。

统计学，即系统地论述统计理论和方法的专门学科，有社会经济统计学、农业统计学、工业统计学、商业统计学、基本建设统计学、消费统计学等。

统计的三种含义具有密切的联系。统计资料是统计工作的成果，统计学是统计实践的科学总结，它又是指导统计工作的原理和方法。所以，统计学和统计工作是理论和实践的关系。

二、统计的产生和发展

统计作为收集、整理大量数据的一项社会实践，具有悠久的历史。它是顺应社会的需要而产生和发展起来的。原始人采取堆石子、画道道、绳子打结等非常简单的方法计数，到了奴隶社会，奴隶主为了征兵、徭役、赋税的需要，便开始了人口和土地的数字记录工作。据历史资料记载，我国早在公元前21世纪（公元前2 000多年）的夏朝，就有了人口和土地数量的统计。随着社会的进一步发展，统计的范围由人口、土地等内容逐步扩大到经济活动的各个领域中去。

统计的迅速发展，开始于资本主义的大发展时期，随着社会分工的日益发展，生产日益社会化，经济管理日益加强，统计从一般的政治、经济、军事扩大到社会生活的各个领域，出现了商业统计、工业统计、农业统计以及银行、交通、海关和对外贸易等领域的统计。从18世纪开始，世界很多国家相继建立了统计机构，举行了国际性的统计会议，出版了大量刊物，促进了统计的发展。

在统计科学发展史上，统计成为一门科学，是从17世纪开始的，作为统计学的历史，迄今已有300多年。随着资本主义统计实践的发展，统计理论研究和统计学说也相继发展起来，并产生了不同的学派。17 世纪产生了以英国人威廉·佩蒂（William Petty，1623—1687 年）为代表的政治算术学派，他的理论和方法，为统计学的创立奠定了方法论基础。马克思在评价佩蒂时曾认为"他是政治经济学之父，在某种程度上也可以说是统计学的创始人"。在 19 世纪，则产生了以比利时统计学家阿道夫·凯特勒（Lambert Adolphe Jacque Quetelet，1796—1874 年）为首的数理统计学派。

我国的统计工作虽然早在数千年前就已经产生了，但由于长期受封建社会统治的影响，始终没能得到广泛的发展。中华人民共和国成立后，在学习苏联统计工作经验的同时，引进了苏联的社会经济统计学。60 多年来，我国的统计工作在实践中逐步发展起来，建立了各级统计机构，培养了统计队伍，制定了一套适合我国国情的统计制度和方法，为我国社会主义建设作出了积极贡献。党的十一届三中全会以来，广大统计工作者总结了我国统计实践，学习外国经验，把统计工作推向了新的阶段。

第二节　植物保护统计及其作用

一、植物保护统计的概念

农作物在生长发育和储藏过程中，常常遭受害虫、病菌和害鼠的危害，所谓"生长在不该生长的地方"的杂草，也与农作物争夺阳光、水分和养料，这些都致使农作物不能正常生长发育，减少产量，降低品质，甚至死亡，形成农作物病、虫、草、鼠害。这种由有害生物造成的灾害称之为生物灾害。植物保护的内容和对象非常广泛，但通常是研究农作物有害生物的特征特性、发生发展规律、预测预报方法、防治策略及措施等，及时开展有害生物监测预警、外来有害生物隔离检疫和生物灾害的综合防控等，有效预防和减轻有害生物对作物的危害，保护农作物正常生长发育，减少收获后的农产品在储藏期间受害损失。

中华人民共和国成立 70 多年以来，特别是党的十一届三中全会以后，我国的植物保护事业有了很大的发展，在促进农业生产和农村经济的发展，农业高产、优质、高效益方面发挥着愈加重要的作用。党的十八大、十九大以来强调发展生态农业和绿色农业，植物保护工作在农业生产中的作用更加重要，地位得到了进一步提升，植物保护统计工作作为历史的记录显得更为重要。

植物保护统计，就是运用统计学的原理和方法，对植物保护已经发生的现象和事件以及开展的活动进行基本的数量统计和分析，这些统计分析所产生的资料，可用来研究植物保护的发展现状、历史和规律，指导制定植物保护事业发展计划和规划等。植物保护统计是农村社会经济统计的重要组成部分，是植物保护工作的重要内容。

二、植物保护统计的产生与发展

我国植物保护统计产生的时间虽然较早，但真正发展起来的时间并不长。中华人民共和国成立以后，经历了从无到有、从简到全、从附属到相对独立、快速发展和稳步推进等几个阶段。

（一）第一阶段（1980 年以前）：从无到有时期

在 2 000 多年以前，我国就有病虫灾害的记载，如公元前 158 年（汉文帝后六年）就有"夏四月蝗，秋螟"；公元前 146 年（汉景帝中四年）有"夏大蝗"；公元前 104 年（汉武帝太初元年）有"秋八月，关东蝗大起，从东方飞至敦煌"之说。到公元 2 年已有部分数字统计，如汉平帝元始二年有"四月，蝗。秋，蝗遍天下，河南二十县受灾"；公元 46 年（东汉光武帝建武二十二年）"三月，京师郡国十九蝗，十月青州蝗"等，这些记载说明了当时蝗虫发生的范围。从公元 301 年（晋惠帝永宁元年）开始有了病虫危害损失的统计，如"十月，南安、巴西、江阳、太原、新兴、北海青虫食禾叶，甚者十伤五六"；公元 639 年（唐太宗贞观十三年）开始有了农田鼠害统计，如"建州鼠害稼"。到公元 823 年（唐穆宗长庆三年）已有害虫发生面积的统计，如"秋，洪州螟蝗害稼八万亩"。公元 1173 年开始有防治害虫情况的统计，如"七月，宋淮甸大蝗，真、扬、泰州窨扑蝗五千斗，馀郡或日捕数十车"。

1950 年年初，农业部设立病虫防治局（后改为植物保护局），开始建立初步的植物保护统计制度，对当时的植保事件进行了一些简单的统计，积累了一些统计资料。从 1972 年开始，全国开展了病虫害发生和防治面积、挽回损失、防治后仍然损失等项目的统计。1978 年，农业部恢复植物保护局后，着手制定较全面的植保统计报表制度。

（二）第二阶段（1981—1987 年）：由简到全时期

1981 年，农业部植物保护局在对植保工作进行调查研究的基础上，制定了《植保专业统计报表制度》，由农业部向各省、自治区、直辖市农业（农林、农牧）厅（局）、各口岸动植物检疫所发出"关于印发《植保专业统计报表制度》的通知"［（1981）农业（保）字第 25 号]。该通知指出，各省、自治区、直辖市农业（农林、农牧）厅（局）植保（植检）站（处）、各口岸动植物检疫所等填报单位，要加强调查研究，对确系需要而且计算又较复杂的指标，要采用典型调查、科学估算的办法进行统计。从此，我国有了全国统一的、相对比较全面的植保专业统计制度。

（三）第三阶段（1988—1991 年）：从附属到相对独立时期

20 世纪 80 年代以后，随着改革开放的深入，各地为提高农作物产量，不断进行耕作制度的调整和改革，作物品种更换频率加大，肥水管理水平逐渐提高，导致了农田生态系发生变化，加上气候变化等因素，有害生物发生危害随之也出现了较大变化。一些次要病虫、偶发病虫上升为常发性病虫或暴发性病虫。长期过量使用单一化学农药，造成病虫产生抗药性。一些从未发生过的病虫或杂草，也陆续从外地甚至国外传入和扩散蔓延。一些远距离迁飞性害虫和大区流行性病害发生危害的频率增加。从此，植物保护工作在我国农业生产中肩负的责任逐步加大，同时也越来越受到各个部门的重视。1982 年农业部机构调整时，农业部植物保护局同农业部全国农作物病虫测报总站合并，成立全国植物保护总站。对外植物检疫工作由中华人民共和国动植物检疫总所负责。植保工作和机构的变化，导致《植保专业统计报表制度》不能适应新形势的需要，植物保护统计的内容、范围和方法等必须进行必要的调整。

1987年3月，全国植物保护总站召开了全国植保专业统计报表制度修订座谈会，同年12月在银川召开了全国植保专业统计工作会议，修订了《全国植保专业统计报表制度》，起草了《植保专业统计工作暂行规定》。1988年2月，农牧渔业部向各省、自治区、直辖市农业（农林、农牧、农牧渔业）厅（局）发出了"关于印发《植保专业统计报表制度》和《植保专业统计工作暂行规定》的通知"[（1988）农（农）字第7号]，第一次对农作物病虫害发生和防治面积、发生程度等主要统计指标作出统一的规定，初步制定了植保专业统计工作规范，将统计病虫对象由原来的31种增至64种，同时增加了农作物病虫防治措施、农药使用量、植保机械使用量、植保机构人员情况、植保服务组织和有偿服务情况等项目的统计。1988年开始首次统一印发了《植保专业统计年度报表》填报册。1987年开始汇总编印了《年度植保专业统计资料》。1989年开发了植保专业统计计算机管理软件，1990年后在全国开始逐步推行使用。在统一安排试点试验研究的基础上，1990年全国植物保护总站向各省、自治区、直辖市植保（植检）站印发了《植保专业统计样点县抽样调查试行办法》。

根据国家统计局和农业部的统一要求，结合全国植物保护体系的具体实际，1991年，农业部重新修订了《植保专业统计报表制度》和暂行规定[（1991）农（农）字第41号]。

这一时期的植物保护统计工作得到了前所未有的发展，各级农业行政部门及植物保护系统领导对植物保护统计工作高度重视和支持。1987年以后，全国植物保护总站每年都召开一次植保专业统计工作会议，通过会议，认真总结统计工作经验和问题，部署下一年度统计工作。全国植保统计队伍不断健全，人员素质逐渐提高，到1992年，全国基本形成了能够反映生物灾害情况和植物保护发展状况的统计网络，能比较全面系统地反映植物保护工作情况。各地在统计实践活动中总结出一套做好植物保护统计工作的经验，涌现出一批先进单位和先进工作者，植物保护统计工作取得了显著的成绩，为农业生产和现代化建设作出了重要贡献。

（四）第四阶段（1992—2020年）：快速发展和稳步推进时期

1995年，农业部在原全国植物保护总站等四个事业单位基础上，成立了全国农业技术推广服务中心，确定由计算机处（后改为信息处、标准与信息处）专门负责植保专业统计工作，2019年植保统计工作划归病虫害测报处负责，配备了专业人员，加大了经费投入，确保了植保专业统计工作快速健康发展，取得了显著成效。

（1）健全了由全国农业技术推广中心牵头的省、地、县全国性统计调查队伍，全国统计调查人员3 000多名，保证了数据的及时上报。

（2）实现依法统计，《全国植保专业统计调查制度》内容每四年进行一次更新，通过农业农村部市场与信息化司报国家统计局审批，确定了统计数据的法律地位。

（3）随着农业结构调整，病虫发生种类、发生规律、农药品种结构等，无论是广度还是深度都发生了重大变化。为适应新形势的发展，2018年，全国农业技术推广服务中心组织了全国植保专家对《植保专业统计报表制度》进行了进一步修订，进一步扩大了植保专业统计的范围，增加了统计工作任务，明确了统计报表填报要求，修订和增加了统计报表的内容，并对各项统计指标进行了详细解释，各种农作物病虫草鼠增加到了 300 多种，涵盖全国重点病虫和地方性重要病虫。

（4）2005—2020 年，借鉴国家统计部门的做法，坚持了 15 年植保专业统计专家会商制度，每年组织各省（自治区、直辖市）统计专家对各地上报的上一年度统计数据进行逐一审查，发现问题及时驳回地方重新统计和上报。统计会商制度的实行，保证了数据的准确性和科学性。

（5）结合金农工程的实施，开发了网络版统计数据采集系统，各县级植保站可通过计算机网络直接上报，大大减轻了基层统计人员的工作负担，加快了数据上报的速度，提高了统计效率。

（6）开发了植保统计历史数据查询系统。1998 年 10 月，开展了"全国植保统计 50 年数据库"建设工作，全国植保系统上千名长期从事植保工作的同志，查阅了大量的历史资料，用两年多时间挖掘、整理了自 1949 年新中国成立以来全国主要农作物病虫害发生、防治和损失情况的数据。随着年度统计工作开展，逐步挖掘整理了 1949 年至今植保统计历史数据。数据库现有全国和各、省、地、县 1949—2019 年间 300 多种病虫的历史数据，每年还随着年度统计工作陆续逐年追加 5 万多个数据，数据库容量达到 60GB。该数据库凝聚了植保系统几代人的心血，从年限跨度和数据全面性方面全国仅此一个，初步形成了国家、省、地、县四级植保专业统计数据库系统。

（7）2009—2020 年，在全国不同生态区的粮棉油果菜茶等作物上全面开展农作物病虫危害损失评估试验，涵盖全国 20 多个省（自治区、直辖市）共 60 个试验点，探索农作物病虫危害损失评估方法，解决了作物综合总损失和科学合理分割单病虫在总损失中所占比例问题，连续 11 年在全国范围内多点试验在植保统计历史上尚属首次；利用各地试验结果，2015 年出版《病虫危害损失评估技术探索与实践》一书，为各地植保部门提供具体指导；全面总结，提高升华，2018 年完成"病虫危害损失评估技术应用与示范"成果评价一项，得到专家组高度评价；组织试验团队，开发病虫危害损失测算系统（V1.0）一套，获软件著作权登记（2015SR065204），对县级植保统计人员科学计算病虫危害损失发挥了重要作用，目前全国有一半左右的县在使用。病虫危害损失评估试验取得了初步成效，提高了植保统计技术水平，为制定科学的危害损失评估方法奠定了技术基础。

（8）2006 年，由农业部立项，起草并制定了农业部行业标准《农业植物保护统计工作规范》。2011 年 9 月 1 日正式颁布，通过标准的实施，进一步规范了全国植保专业统计工作行为，对进一步科学、及时开展统计工作起到了非常重要的作用。

（9）开创性地完成了全国农作物病虫 5 级自然危害损失率的征集、汇总、审核工作。2013 年和 2018 年，利用专家评估法间隔 5 年两次向全国植保系统发放电子调查表，分别回收 1 248 和 1 368 个县（市）植保站的有效数据，占全国农业县（市）的 60% 以上，样本足够大。经科学汇总、反复审核、专家论证，形成了全国不同生态区及各省域的农作物 324 种（类）主要病虫 5 级自然危害损失率数据库，并揭示统一了农作物病虫自然危害损失率与发生级别之间为倍率指数曲线关系，在此基础上，制定了农业行业标准《农作物主要病虫自然危害损失率测算准则》（NY/T 3301—2018）一项。为规范病虫危害损失的计算提供了基础参数。

三、植物保护统计的作用

通过对植物保护（植物检疫）活动中有关经济现象和数量的反映，植物保护统计工作可为各级农业行政和植物保护部门当好"耳目"和"参谋"，发挥服务和监督作用。植物保护统计所提供的各种资料和信息，既能够使领导和有关部门了解生物灾害情况和植物保护工作的开展情况，也能通过这些资料和信息，检查和监督各项政策、计划的执行情况和执行效果。

植物保护统计也可为制定植物保护各项政策和编制工作计划，加强植保科学管理和决策提供依据。植物保护统计提供的资料反映了植物保护工作的基本动态和现实水平，也揭示了某些内在的规律，因而，可据此制定各项方针政策，编制工作发展计划。

植物保护统计数据资料还可广泛应用于研究农作物有害生物发生发展规律、预测预报方法、防治策略及措施以及植物保护发展历史等领域。

第三节 植物保护统计的对象、范围和任务

一、植物保护统计研究的主要对象

植物保护统计是以与植物保护活动有关的经济现象和量化数据为对象的一门统计科学。具体是以农作物有害生物发生、危害、损失情况及人们同其作斗争所采取的措施和取得的结果为主要内容，同时也包括与其有关的机构、人员等。

植物保护统计研究的主要对象主要有以下几个方面：

第一，采集、汇总、分析、统计一定生态条件下有害生物发生面积、防治面积、挽回损失、实际损失、危害程度等情况。

第二，采集、汇总、分析、统计有害生物防控的有效措施和效果，以及与之有关的农药、药械等农业投入品的使用状况。

第三，以统计信息为基础，分析研究有害生物的发生发展状况和规律以及植物保护发展状况和历史。

第四，研究植物保护统计指标体系、报表制度和统计方法。

二、植物保护统计的范围

植物保护统计的范围有两种含义。一是指植物保护统计包括的内容，即植物保护统计指标体系包含的统计指标及其计算范围；二是指植物保护统计的总体范围，即植物保护统计包括哪些单位、不包括哪些单位，或包括哪些部门、不包括哪些部门，从而确定植物保护统计的调查单位和填报单位。科学设计植物保护统计指标体系，严格区分植物保护统计

的总体范围，是进行植物保护统计核算的前提条件，只有明确植物保护统计的范围，才能科学、准确地进行植物保护统计工作。

根据农业农村部的规定，植物保护统计的内容应包括主要农作物有害生物发生面积、防治面积、挽回损失、实际损失及发生程度，主要防治措施，农药、药械使用情况，农药中毒情况，植物检疫工作情况，植物保护机构、人员及植保专业化防治组织情况以及其他有关植保工作的重要方面。

植物保护统计的总体范围应该是整个农业系统，但是根据各部门的业务分工，在现行的植保专业统计报表中，只是按植物保护系统进行统计，即指各级农业行政管理部门所属的植物保护（植物检疫）站（局）系统的工作范围，不含学校、科研单位和对外植物检疫部分。

三、植物保护统计的任务

（1）认真执行《中华人民共和国统计法》（以下简称《统计法》）和农业农村部《全国植保专业统计报表制度》，准确、及时、全面、系统地向各级党政领导提供植物保护统计资料。《统计法》是各级统计部门和全体统计人员必须遵守的法规，植保专业统计报表制度是农业农村部根据《统计法》和我国农业生产及植物保护工作情况制定的植物保护统计工作规范。各级植保专业统计工作者必须准确、及时、全面、系统地向各级党政领导部门提供统计资料，使各级党政领导了解情况，安排生产，指导工作，制定病虫防治策略，这是植物保护统计最基本的任务。

（2）积极开展植物保护统计资料的调查、整理和分析利用，通过统计分析，提出植物保护工作发展趋势、规划，以及提供解决问题的办法。密切监测农作物有害生物的发生发展动态，预防和减轻有害生物发生和危害损失，促进农业高产、优质、高效发展。保护农业安全生产是植物保护工作的目的，植物保护统计要紧紧围绕这个中心，经常向各级党政领导提供统计资料，提供有数字、有情况、有结论、准确、鲜明、生动的调查分析报告，为各级领导及时准确掌握植保工作动态及其对农业生产的影响，提供决策依据。同时对下级植物保护部门进行统计指导和监督。

（3）加强统计建设，逐步使统计基础工作规范化，手段现代化，这是提高统计数据准确性的基本保证。各级植保部门要开展统计研究工作，逐步完善调查统计方法和统计标准，使植保专业统计工作达到科学化、标准化和现代化，中央和各省份要加强对各级植保统计人员的培训。

（4）对政策和计划的执行情况进行检查和监督。

（5）为科学研究和宣传教育提供资料。

以上所列统计工作的任务，体现了统计工作的服务与监督两个方面的职能。统计服务是指统计部门应为各有关方面提供统计成果，这些成果包括原始统计资料、经过加工整理的统计成果、预测的结论和统计分析报告等；提供服务的对象包括各级党政领导、各有关业务部门；统计监督的含义是通过统计资料，客观的反映历史及现状，明示事物发展中的不正常状态，便于及时校正和调整。统计服务和统计监督的关系是同一项工作所发挥的两个方面的作用，不应片面强调其中的一方而忽视另一方。

四、植物保护工作的特点及其对植物保护统计的影响

植物保护工作具有许多不同于其他部门工作的特点。研究植物保护统计必须首先了解这些特点，然后才能正确地运用统计方法，对植保部门的情况和问题进行具体的分析和研究。这些特点包括以下内容。

（1）植物保护活动必须与有害生物发生、繁殖和危害规律相适应。这是植物保护工作最基本的特征。有害生物是有生命的活体，其发生、繁殖、危害都有自己的规律，如害虫有不同的生殖方式、不同的发育时期、世代和生活史，习性差异很大。取食性害虫分为单食性、寡食性和杂食性；趋性有趋光性、趋化性；还有假死性、群集性、迁飞习性等；植物病害又分生理性病害和由真菌、细菌、病毒、类菌原体、线虫和寄生性种子引起的侵染性病害，不同的侵染性病害有不同的症状、繁殖方式，不同的发生、侵染和流行规律。所以，要预防和减轻有害生物灾害损失，必须了解和掌握有害生物的这些特性以及发生发展过程、发生范围和区域、对寄主作物的危害程度、人为防控的状况和效果，才能采取相应的防控对策措施，有的放矢。这就决定了植物保护工作的复杂性和植物保护统计内容的复杂性。

（2）有害生物间具有较大的差异性和地域性。农作物有害生物主要指病、虫、草、鼠等，它们之间的差异很大。即使是同一种病害、虫害、鼠害，其差异性也很大，蝗虫只经过卵、若虫、成虫三个虫态，而黏虫则经过卵、幼虫、蛹、成虫四个虫态，各虫态的形状不同；不同的害虫危害植物的部位也不同，有食叶的，食茎的，食根的，蛀果的；不同地域，有害生物的种类也不一样，如赤腹松鼠、各种毫鼠、扳齿鼠、大足鼠、拟家鼠、黄胸鼠等仅见于我国南方，而花鼠、达乌尔黄鼠、中华鼢鼠等在我国南方绝无分布；即使是同一种害虫，不同地域的发生世代也不一样，如黏虫在北纬39°以北全年发生2～3代，北纬36°～39°地区全年发生3～4代，北纬33°～36°地区全年发生4～5代，而到福建、广东等地全年可发生6～8代，各发生区危害的作物也不相同。可见，因地、因时制宜地抓好有害生物预测和防治工作是做好植物保护工作的一条重要原则。植物保护统计的标准、调查方法的制定，统计内容、范围、损失测算、上报时间的确定等，要结合这一特点进行工作。

（3）有害生物受农作物品种、耕作制度、地理环境、气候、人类活动等因素的影响，发生危害有较大的变化。我国幅员辽阔，作物结构复杂，地理环境和气候差异大，病虫种类多且有的喜湿、有的喜干等特点，致使每年都有严重发生的有害生物，如北方雨水略多的年份，小麦吸浆虫、小麦黏虫、小麦赤霉病等发生加重，而少雨的年份麦蚜、小麦红蜘蛛、病毒病可能严重，这就要求我们认识到有害生物防控的复杂性和植物保护统计工作的长期性，植保统计资料的取得必须有科学性、代表性。

我国农村在家庭联产承包制基础上，既有传统的千家万户小规模家庭经营，也有土地流转适度规模经营的专业大户、家庭农场、合作社等新型经营主体，使开展植保工作难度增加。另外，农药放开经营后，更给植物保护统计资料的采集提出了新的更高要求。气候变暖、极端气候天气的频繁出现、农作物种植结构和农业农村经济结构的调整所带来的病虫发生规律及其监测预警和综合防控措施的变化，也给植物保护工作带来不小的挑战。

植物保护工作的上述特点，要求植物保护统计的内容和方法必须与之相适应，这与其他部门统计工作不同。全国危害农作物的重要生物灾害种类1 600多种，其中植物病害700多种，虫害700多种，农田杂草100多种，农田鼠害40多种。但是，大多数病虫害发生范围和发生面积不大，对作物的危害也相对较轻，就全国而言，不可能都全部列为统计的对象，只能选全国及地方更重要的、发生面积较大并带有明显危害的种类进行统计。所以，现阶段列入全国和地方统计范畴的病虫近400种，农田杂草和农田鼠害不分种类统计，统计的指标标准也不尽统一。在有害生物受环境条件影响较大，统计工作又面对千家万户，统计基础也很薄弱的情况下，每个植物保护统计工作者要采取科学、合理、简便的调查统计方法进行统计和填报，力求务实高效。

第四节　植物保护统计的工作程序

植物保护统计的工作程序是依据统计工作过程来建立的，这里主要介绍统计工作过程。

统计认识活动和其他认识活动一样，是一个不断深化的无止境的漫长过程，随着客观事物的不断变化，统计认识活动也要不断进行。但是，就一次统计活动来讲，一个完整的过程可分为统计设计、统计调查、统计整理、统计分析、统计预测和统计决策六个阶段。这六个阶段，在整个统计工作中具有不同的作用。

一、统计设计

统计设计是根据统计工作的任务以及被研究现象的特点，对统计工作的各层面、各环节进行全盘考虑，制定出一套系统、科学、统一的规划设计。这一阶段的工作包括统计指标和统计指标体系的设计、统计分类的设计、统计调查方法的设计、统计工作的组织与协调的设计等。目前实行的《全国植保专业统计报表制度》，是经过全国上下各级植保工作者多年反复讨论修改完善后制定的，已成为全国植保统计的标准文本，并已经国家统计局批准实施。

目前我国植保统计工作流程是实行国家、省、地、县四级上报制度，即：县级负责辖区内统计数据的采集与填报；地区级负责审核域内所有县级的数据，并汇总上报到省级；省级负责收集和审核全省的统计数据，保证全省数据的真实准确，上报到全国农业技术推广服务中心；全国农业技术推广服务中心负责将全国各地植保统计数据汇总、审核，确保数据无误后，上报农业农村部种植业管理司。

二、统计调查

统计调查是根据统计任务和统计设计的要求，有计划、有组织地收集原始资料的过程。统计调查的方式有普查、重点调查、抽样调查、典型调查四种，无论应用哪一种方式组织统计调查，事先都要制定调查方案，在调查方案中，要明确规定调查目的、调查对象、调查内容、调查时间等内容。

统计调查就是基础数据的采集，由县级植保部门完成，统计人员的业务水平和责任心最为重要，是保证数据准确的关键一步。

三、统计整理

统计资料的整理是根据预定的目的，把调查得到的零散个体的原始资料，经过科学的加工、综合，使之系统化，把那些说明个别单位特征的资料，变成能够说明总体特征的综合数字资料。这一阶段的工作包括对调查的原始资料进行审核，按照总体的要求进行分组或分类、进行汇总加工计算出指标数值、编制统计表等内容。其中，统计分组或分类是统计资料整理的核心问题。

数据资料的整理可理解为对数据的审核，主要由地区级和省级植保部门完成，需要两级植保部门对所辖区域数据进行真实性、准确性审查，确保下级上报的数据无误，符合当年病虫发生实况。

四、统计分析

统计分析是对加工、整理过的统计资料，运用图表、数理统计等统计方法，进行系统、周密的对比研究，提出问题和线索，并与其他如农作物（苗情、墒情、生育期、产量）统计、肥料统计、气象等调查资料结合起来，经过综合、分析、推理、判断，揭示事物的本质和规律。

国家、省、地、县四级植保部门都应该重视和加强统计分析工作，枯燥的数字没有任何意义，只用经过分析的数据才有生命力，才能揭示数据背后的规律。

五、统计预测

统计预测是根据客观事物发展的规律，对其发展前景或趋势作出推断。对客观事物的发展趋势和各种关系作出准确预测，是统计工作发挥其作用的重要手段。统计预测不但要利用历史资料分析客观事物过去的发展变化情况，还要考虑未来与其有关的各种因素可能发生的各种变化。统计预测的方法比较多，在农业方面用得比较多的方法是回归分析、相似分析、比较分析（同比、环比）、聚类分析等。

统计工作的五个阶段，构成统计工作的全过程，是前后紧密联系的一个整体，各个阶段不是截然分开的。

六、统计决策

所谓决策，就是在拥有一定信息资源的基础上，利用各种方法，对影响特定目标的各种因素进行计算和分析，从而选择未来行动的最佳方案或满意方案的过程。从广义上讲，所有利用统计方法和统计信息的决策都可称为统计决策。

一个完整的统计决策过程，包括以下基本步骤。

（1）确定决策目标。在一定的制约条件下，决策者希望达到的结果，分析和研究决策问题的出发点和归宿。

（2）拟定备选方案。目标确定后，需要分析实现目标的各种可能途径，拟定备选方案，一般备选方案需两个以上。

（3）列出自然状态。指实施行动时，可能面临的客观条件和外部环境。

（4）测算结果。为了从各种方案中选择最合适方案，需要测算不同方案在各种状态下可能实现的目标变量，即不同方案在不同状态下的结果。

（5）选取最佳方案。在各种方案可能产生的结果进行比较的基础上，决策者可按照一定的标准选择最佳或满意方案。

（6）实施方案。方案确定后，必须投入人力、物力和财力将其实施，同时将实施过程中的信息及时反馈给决策者。如果实施结果出现重大变化，应暂停实施，并及时修正方案，重新决策。

第五节　植物保护统计与其他统计学科的关系

一、植物保护统计与统计学的关系

统计学经过 300 多年的发展，特别是近百年来的发展，已经远远超出统计学原有词义的范围，成为对各类社会现象和自然现象的数量表现进行观测、调查、整理、分析的理论和方法。现代意义的统计学，不是一门单纯的学科，而是由许多分支组成的一门科学，或者说，统计学是一个系统的概念。广义的统计学，即不加界限词的统计学是一个大系统；狭义的统计学，即加以各种界限词的统计学，则是这个大系统中的各个分系统。关于各个分系统的划分，西方统计学界的流行意见是，把统计学分为统计理论和应用统计学，在应用统计学中又按具体领域进行二次划分，认为统计理论就是以数学概率论为基础的数理统计学；而应用统计学则是数理统计方法在各个具体领域中的应用。

我国统计学界有三种意见。第一种意见同西方统计学界的流行观点基本上是一致的；第二种意见则认为统计学的正统是社会经济统计学，与之并存的是数理统计学；第三种意见认为在统计学这个大系统中内，应该包括一般统计理论与方法、统计史及各个专业统计学许多分系统，一般统计理论与方法是统计科学的方法论，它的内容既有传统的统计理论与方法，如统计调查、指标体系、统计分组、比较分析等，也有以数学概率论为基础发展起来的数理的统计理论与方法，各专业统计学是统计方法论与各个具体领域的统计活动相结合而形成的各门统计学科，如社会经济领域的统计，包括人口统计、农业统计、工业统计、基本建设统计、商业统计、消费统计、物资供应统计、劳动工资统计、交通运输统计、财政金融统计、文教卫生统计等。农业统计是由植保专业统计、乡镇企业统计、农业机械化统计、水产统计、畜牧统计、农业教育统计、农业科研统计等各种专业统计组成。

由此可见，植物保护统计是一门专业统计，它是统计学的一个组成部分，具体讲，它即是社会经济领域统计中农业统计的重要部分，又是自然技术领域的统计。

二、植物保护统计与农业统计的关系

农业统计是社会经济统计的一个重要组成部分，它是以农业为对象的一门专业统计或部门统计。农业统计的研究对象是农业领域中的社会经济现象和过程的数量方面，具体是指农业的再生产过程，其中以农业产品的生产为主要内容，同时也包括与农业有关的分配、交换、消费和积累等。此外，农业领域中的社会经济现象，特别是生产现象，还与自然气候条件，有害生物和技术状况有密切关系。植物保护统计要研究不同的自然气候条件下，生物灾害和技术条件等对农业生产发展的影响。因此，植物保护统计是农业统计的一个重要组成部分。

三、植物保护统计与生物统计的关系

生物统计学是研究生物群体间的变异性和对生物性状观察过程中的误差进行研究。生物统计是一门科学，它是统计学的一个分支，也是数量生物学的一个分支。植物保护统计的一些理论与方法就来自生物统计。

生物统计内容包括农作物有害生物（病、虫、草、鼠）的统计。有害生物统计的特点是：大多数资料采用可数资料分析法；在某种情况下，可数资料须进行统计代换后方可分析；重视研究有害生物统计分布的特点，以便采用对某种有害生物相应的抽样方法；重视相关研究以解决有害生物发生规律和预测预报问题，同时要重视时间数列的研究；试验单位一般与农作物的概念不同，可能是 1 叶、1 穗、1 株、1 丛、百穗、百株、百丛、1 米垅长、1 米^2 等概念。有害生物统计的特殊领域是：毒理统计学；应用于生物测定的统计方法；预测预报中相关回归及时间序列的应用；采取正二项分布、潘松分布、负二项分布、核心分布的卡平方测验确定群体密度与分布；损失评估和调查等。

第六节　做好植物保护统计工作的途径

（一）建立相对稳定的、高素质的统计队伍

没有一支相对稳定、业务水平较高的统计队伍，要搞好统计工作是不可能的。县级及其以上各级植保机构都要配备专职或兼职统计员，而且要选择有组织分析能力的人完成这项工作，不能临时抓差，应付行事。确定的统计人员名单要报上一级植保部门备案。要求统计人员坚持实事求是，努力钻研业务，熟悉有关方针政策，不断提高业务水平。

（二）严格执行国家及部门统一规定的统计报表制度

统计的科学性、规范性是统计工作的客观基础。植物保护统计人员要严格执行国家和农业农村部统一制定的调查方法、指标口径、计算方法和填报时间，及时汇总上报，保证统计资料的准确性、科学性和时效性。

（三）坚持实事求是的原则

统计数据的真实是统计工作的生命。植物保护统计人员一定要坚持实事求是，如实反映植物保护工作情况，坚决杜绝弄虚作假。为了保证各项统计数据的真实性，要认真建立健全各项原始记录，保证所提供的统计资料有可靠的依据。

（四）坚持全面统计与典型抽样调查相结合的方法

植保专业统计报表制度和县级抽样办法是植物保护部门调查、采集、整理统计资料的主要依据。要坚持大田普查与典型调查、抽样调查相结合，植保宏观统计与病虫测报、防治药效、抗药性监测等调查统计相结合的方法，系统地开展植保专业统计。根据生产实际，不断研究和探索科学、简便、易行的统计调查方法，不断提高统计的准确性。

（五）加强对植物保护统计工作的领导

植物保护统计面对千家万户，面对众多新型经营主体，不仅工作量大，涉及面广，而且技术性强，工作难度大，因此，加强这项工作领导是做好统计工作的关键。各级植保部门领导要把统计工作纳入议事日程，确定要有单位领导主管统计工作，同时要加大投入，落实责任制，加强对统计人员的业务培训，关心他们的工作和生活，帮助他们解决工作中的实际困难，提供必要的工作条件，充分调动他们的工作积极性，确保工作顺利进行。

第二章
植物保护统计调查

第一节　统计调查的意义和要求

一、统计调查的意义

统计调查是依据统计目的和任务，运用科学合理的方法，通过有组织、有计划地调查收集，获取客观真实资料的客观过程。

调查是统计工作的基础。统计工作始于调查，深入实际是一切调查的认识基础。数字是统计的主要语言，是区别于其他调查的一个重要特点。统计工作要有明确目标，按预定要求，采取科学方法，选用一套相应的指标体系，有组织、有计划地获取客观真实资料。把大量的分散现象、数量变动关系，完整、准确地收集和汇总起来，经归纳和整理，形成事物总体的数量概念，分析其中的数据和量化关系，揭示这种关系所代表的事物本质和规律，得出事物发展趋势的结论，以达到指导当前、预测未来、参与决策的目的。

统计调查在整个统计研究工作中具有十分重要的意义。如要完成植保专业统计中农作物有害生物发生面积、防治面积、挽回损失、实际损失和发生程度这五大指标的统计任务，首先，必须按照有关病虫害测报调查技术规范开展田间实际调查，把主要农作物病虫草鼠害在田间实际分布的数字如实记录下来，加以整理，建立原始记录台账，经过对这些原始资料进行相关关系的分析，统计计算而获得发生程度和自然损失率等定性指标，然后经过进一步深入基层，在生产实践中调查，获得农作物种植面积、生产管理水平、产量、农业投入品（如农药、化肥）用量等数字后，最后进入统计计算，从而得到农作物病虫草鼠害的发生面积、防治面积、挽回损失、实际损失等统计数据。

二、统计调查的基本知识

统计调查由方法论、基本调查方法和具体的调查技术三个部分组成（图2-1），这三个部分的有机结合，就形成了统计调查的完整知识体系。

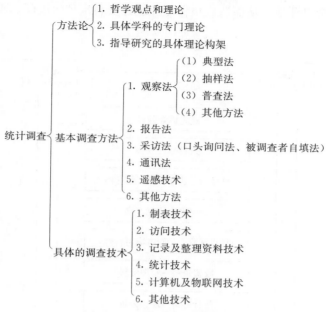

图 2-1　统计调查的基本组成

　　所谓方法论，即指导统计调查的基本理论、原则和具体的理论构架。它的作用是为调查工作提供依据和指明研究方向。方法论从认识的根源和一般规律的理论出发，论证各种统计调查的必要性，确定必须遵守的一般原则，依据这些理论和原则论证、创建统计调查中具体的调查方法。

　　如植保专业统计的抽样调查，就是在总结专业调查方法的基础上，创建既符合统计原则，又适应本专业技术特点的分类随机抽样方法。这一套方法经多点试验反复实践验证，理论上是相对科学的，实践上也是经得起检验的，作为植保专业统计通用方法，已在全国范围内得到了广泛使用。植保统计的具体方法和理论，还将随社会经济和植保事业的发展而不断发展，特别是随着农作物种植结构的调整，作物品种的更换，有害生物自身的变化，以及植保社会化服务不断深入和新型经营主体不断发展而取得更大的突破。

三、统计调查的一般程序

　　人们认识事物需要有一定的程序。所谓程序化，就是把人们对事物发生规律的认识具体化，是把哲学上的认识论具体化。认识的一般规律，即从现象到本质，由个别到一般的规律。把植保专业统计调查程序化（图 2-2），就是把人们认识病虫发生、消长规律，调查、统计、分析病虫害发生状况的行为和过程进行规范化、系统化，使其更加具体。例如，把大量测报历史资料所反映的现象经过经验性技术估测，分析得出当年病虫的发生程度、发生面积、危害损失等结论，却往往被人们忽视，看作是"摸脑袋"、不可信，原因就在于这个认识过程没有进行程序化描述。在标准不统一的情况下，各地调查、统计方法各异，利用病虫系统测报调查和普查资料，通过统计加经验估计得出的结论，究竟有多大的可信度？局外人不了解使用什么方法搜集资料，产生的结论由哪些数据支撑，那么这种结论无法验证，也难以评估，从而造成植保专业统计资料出现年度间、不同地域间可比性差的问题。

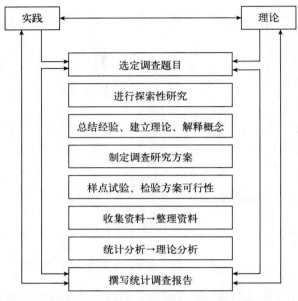

图 2-2　植保专业统计调查的一般程序

植保专业统计调查程序化，可帮助人们积累知识和发展知识，也就是说，在遵照一定的程序去解释统计研究成果或检验统计研究结论时，可以证明已有方法的正确，同时也会有新的发现，从而启发人们进行新的探索，发展植保统计知识。

早在 1987 年，农业部全国植物保护总站就牵头开展了植保专业统计调查的研究工作，在总结农作物病虫测报调查经验的基础上，制定了《植保专业统计实施方案》，并对《方案》中的概念作出清楚、明白的解释，然后确定研究变项，为测量变项设计指标，选择调查方法，进行实地调查，最后通过对所收集资料的分析来解释研究成果，统计调查实施方案指导了后来几十年的统计实践工作。

四、统计调查的基本原则和要求

（一）统计调查的基本原则

1. 实事求是原则　统计调查要抓住事物的主流和重要方面，以尽可能少的人力、物力，认真开展调查统计，实事求是地将客观情况反映出来。

2. 实践第一原则　实践第一就是要求进行统计调查时必须深入实际，严格按方案规定的规程操作，实事求是做好记载，如实反映客观情况。

（二）统计调查的基本要求

统计工作为农业生产服务，深入细致、准确及时地开展统计工作，为编制农业计划、制定相应政策、指导生产提供依据，同时通过统计分析，检查和监督计划、政策的贯彻执行情况。因此，要发挥统计工作的重要作用，必须要求统计调查做到准确、及时、全面、系统。

1. 准确　提供的调查资料符合实际情况，不受主观偏见的干扰，力求做到实事求是，真实可靠，数字完整，没有遗漏，计算准确，不出差错。

2. 及时　提供的各项调查资料不延缓时间，按统计方案规定的时间及时调查，按期上报。如果一个调查单位上报不及时，就会贻误全局统计工作的开展，因此，各个调查单位都要增强全局观念，遵守统计制度和纪律，确保时效性。

3. 全面　统计调查的资料必须能反映被研究事物全貌，而不是支离破碎、残缺不全。

4. 系统　统计调查必须从时空的角度完整地反映被统计对象的各个层面和产生过程，不能"缺斤短两"。

第二节　统计调查的基本方式

统计调查的种类是对整个调查方式、方法的概括。它有哪几种分类，是从不同角度提出的，各种分类是相互联系、互相交叉进行的。在实际调查工作中，究竟采用哪种方式、哪种方法，要根据调查目的和调查对象的性质以及特点来确定。一般而言，统计调查按搜集资料的组织方式不同，可分为常规调查与专门调查；按包括的调查单位的范围不同，有全面调查和抽样调查；根据调查对象登记资料时间的连续性，可分为经常性调查、一次性调查和定期性调查等基本形式。

一、按组织方式

统计调查按搜集资料的组织方式不同，分为常规调查和专门调查。

（一）常规调查

常规调查制度是国家统计调查制度的一个类型，是由国家统计局制定，或由国家统计局与国务院其他部门共同制定，进行年度和定期（半年、季度、月度等）常规性统计的统计调查制度。有完整的统计报表制度做支撑。

统计报表制度是按照国家主管部门统一规定的表式、指标内容、报送时间和报送程序，自上而下地统一布置，自下而上地逐级提供基本统计资料的一种调查形式，统计上通常把这一整套提供基本统计资料的组织形式叫统计报表制度。我国的统一报表制度中规定有基本统计报表制度和专业统计报表制度两种。

提供统计资料的表格叫作报表，我国的统计报表分基本统计报表、专业统计报表和综合报表。基本统计报表，由国家统计局统一制定颁发，在全国范围内实施；专业统计报表，由国务院下属各部委按本部门技术经济管理的需要制定，在本系统内部执行，是所属单位填报的业务技术性统计报表，又叫部门统计报表，如农业农村部下达给全国各级植物保护部门所填报的统计报表；综合报表，由各级国家统计组织和业务主管部门根据下属单位报送的基层报表汇总整理填报的统计报表，反映一个部门、一个地区的经济活动的基本情况。

1. 统计报表制度的意义和特性 统计报表制度是我国定期取得统计资料的一种重要方式，是为制定国民经济计划进行科学决策，指导经济工作，定期获得全面、完整的经济信息的基本方式。植保专业统计报表，是由农业农村部为适应本部门业务技术管理的需要，用以在本系统内搜集植物保护部门的业务技术资料，作为基本统计报表的补充而设置的专业统计报表，它由各级植物保护部门按期（年报、定期报）提交统计报告。因此，专业统计报表工作也应当列入统计部门的重要工作，专业技术部门尤其是基层单位，应把统计报表看作是向上级部门反映情况报告制度的组成部分，有责任保证报表资料的正确性和时效性，以便能及时汇总。统计报表制度具有下列特性。

（1）特有性。我国是具有中国特色的社会主义国家，公有制是主体，国民经济的主要过程和主要方面由国家实行统一领导，这为建立科学的统计报表制度提供了可能。以前我国国民经济的基本方针是以计划经济为主，以市场调节为辅，这决定着我国国民经济各部门中建立健全的统计报表制度的必要性。在市场经济体制中，应坚持这种特有的基本统计报表制度，以确保统计的科学性。

（2）统一性。统计报表的指标内容、表格形式、报送程序等由国家统一规定，在报表实施范围内，各单位必须严肃认真地贯彻执行，如实填报。填报时，其计量单位、指标含义、计算范围、计算单位、计算方法、分类方法和分类目录等要和国家的统计口径保持一致。对报表内容，只能在保持国家统一的基础上延伸。

（3）科学性。报表指标体系的含义，其内涵和外延都是经过试验认证后制定的，既有坚实的理论基础，又有很强的可行性，它允许根据情况变化，不断修改、补充和完善，能客观反映事物发展和变动时期的不同情况。

（4）准时性。报送时间是统计报表的时间标志，是统计资料不可或缺的基本元素，由国家统一规定的，在报表实施范围内的各单位，都必须严格遵守。准时性也是衡量统计资料精度的一个重要指标。

（5）可靠性。统计报表是经过科学设计，反复论证的产物，其调查方法、计算口径都有明确规定，统计的数据也是建立在原始记录台账的基础上产生的，因此具有较高的可靠性。

2. 统计报表指标的概念、基本要求和具体内容

（1）统计指标的概念。统计指标指反映同类事物（某现象）数量特征的范畴，由名称和数值单位两部分构成。指标名称表明统计所研究现象数量方面的科学概念即质的规定，它构成了理论上的统计指标。名称用于确定研究的对象和内容，限定研究的时间和空间范畴，属于研究对象本质的规定，一般都有相应的数值单位表示，数值单位由数值和计量单位构成，它们构成了理论上的统计指标。如 2019 年江苏省稻瘟病发生面积 899 万亩次，就是一个具体的统计指标。具体分解见表 2-1，这六个要素的集合，构成了完整的统计指标。

表 2-1 统计指标

名称				数值单位	
年份	空间	对象	内容	数值	计量单位
2019 年	江苏省	水稻稻瘟病	发生面积	899	万亩次

（2）统计指标应具备的基本要求。除具有能够用数量表现的范畴外，还必须具备三个基本条件。一是指标的范围与内容必须有明确的界限，二是指标的内容必须同质，可统一计量，三是指标的计算方法必须一致。

（3）统计指标的具体内容。统计报表的核心内容，是由一系列统计调查项目构成的。如农业有害生物的发生面积、防治面积、挽回损失、实际损失、发生程度、植保技术措施、农药和药械使用量等调查项目，就是构成植保专业统计年报表和定期报表的基本资料，即统计报表的具体指标内容。

3. 统计指标体系和指标体系的作用　为反映事物实际存在的总体数量概念（或名称）和具体数值而制定一套互相联系的统计指标，即为统计指标体系。它包括说明现象规模、数量统计指标和物质属性的质量指标。

从认识角度看，客观事物作为一个系统，系统内各子系统、各个侧面都存在密切联系，系统和环境之间也存在密切联系，要有效地认识客观现象，必须系统、全面地看问题，这是产生统计指标体系的基础。从认识的工具来看，统计作为认识客观事物的工具之一，是以统计指标为语言的，但是，一个统计指标只能反映一个侧面，因而作用是有限的。要从数量上全面系统地认识客观事物，就要用指标体系。

指标体系的作用，就在于能够从事物之间和事物各个方面的互相联系上系统、全面地反映情况，以便得到所研究对象的主要特征、变动状况、发生发展规律等信息。

4. 原始记录和统计台账

（1）原始记录。原始记录是基层单位通过一定的表格形式，对业务、技术、管理活动观测值进行的最初记录。如测报部门的病虫系统观测记录，统计抽样的田间调查记录等，都属原始记录。统计报表制度是建立在各项原始记录资料的统计计算基础之上的。

原始记录工作的质量，直接影响报表数字的准确性和报表提交的及时性。建立和健全基层原始记录制度，是贯彻执行统计报表制度的先决条件。原始记录又是反映基层业务活动和各种事物生态现象最基本的原始资料，它对加强本行业技术管理，系统积累科技资料，探索自然界各种生物变动规律与环境相关关系都有重要意义。

原始记录的范围很广，农业生产过程中与植物保护相关的主要内容包括：主要农作物耕作制度，品种布局，作物播期，生育状况，苗情与长势，施肥水平，水肥管理，产量构成指标，病虫草鼠发生动态和防治，以及其他生产措施，植物保护新技术的推广和应用，农药、药械使用等情况。

（2）统计台账。利用各项原始记录资料来编制统计报表，通常中间需要设置各种统计台账。统计台账，就是按照统计报表和统计工作的需要，用一定的表格形式将分散的原始记录资料，按照报表要求和时间顺序，集中记在一个表册上。科学地设置统计台账，有以下几个方面的作用。

① 随时集中记录各项原始台账，便于前后对比，检查资料的准确性，发现问题可及时更正。

② 为编制报表做好准备工作。将原始资料的记录工作分散在平时做，到期只需把这些数字加以汇总就可做统计分析，编表费时少，保证报送及时。

③ 系统积累资料，可以避免资料散失，也便于反映动态变化，及时给领导提供参谋信息。

（二）专门调查

专门调查是为一定目的而专门组织开展的一种调查统计形式，多以一次性调查为主，其目的是取得事物在某一时间点的数量资料。对不能实行报表制度的单位和个人，专门调查是他们从事统计活动必须采取的方式；在实行统计报表制度的单位，专门调查可用来补充统计报表全面搜集资料之不足。它不需要连续登记，只需反映事物在变动过程中，在一定时间点上所达到的水平。普查、重点调查、典型调查以及抽样调查都属于专门调查。

二、按调查范围

按照被调查对象所包含的调查单位范围的不同，统计调查有全面调查和非全面调查之分。统计的调查范围由统计的目的和要求的精度所确定。

（一）全面调查

全面调查是指在统计调查过程中，对调查对象的所有单位（相对于指标内容样点的全部时空分布）都进行调查的一种调查方式。普查属于全面调查，采用全面调查方式收集调查对象的全部统计数字，即为调查总量资料。如植物检疫情况的调查，要完成对应施检疫的植物、植物产品产地检疫和调运检疫以及种苗检疫、违章处理等情况的统计，就必须对所有的植物检疫机构无一例外地进行全面调查。植保专业统计报表中，属全面调查的还有植物检疫性有害生物的发生与防治情况、植物保护系统人员情况、植保专业化统防统治组织情况、县级以上各级植物保护机构等。全面调查是搜集统计资料的主要方法，但全面调查需要花费较多的人力、物力和时间，因而在调查内容上只能限于最重要、最基本的指标。

（二）非全面调查

为解决或研究某一个问题，选取调查对象的部分单位进行的调查即为非全面调查。重点调查、抽样调查、典型调查等均属非全面调查。其优点是可以用较少的时间、人力和物力取得资料。植保专业统计中属非全面调查的项目有：农业有害生物发生、防治及危害损失情况的调查；农作物灾害情况的调查；植保系统农药使用量的调查。值得注意的是，上述调查，从单位的代表性来讲是非全面的，但获取的资料要求必须是全面的或总体的。如对农业有害生物发生、防治情况的调查，首先采用抽样调查方式取得原始资料，而后按照一定的统计规则获取总量资料。具体来说，就是按统计单位数的 20%，分类选择调查单位，依据随机原则按代表面积占种植面积 5% 的比例，抽样调查各病虫的寄主田，汇总抽样点的资料，建立原始记录和统计台账，经统计计算获得的数据，即为调查总体的总量资料。

三、按调查时间的连续性

按被调查对象登记资料时间的连续性不同，统计调查可分为经常性调查、定期性调查和一次性调查三种方式。这三种调查方式是有联系的，对于同类现象，经常性调查是反映该现象的变动规律；一次性调查则反映该现象经过变动，在一定时间点上达到的水平；而定期性调查的主要目的是了解现象的一般性变化动态，它主要服务于领导机构掌握变动情况，指导生产。

（一）经常性调查

经常性调查是指对被研究对象进行不间断地搜集统计资料的一种调查方式。它的特点是随着调查对象情况变化进行连续不断地登记。这种调查，要以健全、系统的原始记录为基础，收集总体现象在一段时间内发展（变动）全过程的资料，利用这些资料，可以探索调查对象发展变化的趋势及变动规律。农作物主要病虫的系统测报调查，就属经常性调查。对农作物主要病虫发生、防治情况统计抽样调查，就必须建立在系统测报调查的基础上，以系统调查的信息指导统计抽样的田间调查。如确定水稻一代二化螟发生情况的统计抽样调查时间，就得以当年测报部门预报的一代二化螟卵孵盛期、防治适期等信息作为参考资料，再结合气候、作物生长状况等因素，综合分析拟定田间调查日期。

（二）定期性调查

定期性调查指每隔一定时间进行的调查。它的内容一般只限于生产中最主要的指标。它的主要作用是反映和检查生产阶段情况和变化动态，为上级提供情况，发现问题、解决问题、指导生产和工作。如农作物病虫发生、防治情况半年报和年底前的当年病虫发生、防治情况初步统计，就属定期性调查。这种调查旨在了解一般性的发生发展状况，对资料质量要求不严，允许利用抽样调查的部分资料分析估算，计算危害损失时也可用预计产量。

（三）一次性调查

一次性调查是指间隔相当一段时间（如1年以上）开展的一次特定调查，它主要是对调查对象在一定时间点上的状态进行调查，以取得事物在这一时间点时段的数量资料。对于一些在一定时间内变动不大的指标，可以采用一次性调查。如对县及县以上植物保护机构的调查，就不需年年进行。

四、统计资料的搜集方法

统计原始资料需要到现场直接调查获取或向掌握资料的单位搜集。搜集资料的方法很多，主要有直接观察法、报告法、采访法和通讯法四种，它们各有不同的特点及其运用场合。

1. 直接观察法　直接观察法是指调查人员亲自到现场对调查对象进行观察、计量、点数和登记资料，直接取得第一手调查资料的方法。如农作物病、虫、草鼠抽样调查中，对各病虫发生、危害情况的调查就是由调查人员直接深入田间对病、虫分别进行观察、查数和记载。这种方法取得的资料准确、可靠，但花费人力、财力、物力较大，时效性差，有局限性。

2. 报告法　报告法是调查单位以各种原始记录和统计分析资料为依据，填写调查表、提供统计资料的方法，县以上各级植物保护站填报的植保专业统计报表，就属报告法。

3. 采访法　采访法是向被调查人员直接询问收集资料的方法。如向基层农业工作者、农户采访了解病虫害发生情况、防治效果的形式即为采访法。这种方法又可分为口头询问法和被调查者自填法。

① 口头询问法。由调查人员对被调查者直接询问或由调查人员召开座谈会了解情况搜集资料。其优点是调查人员与调查者直接接触，可以随时解释被调查者提出的问题，纠正所取资料中的差错，故所得资料比较准确，缺点是需要较多的人力和时间。

② 被调查者自填法。向被调查者发放调查表由被调查者按要求填写。

4. 通信法　通信法是利用各种通信手段，如电话、传真、电子邮件、邮政通信、互联网、手机 APP 等开展资料搜集工作。

第三节　统计调查实施方案

"凡事预则立，不预则废"，统计调查更是如此。统计调查是一项复杂、细致的工作。为了在调查过程中统一认识、统一内容、统一方法、统一步调，确保调查顺利进行，获得真实、及时和完整的统计资料，调查前必须制定一个周密的统计调查方案，以便确保调查工作严格按照计划步骤和要求付诸实施。

一、统计调查方案的功能

调查方案的功能，从它在统计调查和统计工作中的职能、地位和承担的任务进行深层次、多方位的分析，具有以下功能。

（一）基础功能

统计调查是统计工作的基础，反映统计调查全过程的统计调查方案，则是统计调查的基础。调查方案是否科学、详尽，是统计调查乃至整个统计工作的关键。一个完备的实施方案，能使调查者更好地认识调查的意义、调查内容和实施步骤及方法。

（二）宣传功能

农作物病虫预测预报工作，是植物保护工作的主体，植保专业统计调查方法的产生、发展都是建立在此基础上的，因此，植保专业调查方案的制定与执行，应当宣传动员广大植物保护技术干部积极参与，使调查者和被调查者都了解调查目的、要求及有关技术，其中最主要的是抽样调查技术与统计分析方法，它与测报调查既相关联系，又有区别，因而需要融会贯通，形成一个既有共性又有个性的专业知识体系，从而强化做好统计调查的责任心。

（三）实施功能

调查方案制定的目的是为了实施，以期圆满地获得统计调查资料。统计调查方案必须切实可行，确保能够顺利实施调查计划。调查方案是实实在在的实施计划，调查过程要经常进行检查，评估和调整调查方案的具体细节，并严格按方案的规程操作，确保调查资料的质量。

（四）存档功能

精心设计的统计调查方案是重要的档案资料，具有归档积累价值。一方面，依据调查方案进行调查的资料是宝贵的信息资源；另一方面，农作物病虫发生、危害情况等统计调查具有连续性，是通过定期或不定期调查掌握的农作物病虫数量现象的动态变化，它对分析其发生、消长规律和制定治理规划提供重要的科学依据。同时，在制定新的调查方案时，需要借鉴以往的调查方案，使之在原有调查方案的基础上不断修改、补充和完善，以期调查方案一次比一次更科学和可行，也便于保持资料的可比性，使调查工作更富有成效。

二、统计调查方案的结构

统计调查方案的内容要素，从统计调查工作业务和调查方案的文体分析，应由以下诸要素组成。

（一）调查目的

植保专业统计调查目的是指为什么开展这项业务，通过调查要揭示什么问题，解决什么问题。这是统计调查方案最基本、最核心的要素，其他要素都是服务于它，受它制约的派生要素。如农业有害生物发生、防治情况抽样调查，调查目的是要掌握主要病虫草鼠年度间，在不同生态环境下的田间分布状况及在寄主作物上数量变化动态，通过对数量现象的统计分析揭示出农作物病虫在各种生态环境条件下的特征，从而分析现象之间的依存（或相关）关系，达到为加强病虫防治，制定宏观管理决策提供依据的目的。为达此目的，光靠对病虫数量变化进行调查是不够的，还需要对病虫防治情况、农药、药械使用及防治技术措施等基本情况进行调查，类似这些调查要素均是为"揭示规律，制定宏观管理决策"而服务的。

（二）调查对象和单位

调查对象是指统计调查的总体范围，调查单位是构成调查对象（总体）的个体，如调查一个省份稻水象甲这一检疫对象的发生情况，省内凡稻水象甲发生县（市）都是调查单位。

（三）调查项目

调查项目是指要调查的具体内容，是直接体现调查目的的要素。调查项目一般除将各项目科学分类、排列编制成调查表外，还需附有填表说明。在确定调查项目时，除要根据调查的目的要求和被研究现象的特点外，还要注意以下几个问题。

（1）确定的调查项目应当既是调查任务所需，又能够取得答案。

（2）确定的调查项目应尽可能地做到项目之间相互联系，以便从取得的资料中验证答案的准确性。

（3）调查项目的含义要明确、肯定，必要时可附以调查项目解释。

（4）明确调查项目的答案形式，有的答案用文字填写，有的用数字填写。

（四）调查方式

调查方式是指统计调查的组织形式。植保专业统计调查的主要方式是统计报表，为了确保报表的质量，还进行了统计抽样调查、典型调查（指系统测报调查）、重点调查乃至普查（如植物检疫性有害生物及新发生危险病虫对象的调查）。调查的具体目的不同，调查的方式也各异。上述几种不同调查方法，是从侧重于各自的角度去认识自然现象而成立的。如系统测报侧重于掌握病虫发生、消长的全过程，而统计抽样调查则侧重于了解某病虫在一定时空状态下的水平分布。各种不同的调查方式，出自不同的调查目的和可行程度。如要想知道某地一代二化螟在早稻田间的数量分布，常规方法应该将该地早稻每块田虫量（卵量）相加，求得总量，除以田块总数。但是将所有早稻田都查一遍，这是无法做到的，只能采取抽样调查的方式，即首先将该地早稻按生长状况分成几类，然后在各类田随机抽取样本，以样本的加权平均数去推算该地早稻上一代二化螟的平均虫量（卵量）。确定用哪种调查方式，首先是依据调查目的，然后是既保证资料的准确性还要考虑到可行性，两者相互结合。

（五）调查时间

调查时间是指统计调查资料所属的时间，不是仅指调查人员从事调查活动的时间。如进行农作物病虫统计抽样调查，其资料所属时间与调查人员的田间调查活动应当是统一的，而进行农户访问调查时，所搜集的基本情况等资料所属时间与调查人员的调查时间就不是统一的，它就要以资料所属时间定为统计调查时间。如病虫防治时间、农药拌种、施肥等统计项目的调查时间，不必规定调查人员的调查时间，因为这类资料可以采取问卷调查和被调查者自填调查等方式搜集，其农事操作时间即是统计所属时间。

（六）调查实施计划

调查实施计划是落实执行调查方案的具体实施步骤与时间，也包括未列入以上要素的调查事宜，如调查地点、人员、经费等。

三、制定统计调查方案的方法

（一）依据农村社会经济统计学的基本原理，把理论基础融会于统计方案之中

如农作物病虫发生情况抽样调查方案的各个调查项目，其科学的内涵是什么，应当根

据统计学原理所阐明的实质确定。如某病虫"发生面积"这一统计调查项目，仅从统计学原理上解释其"指标"含义，应当是"反映实际存在的一定事物总体现象的数量概念（或名称）和具体数值"。根据这一原理，在调查方案中，某病虫"发生面积"的科学内涵即是"指通过各类有代表性田块的抽样调查，其病虫发生密度或危害率达到防治指标的面积，尚未确定防治指标的病虫，按应治面积计算"。而在调查项目说明中，则要详尽介绍"发生面积"的田间调查和资料统计方法。资料统计方法：依据某病虫抽样调查的各级田块数，除以调查总田块，计算出各级田块百分率，累加达到防治指标以上各级田块百分率之和，乘以寄主作物种植面积即为该病虫代表范围的发生面积。计算公式：

$$发生面积 = \sum Ni \times Si（或 S）$$

式中，Ni 为田块百分率，Si 为作物种植面积。

（二）统计调查方案的制定具有法规性，不能随心所欲

《统计法》规定统计调查必须按照经过批准的计划进行，植保专业统计调查方案要按照植保专业报表制度中规定的调查项目编制。

统计调查方案必须环绕"调查目的"这一重点，如调查单位和对象，调查项目和调查方式的确定等，都应当从属于调查目的，为之服务，不可偏离。植保专业统计语言特点即是数字语言，其方案通过表格反映，井井有条，一目了然，既便于归纳汇总，又减少了文字叙述。因此，制定植保专业统计调查方案应有文有表，文表相济。在文字表述上要做到言简意明。言简，指调查方案的语言要精练，有话长，无话短，意尽言止；意明，则指调查方案的各条规定必须清清楚楚，不可含糊其词，模棱两可，使人产生歧义，要让被调查者对方案中的规定只有一种理解。尤其是须用数字计量的项目，若存在项目含义、计算方法和范围交代不清，被调查者会按自己的理解填报，将使资料失去可比性和科学性。

第四节 统计调查方法

植保专业统计与其他专业统计类似，一般有典型调查、普查、重点调查和抽样调查等几种调查方法。

一、典型调查

（一）典型调查的意义

典型调查是非全面调查的一种，是调查研究的基本方法，它是根据调查的目的和要求，在对所研究的对象进行全面分析的基础上，选择具有代表性的典型单位，做周密系统的调查，借以认识事物的本质和发展变化规律是由点到面、由个别到一般的认识方法和工作方法。

典型调查是一种特殊的组织形式，也是补充植保专业统计调查不足的重要方式。如

"农作物病虫系统测报调查"，它是按照调查预定目的而专门组织的一种非全面调查，它从了解和掌握病虫发生消长全过程这一系统调查中，经统计分析对病虫的发生期、发生量作出预报，以指导大面积病虫防治工作的开展。上述这项调查，有意识地选择了具有普遍意义的典型（即从调查总体中选取代表性个体）去进行细致的调查研究，弄清病虫的本质及发生、消长变化规律。典型调查的特点在于调查单位少，机动灵活，便于对被研究事物进行深入的了解，搜集详尽的第一手资料，并能及时地分析问题，找出解决矛盾的途径。

（二）典型调查的作用

（1）典型调查可以反映事物现象的一般规律和趋势。在指挥病虫防治工作中，经常采用典型调查的方法，取得一组数字，通过分析这些数字，得出如何布置防治战役的结论。如对水稻重点产区主害代稻飞虱的田间情况进行调查所取得的数字，经统计分析可得出如下结论：一是稻飞虱的发育阶段，确定防治适期；二是稻飞虱的发生虫口密度和发生程度，确定是否需要防治；三是褐飞虱与白背飞虱两种飞虱的比例，预测下一代水稻成灾风险等。依此，可向管理机关提出防治建议，为部署防治战役当参谋；同时将信息反馈给市级、县级植保部门，提出分类指导的具体意见。

（2）典型调查可以深入研究事物的发展趋势。事物的发展总是由小到大，由弱到强，用典型调查的方法，可以记录事物发展的全过程。在它萌芽的状态，及时抓住苗头，探索它的发展方向，这对于形成科学的预见，指导工作，具有重要意义。

（3）典型调查可以剖析事物变化的原因，促进其发展。由于典型调查的单位比较少，经费开支可以相对集中，便于对问题做深入细致的调查研究，具体了解事物的发展过程及与之相关的各方面，从而做到有情况、有数字、有原因、有结果，全面而深入地认识问题，促进事物朝优化方向发展，促进对事物的宏观管理。

（三）典型调查资料在统计分析中的运用

在植保专业统计工作实践中，利用典型调查资料，大体上有以下几个方面。

（1）说明统计报表数字的情况和原因。统计报表能够反映全面的基本情况，但报表上的统计指标，只能反映现象变化的结果，要想了解现象变化的原因，还要通过典型调查的资料加以补充。

（2）说明某些突出变化。对于统计报表资料所反映出的某些突出变化，可以有意识地抓住几个典型单位，进行深入细致的调查研究，摸清典型中与变化相关方面的具体情况，用典型调查资料分析产生变化的关键要素，说明某些变化的原因和过程。

（3）推算某些指标的全面数字。在不易取得全面资料或通过报表取得全面资料有困难时或为了检查报表数字的准确程度，根据一定条件，可以利用典型调查资料来推算某些统计指标的全面数字。如要统计农作物病虫"防治面积"，就可以用典型资料来推算全面数字，或检查报表上数字的准确程度等。在总体单位差异比较小，所选典型具有较高的代表性时，可用典型调查资料推算全面数字。总体各单位的差异虽然比较大，但我们运用划类选点的办法，掌握的典型相当多，可利用各类型的典型资料和各类型在总体中所占比重来推算全面数字。

（4）说明统计报表制度的制定和修改。统计报表制度的制定和修改，统计报表方法的制定和修改，往往要利用典型资料加以说明，使被调查者知其然也知其所以然，便于发挥多方面的积极性，有利于统计调查工作的开展。

（四）典型调查应注意的问题

搞好典型调查的关键是正确选择典型。

（1）保证典型要有充分的代表性。在选择典型单位时，应该根据调查研究的目的任务不同，选择各种各样的典型。例如，要调查病、虫、草、鼠害的防治情况，在选择样点时，就需要考虑病、虫、草、鼠害的发生情况、防治水平、地势、作物长势等因素，一般的和突出的典型都应选择，即选择的典型要能代表全面情况。

（2）选择典型的量，要既能够满足完成调查任务，又要尽量控制增加负担。在总体各单位条件比较一致的情况下，选定一个或几个有足够代表性的单位作"解剖麻雀"式的调查即可。当总体单位比较多，各单位条件差异很大时，选择少数几个单位就不能满足要求，需要将总体研究问题的有关标志，划分几个类型，然后再从类型中找出有代表性的单位进行调查，这样做减少了类型中各单位的差异。

（3）选择典型要相对固定。对于一些需要深入观察事物发展、变化原因，掌握变化规律及趋势的调查，如对农作物病虫发生、消长、危害情况的调查，还需要相对固定的调查点，以便取得系统的资料。

二、普　　查

（一）普查的意义

普查是一种全面调查，是为完成某种特定任务需要而专门组织的一次性全面调查。如新发生危险病虫草的普查、植物检疫性有害生物的普查等。通过普查可以取得某项专门问题的详细资料，为管理机关研究和制定治理规划、发展计划提供可靠依据，并可作为对事物现象进行深入分析的参考。

统计报表虽然能提供全面的基本统计资料，但它不能代替普查。因为有些事物不可以也不需要进行经常调查。在需要掌握一些比较全面细致的统计资料时，就要通过普查来取得。因此，普查对植保专业统计也是不可缺少的调查形式。

植保专业统计组织普查基本上有两种形式。一种是组织专门普查队伍，直接对调查对象进行登记。如农业植物保护部门组织的"昆虫天敌普查"等。另一种是不完全依靠组织专门调查队伍直接进行观察登记，而是利用本系统资料，结合现场调查开展工作。如整理植保专业历史统计资料，就采取利用本系统历史资料与现场调查相结合的办法广泛搜集资料。

（二）普查的要求及应注意的问题

根据普查涉及面广，准确性要求高，时效性强的特点，为了取得在一定时间点上的准确资料，普查要比组织其他方式调查更强调集中领导和统一行动。一是必须统一规定调查资料所属的标准时间，避免搜集资料因自然变动而产生重复和遗漏现象。如对植物检疫性病虫草的普查，就要规定病虫代（期）及具体调查日期。二是在普查范围内调查单位或调查点尽可能同时进行调查，并尽可能在短期内完成，以便在步调上取得一致，保证汇总分析工作的时间。三是调查项目一经统一规定，不能任意改变或增减，以免影响汇总综合，降低资料质量。同一种普查，每次调查的基本项目和指标，也应力求一致，以便历次普查资料对比分析。

（三）普查与定期报表的区别

定期报表虽然也是一种全面调查，但它与普查的区别有以下几点。

（1）定期报表具有经常进行的特点，而普查则是专门组织的一次性调查，一般说，它的调查对象属时点现象。即通过普查所取得的资料主要是某种现象在一定时点上的总体数量的各种主要相关或构成情况的资料。

（2）定期报表内容相对比较精简，而普查是为了满足某种调查任务而组织的，要求项目可以多一些，能够提供比较详细的资料。

（3）有的事物现象只需隔若干年做一两次普查就够了，没有必要利用定期报表这种形式。

三、重点调查

（一）重点调查的优点

重点调查就是在调查总体中，选择少数重点单位进行调查，以了解其基本情况的一种非全面调查方式。重点单位是指那些在研究总体中只占一小部分，但它们的标志值却占总体全部单位标志总量很大比重的单位。通过掌握这部分重点单位的某种标志总量，可以从数量说明整个总体在标志总量方面的基本状况。

重点调查的优点是花费的人力、物力和时间较少，取得资料效果好。对于只要求掌握基本情况，而部分单位又能比较集中地反映所研究项目和指标时，采用重点调查比较适宜。可以在花费较少时间和精力的情况下，迅速取得调查的总体基本情况资料，便于管理单位及时掌握情况指导工作。例如，植保专业统计半年报表就可以采用重点调查的方式搜集资料，然后进行统计估算。某省掌握了 14 个样点县（市）一代二化螟的卵量，就可对这一代螟虫的发生、分布情况基本有所了解。

（二）重点调查应注意的事项

重点调查的具体做法可以灵活多样。可以对重点单位按要求的项目布置报表做系统的观察和研究，也可以组织一次性调查。选择重点单位可以根据历史资料，或有关资料进行具体分析确定。如选择反映某作物病虫情况的重点单位，就要根据生态区域、地理位置、该作物的种植面积、生产水平等基本情况以及病虫发生情况等综合考虑。若选择反映防治情况的重点单位，则需着重考虑农业生产水平、防治水平、常年农药用量等情况。

进行重点调查应注意以下几个方面的情况：一是在某问题上是重点，在另一问题上不一定也是重点；二是在某一调查总体中是重点，在另一调查总体中不一定是重点；三是这一时期是重点，另一时期不一定是重点；四是重点之中有重点。

四、抽样调查

（一）抽样调查的意义

抽样调查是一种非全面调查，它是按随机原则在总体中选取一部分调查单位进行观察，运用数理统计的原理，对全部研究对象做出数量上的判断，达到认识总体的一种调查。

抽样方法是以概率论为理论基础的科学调查方法，它既是统计调查的方法，又是统计分析的方法。两者有机地结合起来，形成一种崭新的、强有力的认识方法，为世界各国广泛采用。我国政府统计中，大量的社会经济调查，都要运用抽样调查方法。在自然科学领域，对自然环境、生物生态等情况的调查，都采用了抽样调查方法。植保专业统计中，对大范围农业有害生物（包括发生范围较广的检疫对象）发生、防治、危害损失的评估，采用了抽样方法。

（二）抽样调查的优越性

1. 经济性　由于抽样调查的单位少，比全面调查的工作量大大减轻，而且调查、登记和计算统计分析工作都可以专业化，因而节省人力、物力和费用开支。

2. 时效性　抽样调查工作技术性强，一般由受过培训的专业人员直接在现场取样观察计算、登记，减少中间环节，提高时效，尤其是针对总体范围广、单位多的调查统计等，全部报表收齐后汇总往往因工作不平衡拖拉较长时间，而采用抽样调查的办法，取得数字比报表要早得多，特别对于掌握生产进度的定期报表，采用抽样方法更显示出优越性。

3. 准确性　植保专业统计抽样调查是依据具体情况进行分类，选择样点县（市），然后按随机原则取样调查，缩小了总体中各类调查单位之间的差异程度，排除了主观因素的影响，由于是自上而下组织调查，而非单纯的自下而上层层填报，使样本有比较高的代表性，抽样误差还可以通过科学方法加以控制，达到比较准确的效果。

4. 灵活性　抽样调查组织方便灵活，调查项目可多可少，考察范围可大可小，既适用于专题研究项目，也适宜于经常性的调查。如植保专业统计调查工作，一般由测报员兼任。各地可以根据实际情况，因时、因地制宜地组织统计抽样调查。

抽样调查是植保专业统计所用到的最常见、最重要的方法，有关植保抽样调查的概念和应用，将在第三章详细阐述。

第五节　统计调查的误差及其防止方法

一、统计调查的误差性质及产生原因

在统计调查工作中，无论是全面调查，还是非全面调查，都难免会发生各种技术性误差。如登记性误差和汇总、过录性误差。在抽样调查中，由于用抽样样本代表总体，还多一种误差，叫代表性误差。代表性误差又可分为两种。一种是一贯的代表性误差，即系统性误差，产生这种误差的原因是在调查中违反随机原则或者在抽取样本单位时，组织形式不当。如调查者有意识地选择较好（大）或较差（小）的单位进行调查，据此计算的统计量必然与实际情况符合率较差，出现偏好（大）或偏差（小）。另一种是偶然的代表性误差，它是由于样本不能完全代表总体所产生的误差，因为抽样调查毕竟是从总体中调查一部分单位，即使做到严格遵守随机原则，要使抽样样本结构完全和总体结构一样也是不可能的。

技术性误差和一贯的代表性误差是人为因素造成的，而抽样误差则是抽样调查所固有的。也是抽样调查不可避免的。正如前所述，抽样样本结构和总体结构稍有不同，哪怕是很微小的不同，据此计算的抽样指标和相应的总体指标就不会完全相同，这就产生了抽样误差。

二、影响统计调查误差的因素及防止方法

（一）非抽样误差

登记性误差是由于调查不细致或方法不正确等原因而造成的观测误差；调查获取的原始资料在建立原始记录台账过程中，也容易出现笔误，造成过录性误差；当统计资料经过科学分组后，在汇总各个指标的分组数值和总计数值之前，对原始材料的审核不严格，就会导致汇总性误差。

防止造成上述技术性误差的方法，一是靠做好调查人员的技术培训和对被调查对象的宣传工作，在调查过程中加强组织实施和质量控制等方法加以克服，二是在对分组资料进行汇总前，必须对原始资料进行完整性、及时性和正确性检查。完整性就是检查所有被调查单位的资料是否齐全；及时性就是检查所有调查单位的资料是否都是按规定时间调查的；正确性就是检查全部资料是否正确可靠。正确性的检查方法有三种。首先是逻辑性检查，也就是检查资料有无不合理的地方，有平衡关系、相关关系的统计指标之间，是否有不平衡或自相矛盾的地方。如某病虫的自然损失与作物产量比例关系及病虫发生程度是否符合、防治面积与挽回损失是否合逻辑等。其次是计算检查，即抽样调查表或报表中各个指标在计算结果上有无错误。再次是检查调查表或报表中，各项指标的计算范围和计算方法是否符合调查方案的规定，计量单位是否统一、是否严格执行法定计量单位等。

（二）抽样误差（样本估计量的误差）

由于抽样调查是以样本指标推断总体指标，用样本统计量估计总体参数，因此，不可避免会出现各种误差。这种误差主要是：总误差、偏差、抽样误差、抽样平均误差和抽样极限误差等。

在对样本的调查观测以及抽样估计的过程中所产生的各种误差，其综合量形成抽样的总误差，即偏差和抽样误差。偏差反映了样本指标的期望值与总体参数的偏移程度；而抽样误差则描述了抽样估计的精确程度。

抽样估计的总误差与偏差和抽样误差的关系，可表述为：

总误差的平方＝偏差的平方＋抽样误差的平方

要减小抽样的总误差，必须同时考虑降低偏差和抽样误差这两方面。偏差产生的原因有多种。一是样本统计量的偏差，这种偏差一般可由统计方法加以解决。如改良统计量或测算或修正统计量的偏差。二是非抽样误差，这是指抽样调查中发生的，但又不是抽样方法本身所致的偏差，如登记性误差、调查人员的调查观测误差等，防止这种偏差的方法，一是对调查人员进行专业技术培训和对被调查对象加强宣传动员；二是在调查过程中加强组织实施和质量控制。

抽样误差则是由抽样方法本身所引起的误差，这章仅介绍抽样误差的各种表现形式和影响因素，对抽样方法所引起的误差，将在另外章节详细介绍。

1. 实际抽样误差　实际抽样误差是指在抽样中，由随机因素引起的样本指标与总体参数的偏差，在排除上述调查误差的情况下，抽样指标与总体参数仍有或大或小的差距。例如：在水稻稻飞虱抽样调查时，随机抽取 100 块田，计算加权平均百丛虫量为 1 500 头，而在抽样调查的这 100 块田中百丛虫量幅度为 1 000～2 000 头，100 块田中，包含大于 1 500 头和小于 1 500 头的田块，存在 500 头左右的误差。这种误差是由于许多随机因素所造成的，如稻飞虱的分布状况和田间温湿度等小气候差异。这些因素一般很难人为地加以改变或消除，因而，这种误差具有随机性。从上例中也可看出，由于随机从总体中抽取样本，哪个样本被抽到是随机的，由样本所得到的又是随机变量。因而，样本指标与总体指标的偏差也是随机变量。

2. 平均抽样误差

（1）平均抽样误差的概念。不仅要认识某一次实际抽样误差的大小，而且要掌握总体中所有可能的样本抽样误差情况。但是，在总体相当大，可能的样本非常多的情况下，不可能列出所有的实际抽样误差，这就引出平均抽样误差的概念，即以平均抽样误差来描述各样本实际抽样误差的一般水平，通常所说的抽样误差，即指平均抽样误差。平均抽样误差在通常情况下可表述为抽样指标的标准差。

（2）影响抽样误差的因素。总体方差或标准差描述了总体各单位标志值的变异程度。抽样误差与总体方差成正比关系。

① 样本容量。如果样本容量愈小，那么，它对总体的代表性愈差，即抽样误差愈大，因而抽样误差与样本容量成反比关系。

② 抽样方法。不重复抽样的样本比重复抽样的样本更能反映总体的结构。故抽样误差也会较小些。

③ 抽样调查的组织形式。相同的总体方差、样本容量和抽样方法，不同组织形式抽取的样本有不同的抽样误差，对总体的代表性表达会发生差异。

3. 抽样极限误差　抽样平均误差仅是从理论上描述样本指标与总体指标偏差的平均状况，还无法确定某一次或某几次实际抽样中样本指标偏离总体指标的范围，也不能回答以某次抽样估计总体参数的可靠性大小，而抽样极限误差是指抽样指标与总体指标之间的可能误差范围，即一定概率保证相联系的误差范围。

（1）抽样极限误差是指误差范围。一个总体有许多个样本指标，而这些样本指标都在总体指标范围内变动，这种变动幅度或大或小，取值或正或负，因而就有一个变动范围问题，这个范围的绝对值就是抽样极限误差，抽样极限误差对控制所估计的总体参数是非常重要的。

（2）抽样极限误差是指可能的误差范围。这就是说，抽样极限误差所指的误差范围不是唯一固定的，而是根据抽样调查的目的，根据人们希望控制的把握性来确定的。如果希望控制的把握性大些，那么就给予较大的允许误差范围；反之，给出较小的允许误差范围。这种把握性就是概率保证程度。抽样极限误差与概率保证程度成正比关系。

（3）从抽样极限误差可以推算出抽样估计精度。它们之间成反方向变化关系，即允许误差范围增大，抽样估计精度减小。

第三章
植物保护统计抽样调查

第一节　抽样调查的一般知识

一、概念与应用范围

（一）基本概念

抽样调查是指按随机的原则，在研究对象的全部单位或全及总体中抽取一定数量的单位进行观察，并将观察得出的抽样指标，用以推断全及总体指标的一种组织形式。这是目前国际上公认和普遍采用的科学调查手段。由于这种形式是在概率论与数理统计学的基础上建立起来的，既包含搜集统计资料的方法，又包含对全部研究对象的数量特征进行估计推断的方法，达到对总体的认识。因此，抽样调查在统计调查和统计分析中，是一种非常有效的调查方法，也是植保专业统计中重要的方法之一。抽样调查有两个特有概念。

1. 全及总体和抽样总体　从调查统计的范围看，全及总体简称总体，是指所要研究的调查单位的全体。总体单位数通常用符号 N 表示。抽样总体简称样本，是指从总体中被抽取出来的，用抽样调查方法所要直接观察的全部单位。样本的单位数通常用符号 n 表示。样本是抽样调查的特有概念。从理论上讲，样本总是小于总体的，是总体的缩影。因此，它是推断总体的依据。然而，总体单位 N 很多，有时多得无法计算。而抽样单位则远比 N 小，可小到 N 的几十分之一、几百分之一乃至几万分之一。抽取样本的多少，主要取决于研究对象的观察性质和研究的具体任务。从总体中抽取的单位可以构成一个抽样总体，也可以构成一系列的抽样总体。而且每一个抽样总体可以计算相应的综合指标。

2. 总体指标与样本指标　总体指标是指以总体各单位标志值计算的综合指标。样本指标是指以样本总体各单位标志值计算的综合指标。总体指标是由总体全部标志总量所决定的，也是唯一确定的量，总体的总平均数就是一例。样本指标则不同，它是随着样本单位的不同而参加样本指标计算的，标志总量也就不同，它仍然是一个随机变量，样本平均数就是一例。在数理统计中，样本指标称为统计量，它是总体随机变量的函数。从理论上说，样本统计量可以是多种多样的，但实际上常用的只有抽样平均数和抽样成数。

总体平均数，是指总体的平均数，一般用符号 $\overline{X}$ 表示。

总体成数简称成数，是指总体的成数，通常用符号 P 表示。

样本成数简称频率，是指样本的成数，通常用符号 p 表示。

（二）抽样调查的应用范围

抽样调查的应用范围与抽样调查的目的及调查对象性状有着密切联系。应用范围主要有如下几点。

（1）对不可以用或难于应用全面调查的客观事物进行调查研究，以取得总体数量的特征。如对玉米螟、甘蔗螟虫等钻蛀性害虫密度的调查，不可能将所调查的玉米、甘蔗都砍下剥查，而只能采用抽样调查的组织形式。又如对某乡进行水稻三化螟的发生量及发生程度的定量和定性调查，同样地不可能逐田块甚至逐株检查，只能采用抽样调查，按随机原则抽取一定数量的样点村、样点田调查，获得有关指标，以满足人们调查统计的需要。

（2）对全面调查或普查资料进行修正和补充。在全面调查或普查过程中，往往由于面广、工作量大而造成人为误差。如人口普查的净差率（遗漏率－重复率）就是对普查的修正参数。为了减少误差，提高可靠程度或验证调查结果、积累有关统计指标，在开展全面调查或普查之后进行抽样调查，获得净差率，修正普查结果。如某地区植保站组织一次全地区性植物检疫性有害生物——柑橘黄龙病的普查。为了验证、修正和补充普查资料，确定发生范围、发生危害程度等指标。普查结束，首先对各县普查资料进行粗略比较，结合该病传入本地区各县的历史资料以及所影响普查质量的有关情况进行分类，按随机原则，应用类型抽样形式确定样点县、样点乡，进行抽样调查，然后计算净差率，即可获得上述有关统计指标，完成对普查资料的验证、修正和补充。

二、抽样误差

（一）抽样误差的概念

抽样误差是指抽样指标与总体指标之间所产生差数的简称。误差是不可避免的，因为样本指标是根据抽样单位的标志值计算出来的，而总体中的其他没有被抽到的单位标志值则没有被计算在内，而且通常以抽样指标来代替总体指标。

（二）抽样误差的计算公式

1. 抽样误差的计算原理　前面已介绍了抽样误差是抽样指标与总体指标之间的差数。这些差数一般又是以抽样平均数或成数来推算总体平均数或成数的。所以，抽样误差主要是抽样平均数与总体平均数之间的差数（$\bar{x}-\bar{X}$），或抽样成数与总体成数之间的差数（$p-P$）。这些差数的产生是由于样本从总体的抽样过程中会产生一系列的抽样指标以及一系列的抽样误差。根据数理统计证明，总体平均数（或成数）与从总体中抽出一系列样本的抽样平均数（或成数）的总平均数是相等的。因此，计算一系列抽样平均数（$\bar{x_i}$）对总体平均数（$\bar{X}$）的平均差数，与计算一系列抽样平均数（$\bar{x_i}$）对一系列抽样平均数的总平均数（$\bar{\bar{X}}$）的平均差数是一致的。然而，计算抽样误差，是指计算一系列抽样误差的平均数，即计算一系列抽样平均数（或成数）的标准差。那么，可通过计算标准差的方法来计算抽样误差（实际上是指抽样平均数的平均误差，下同）。其计算公式为：

$$\mu_x = \delta_{\bar{x}} = \sqrt{\frac{\sum\limits^{C_N^n}(\bar{x}_i - \overline{X})^2}{C_N^n}} = \sqrt{\frac{\sum\limits^{C_N^n}(\bar{x}_i - \overline{\overline{X}})^2}{C_N^n}}$$

$$\mu_p = \sqrt{\frac{\sum\limits^{C_N^n}(p - P)^2}{C_N^n}}$$

$$C_N^n = \frac{N!}{n!(N-n)!}$$

式中：

μ_x——抽样平均数的平均误差；

μ_p——抽样成数的平均误差；

$\delta_{\bar{x}}$——抽样平均数的标准差；

$\bar{x}_i$——样本平均数；

$\overline{X}$——总体平均数；

$\overline{\overline{X}}$——样本平均数的总平均数；

N——总体单位数；

n——样本单位数。

例如：总体由 1、2、3、4、5 个数字组成，按随机不重复抽样方式抽取三个数字组成一系列样本。样本平均数就有 10 个 $\left(C_N^n = \dfrac{5 \times 4 \times 3}{1 \times 2 \times 3} = 10\right)$。表 3-1 列出了各样本平均数和抽样误差。

表 3-1　样本平均数和抽样误差

样本	样本平均数 $(\bar{x}_i)$	抽样误差 $(\bar{x}_i - \overline{X})$
1，2，3	(1+2+3)÷3=2	−1
1，2，4	(1+2+4)÷3=2.33	−0.67
1，2，5	(1+2+5)÷3=2.67	−0.33
1，3，4	(1+3+4)÷3=2.67	−0.33
1，3，5	(1+3+5)÷3=3	0
1，4，5	(1+4+5)÷3=3.33	0.33
2，3，4	(2+3+4)÷3=3	0
2，3，5	(2+3+5)÷3=3.33	0.33
2，4，5	(2+4+5)÷3=3.67	0.67
3，4，5	(3+4+5)÷3=4	1

总体平均数 $\overline{X} = \dfrac{1+2+3+4+5}{5} = 3$

抽样平均数的总平均数 $\overline{\overline{X}} = \dfrac{2+2.33+2.67 \times 2+3 \times 2+3.33 \times 2+3.67+4}{10} = 3$

用上式计算结果：

$$\mu_x = \sqrt{\frac{(-1)^2 + (-0.67)^2 + (-0.33)^2 \times 2 + 0^2 \times 2 + (0.33)^2 + (0.67)^2 + 1^2}{10}} \approx 0.58$$

所以，此例抽样平均数的平均误差（或抽样平均数的标准差）为 0.58。

2. 影响抽样误差大小的主要因素　数理统计的标准差，是反映平均数代表程度的尺度；用抽样方法来推算总体所产生的平均误差，是反映总体指标代表程度的一种尺度。因此，抽样误差愈小，样本的代表性愈高。为了减少一系列抽样误差，提高样本代表性，从抽样方案设计到抽取样本的过程中，必须注意如下影响抽样误差大小的几个主要决定性因素。

（1）抽样单位的多少。样本单位数抽取愈多，则抽样误差愈小；反之，样本单位数抽取愈少，则抽样误差愈大。

（2）总体标志变动程度的大小。一个样本单位标志是全及总体各单位标志中之一。总体各单位标志的变动程度愈小，抽样误差就愈小；反之，总体各单位标志的变动程度愈大，抽样误差就愈大。由此可见，抽样误差的大小，与抽取单位数多少成反比，与总体各单位变动程度的大小成正比。

（3）抽样调查的组织形式不同。不同的抽样形式所具有可靠程度的高低也是不一样的。一般来说，应用类型抽样和机械抽样要比纯随机抽样、典型抽样更能保证抽取的单位在总体中均匀地分布，从而降低了误差程度。此外，重复抽样和不重复抽样对抽样误差也有不同程度的影响。从理论上来说，不重复抽样比重复抽样所产生的误差要小些，但在样本足够多的情况下，误差是很小的，所以在实际工作中都采用重复抽样条件下的抽样误差计算公式。

3. 抽样误差的计算　对于抽样误差的计算，应该遵照上述计算公式进行，但事实上在全及总体单位很多，甚至无法计算时，加上全及总体指标也无从知道，不可能抽取所有的样本单位。根据数理统计关于标准差的理论，在重复抽样的条件下，采用纯随机抽样的抽样误差，即抽样平均数的标准差等于全及总体的标准差（δ）除以抽样单位数（n）的平方根。所以，抽样平均误差（$\mu_{\bar{x}}$）计算公式如下：

$$\mu_{\bar{x}} = \frac{\delta}{\sqrt{n}}$$

这是由于 $\delta_{\bar{x}} = \frac{\delta}{\sqrt{n}}$，$\mu_{\bar{x}} = \delta_{\bar{x}}$ 的结果。

从上述公式可明显地看出，抽样误差与总体的标准差是成正比的，与抽样单位数 n 的平方根成反比。

从总体中抽取样本有重复抽样和不重复抽样之分。它们的共同点是每一单位都有被抽中的机会。不同之处是被抽选的任一单位，前者仍再参加下一次抽选，使各单位被抽中的机会先后是相等的，后者则不再参加，被抽中的机会在不断地变动；从总体个数变动来看，前者单位数始终如一，后者则在每一次被抽取多少单位后，总体单位数就相应地减少多少。上面所介绍的是重复抽样误差的计算公式，至于不重复抽样误差计算公式，只不过在重复抽样误差计算公式根号内乘以一个系数（$1-n/N$），或在重复抽样误差计算公式中乘以一个系数 $\sqrt{1-n/N}$ 而已。其公式如下：

$$\mu_{\bar{x}} = \sqrt{\frac{\delta^2}{n}\left(1-\frac{n}{N}\right)} = \frac{\delta}{\sqrt{n}} \cdot \sqrt{1-\frac{n}{N}}$$

现用这个公式计算前述 5 个数字（1，2，3，4，5）的总体。抽取 3 个数字为样本的平均抽样误差为：

首先计算总体标准差：

$$\delta=\sqrt{\frac{(1-3)^2+(2-3)^2+(3-3)^2+(4-3)^2+(5-3)^2}{5}}=\sqrt{\frac{10}{5}}=\sqrt{2}$$

然后代入上式计算，得

$$\mu_x=\sqrt{\frac{(\sqrt{2})^2}{3}\left(1-\frac{3}{5}\right)}=\sqrt{\frac{4}{15}}$$

例如，在室内饲养苎麻夜蛾三龄幼虫 5 000 头，以观测其历期，另在田间饲养 5 000 头作对照，待蜕皮成四龄幼虫后，各随机选取 100 头计算其历期。室内饲养平均历期为 2.9 天，标准差为 0.8 天；田间对照的平均历期为 2.4 天，标准差为 0.9 天。求室内和田间苎麻夜蛾幼虫历期。

已知室内饲养的幼虫：$n=100$，$N=5\,000$，$\overline{x}=2.9$，$\delta=0.8$

代入上述公式，得：

$$\mu_x=\delta_x=\sqrt{\frac{0.8^2}{100}\left(1-\frac{100}{5\,000}\right)}=\frac{0.8}{\sqrt{100}}\cdot\sqrt{1-\frac{100}{5\,000}}=0.09\sqrt{0.98}\approx0.079\ （天）$$

计算结果，室内 5 000 头三龄幼虫的平均历期为 2.9±0.079 天，即 2.821～2.979 天。

已知田间对照的幼虫：$n=100$，$N=5\,000$，$\overline{x}=2.4$，$\delta=0.9$

代入不重复抽样误差计算公式，得：

$$\mu_x=\delta_x=\sqrt{\frac{0.9^2}{100}\left(1-\frac{100}{5\,000}\right)}=\frac{0.9}{\sqrt{100}}\cdot\sqrt{1-\frac{100}{5\,000}}=0.09\sqrt{0.98}\approx0.089\ （天）$$

计算结果，田间对照的 5 000 头幼虫的平均历期为 2.4±0.089 天，即 2.311～2.489 天。由此可见，在田间饲养的苎麻夜蛾三龄幼虫历期，绝大部分都比室内的短，符合一般规律，资料是可靠的。

至于抽样成数的平均误差计算方法，只有掌握了上述抽样误差的计算方法后，就较容易、简便地掌握和应用。理论证明，总体成数的标准差平方为 $P(1-P)$，只有将 $P(1-P)$ 代替上述公式中的 δ^2 才可以得到抽样成数的平均误差。计算公式为：

$$\mu_p=\sqrt{\frac{P(1-P)}{n}}$$

例如，从一批棉花种子中，以不同方位随机抽取 200 克，检验带有红铃虫的种子（不合格）占 10 克，即成数 $P=0.05$，若以概率要求 0.682 7，即±1δ 内，试求这批种子不能调入的成数。

已知：$n=200$，$P=0.05$，$1-P=0.95$。

代入上述公式，得：

$$\mu_p=\sqrt{\frac{0.05\times(1-0.05)}{200}}=\sqrt{0.000\,237}=0.015$$

这批种子不能调入的成数为 0.05±0.015，即 0.035～0.065，或 3.5％～6.5％。这结论的准确度概率为 0.682 7，即 68.27％。

又如大面积防治介壳虫施药后检查死亡率，检查虫数 500 头，其中死虫占 312 头，即占 62.40％，求与抽样误差联系的死亡率。

已知：$n=500$，$P=0.624$，$1-P=0.376$。

代入上述公式，得：

$$\mu_p=\delta_p=\sqrt{\frac{0.624\times(1-0.624)}{500}}=0.022$$

介壳虫的死亡率为 $62.40\%\pm2.2\%$，即 $62.2\%\sim64.6\%$。从上述重复与不重复的两个抽样误差计算公式相比较，相差一个系数（$1-n/N$），这个数值永远小于 1。可见在同等条件下，不重复抽样的平均误差，永远小于重复抽样的平均误差。如果抽样单位很小，而总体单位很大时，则（$1-n/N$）接近 1，这对于平均误差影响不大。因此，在实际工作中，为减少计算上的麻烦，按不重复抽样方法抽样的往往采用重复抽样误差的计算公式。

特别指出的是，抽样调查是在不需要或不可能对总体进行全面调查的情况下采用的，因而，计算抽样误差公式中的总体平均数标准差 δ 和总体成数标准差 $\sqrt{P(1-P)}$ 的数值，在计算抽样误差时，实际上是未知数，所以一般都用样本的标准差来代替计算。因而，纯随机抽样误差的计算公式中的 δ 是用样本平均数的标准差代替，P 是用样本成数代替。而且在统计实际工作中也只能抽取一个或少数若干个样本进行调查。

三、样本单位数目的确定

（一）确定抽样数目的重要性

对于病虫草鼠抽样调查方案的设计，首先遵循抽样原理，同时还要认真考虑经济效益、精确度、总体编号的难度、田间实际抽样工作中解决具体问题的难易程度等因素。归根结底，就在于如何合理确定抽样数目问题。若抽样单位过多，虽然提高了样本对总体的代表性，但浪费人力、物力、费用和时间，还会影响抽样调查的实施，从而失去抽样调查应有的优越性；反之，抽样数目愈少，节约了人力、物力和费用，但又会使抽样误差增大。数理统计已证明，只有当抽样总体的单位数足够大时，抽样平均数的分布都接近于以全及总体平均数为中心的正态分布，从而保证了样本对总体的代表性，所以合理确定抽样数目极为重要。

（二）影响抽样数目的因素

1. 总体标准差的大小　总体标准差是指总体中各单位之间标志变异程度。要求的标准差或方差数值大时，抽样数目就多一些；反之，要求的标准差或方差数值小时，抽样数目可以少一些。

2. 允许误差数值的大小　我们可以从允许误差计算公式 $\Delta_x=t\cdot\delta/\sqrt{n}$ 中明显地看出允许误差的大小与样本数 n 成反比。所以，允许误差大可以少抽些样本单位，允许误差小则要多抽一些样本单位。

3. 要求把握程度的高低　把握程度就是概率，它根据抽样方案的要求而定。要求把握程度高的，则 t 值就小，样本则要多抽一些；反之，要求把握程度低的，t 值就大，样本可少抽一些。

4. 选择抽样形式或方法的不同　一般来讲，采用类型抽样，或有关标志排队的机械抽样等方式时，要比纯随机抽样需要的样本少。重复抽样时，抽取的样本多些；不重复抽样时，抽取的样本就少些。

（三）抽样数目的计算

1. 根据样本平均数确定抽样数目的计算

在重复抽样条件下的计算公式为：

$$n=\frac{t^2\delta^2}{\Delta_{\bar{x}}^2}$$

$$\because \mu=\frac{\delta}{\sqrt{n}}$$

$$\Delta_{\bar{x}}=t\cdot\mu=t\cdot\frac{\delta}{\sqrt{n}}$$

上式等号两边乘方得：

$$\Delta_{\bar{x}}^2=\frac{t^2\delta^2}{n}$$

上式移项即得重复抽样条件下的计算公式，式中 $\Delta_{\bar{x}}$ 为允许抽样平均误差。

在不重复抽样条件下的计算公式为：

$$n=\frac{t^2\delta^2\ N}{N\Delta_{\bar{x}}^2+t^2\delta^2}$$

$$\because \Delta_{\bar{x}}=t\cdot\sqrt{\frac{\delta^2}{n}\left(1-\frac{n}{N}\right)}$$

上式等号两边乘方得：

$$\Delta_{\bar{x}}^2=t^2\cdot\left(\frac{\delta^2}{n}-\frac{\delta^2 n}{Nn}\right)$$

上式经通分、多次移项即得不重复抽样条件下的计算公式。

例如，对某县 96 000 亩*水稻田稻飞虱的密度进行抽样调查。现已知全县加权平均百丛禾有稻飞虱的标准差为 65 头，要求把握程度 $F(t)$ 为 0.954 5，允许误差 $\Delta_{\bar{x}}$ 为 20 头，求需要抽取多少亩（块）水稻田作样本？

已知 N＝96 000 亩，给定的可靠程度 F＝0.954 5，t＝2〔查 $F(t)$ 表得〕，$\Delta_{\bar{x}}$＝20，δ＝65 头。

将上述已知数据代入计算公式，得：

在重复抽样条件下：

$$n=\frac{t^2\delta^2}{\Delta_{\bar{x}}^2}=\frac{2^2\times65^2}{20^2}=42.25\approx43（亩）$$

在不重复抽样条件下：

$$n=\frac{t^2\delta^2\ N}{N\Delta_{\bar{x}}^2+t^2\delta^2}=\frac{2^2\times65^2\times96\ 000}{96\ 000\times20^2+2^2\times65^2}=42.23\approx43（亩）$$

若每块田的面积为 1 亩，那么在重复抽样条件和不重复抽样条件下，按要求均需抽取 43 块水稻田作样本。

---

* 亩为非法定计量单位。1 亩＝1/15 公顷。——编者注

2. 根据抽样成数确定抽样数目的计算

在重复抽样条件下的计算公式如下：

$$n=\frac{t^2 P\,(1-P)}{\Delta_p^2}$$

$$\because \Delta_p=t\cdot\sqrt{\frac{P\,(1-P)}{n}}$$

上式等号两边乘方得：

$$\Delta_p^2=t^2\cdot\frac{P\,(1-P)}{n}$$

将上式移项即得重复抽样条件下的计算公式。上式中 Δ_p 为允许抽样成数误差。

在不重复抽样条件下计算公式如下：

$$n=\frac{t^2 NP\,(1-P)}{\Delta_p^2 N+t^2 P\,(1-P)}$$

$$\because \Delta_p=t\cdot\sqrt{\frac{P\,(1-P)}{n}\left(1-\frac{n}{N}\right)}$$

上式等号两边乘方得：

$$\Delta_p^2=t^2\cdot\frac{P\,(1-P)}{n}\left(1-\frac{n}{N}\right)$$

上式等号两边除以 t^2 后又移项即得不重复抽样条件下的计算公式。

例如，对出口 10 万千克柑橘进行柑橘溃疡病检疫，按收货人的订货合同要求，果实不带柑橘溃疡病病斑率为 96%，允许误差为 3%，概率保证程度达 95%，问需要抽查多少千克柑橘？

已知：$N=100\ 000$ 千克，$P=96\%$，$\Delta_p=3\%$，$F\,(t)=95$，$t=1.96$〔查 $F\,(t)$ 表得〕。

将上述的数据代入计算公式，得：

在重复抽样条件下：

$$n=\frac{t^2 P\,(1-P)}{\Delta_p^2}=\frac{1.96^2\times0.96\times(1-0.96)}{0.03^2}=163.91\approx164（千克）$$

在不重复抽样条件下：

$$n=\frac{t^2 NP\,(1-P)}{\Delta_p^2 N+t^2 P\,(1-P)}=\frac{1.96^2\times100\ 000\times0.96\times(1-0.96)}{0.03^2\times100\ 000+1.96^2\times0.96\times(1-0.96)}$$

$$=163.64$$

$$\approx164（千克）$$

计算结果，在重复抽样和不重复抽样的条件下，均需抽取柑橘 164 千克。

在组织抽样的实际工作中，由于 n/N 的比值很小，不重复抽样与重复抽样相差很小；同时，不重复抽样确定抽样数目的公式很复杂。因此，以不重复抽样的也按重复抽样的公式计算抽样数目。

一般来说，测定平均数所需抽取的单位数（nx）和测定成数（np）所需抽取的单位数是不相同的，即 $nx\neq np$。但在实际工作中，为了保证抽样调查的准确程度，通常采用其中较大的 n 值作为统计的单位数。从上述两个例子的计算结果看，重复抽样与不重复抽样的抽样数是不相等的，但相差极微，如柑橘的抽样仅相差0.27。这是由于总体量多和 P 值大的缘故。

以上几例的计算结果说明，它包含了小数在内的近似值的整数，并非按通常四舍五入的处理原则。

四、抽样调查的组织形式及其误差

（一）抽样调查的组织形式

抽样调查可以根据调查研究的目的、调查对象的性质、抽样误差的允许范围以及人力、物力、经费的节约程度等情况，针对性地采用不同的组织形式。抽样组织形式可分为随机抽样、机械抽样和典型抽样三大类。其中随机抽样可分为纯随机抽样、类型抽样、整群抽样、两级或多级抽样、双重抽样。

1. 纯随机抽样 又称简单随机抽样。所谓纯随机抽样，是指从总体全部单位中，按随机原则，抽取调查单位组成样本的一种组织形式。在实际抽样工作中，可有不同的抽样方法。通常采用的方法为抽签法、运用《随机数表》法。

抽签法的步骤是：先将全部总体单位逐个加以编号，再将号码制成标签，然后将其混合均匀，随机用手摸取或用摇号机摇出任意号码，被摸出或摇出的号码上所属的单位就是样本单位。

运用《随机数表》，该表是事先已编好的（表3-2）。

表3-2 随机数表（部分）

03	47	43	73	86	36	96	47	36	61	46	98	63	71	62
97	74	24	67	62	42	81	14	57	20	42	53	33	37	32
16	76	62	27	66	56	50	26	71	07	32	90	79	78	53
12	56	85	99	26	96	96	68	27	31	05	03	72	93	15
55	59	56	35	64	38	54	82	46	22	31	62	43	09	90
16	22	77	94	39	49	54	43	54	82	17	37	93	23	78
84	42	17	53	31	57	24	55	06	88	77	04	74	47	67
63	01	63	78	59	16	95	55	57	19	98	10	50	71	75
33	21	12	34	29	78	64	56	07	82	52	42	07	44	38
57	60	86	32	44	09	47	27	96	54	49	17	46	09	62
18	18	07	92	45	44	17	16	58	09	79	83	86	19	62
26	62	38	97	75	84	16	07	44	99	83	11	46	32	24
23	42	40	64	74	82	97	77	77	81	07	45	32	14	08
52	36	28	19	95	50	92	26	11	97	00	56	76	31	38
37	85	94	35	12	83	39	50	08	30	42	34	07	96	88

其步骤是：如对含有 60 个单位的总体抽取 6 个样本。首先编号为 0～59；其次，假定随机以《随机数表》的第二行第四列开始为起点取号，按从上到下的顺序对照抽号，直到抽够 6 个样本数为止。按以上所给的条件查表 3-2，结果表中第二行第四列的数为 67，此号不在 0～59 的编号之内，则不取。继续向下查找取号，此号为 27，它是在 0～59 的编号之内，此号可取。这样继续依次序查找取得了 35、53、34、32、19、35 共 6 个样本号，达到了目的。值得注意的是，在抽取样本过程中，若属重复抽样条件的，遇上重复的号码，可视为有效数字，若不属重复抽样条件的，可视为无效数字，即相同编号的仅能抽 1 次。

纯随机抽样方式，在理论上最符合随机原则，而且较单纯，是抽样调查的基本方式。但在实际工作中，总体单位多时，难于实施。另外，在总体各单位之间的某个数量标志的差异程度比较大时，以此方式调查及推断总体的精确度就受到影响。如植保专业统计，对一个村，甚至一个乡、一个县的水稻病虫密度、发生（危害）程度的定量定性调查工作中，总体单位（田块、品种）数多，若要逐块又分品种编号很困难，也不可能办到。所以，不宜直接应用，而是与其他方式配合应用。但对于范围小，如一片、一块田而且地势、肥力、灌溉水平直至作物品种等基本一致的情况下，也就是说总体单位不多，而且分布较均匀的，可直接应用。

2. 类型抽样 又称分层抽样或分类抽样。它是指先将总体各单位的主要标志分组，然后在各组内按随机原则，抽取一定单位构成样本。类型抽样是把分组法和抽样原理结合起来，从而提高了可靠程度。类型抽样有三个优点。

（1）提高了样本的代表性。特别是比例抽样，可使样本单位构成接近于总体的构成。因为在抽样前已经掌握并利用了总体各抽样单位的变异性，划分为若干同质类型及其各占的比例。如某县按抽样设计的要求，计算确定全县抽样调查水稻纹枯病的田块总数为 300 块，然后按地理位置（北、中、南部）或按发生程度（轻、中、重）的面积比例分别计算各调查区域的田块数，并按各调查区的类型田（早、中、迟熟）的面积比例分别计算各类型的田块数（表 3-3）。

表 3-3　XX 县按类型田的面积比例确定抽样田块数表

调查区域		面积比例（%）	抽样田块数	类型田比例（%）		实际抽样田块数
地理位置或病虫发生程度	北部（轻）	25	75	早熟	10	7
				中熟	20	15
				迟熟	70	53
	中部（中）	60	180	早熟	5	9
				中熟	15	27
				迟熟	80	144
	南部（重）	15	45	早熟	10	4
				中熟	30	14
				迟熟	60	27
Σ	全县	100	300			300

（2）可以缩小抽样误差。因为经分类后，各类型组中各单位都有被选中的机会，属于抽样形式，仍存在抽样误差。由于各类型都会被选中，属于全面调查性质。因此，类型间则不存在抽样误差。

（3）特别适合于病虫发生及危害程度的调查。因为病虫在田间发生危害作物的自然分布是非随机性的，也因作物的类型田及长势不同，导致了病虫密度有稀疏和稠密现象。若调查前对于上述总体性质有所了解，分别按不同病虫密度或按各类型田的比例进行抽样，这样所得的结果一定比纯随机抽样更精确。

3. 机械抽样　又称等距抽样和顺序抽样。它是指将总体各单位以某一标志按其自然顺序进行编号排列，分为相等单位数量的组，组数等于拟从总体抽出的单位数目，随机从第一组抽取第一个样本，然后依固定顺序组和等距间隔从第二组内抽取第二样本，直至抽足所需样本数。

机械抽样有三个优点。一是方法简单，田间工作不易发生差错；二是事先不必做许多随机抽样步骤，从而节省抽样准备工作时间等；三是样本在总体中分布均匀，缩小各单位之间的差异程度。

但是，值得注意的是，当抽取调查单位时，要尽量避免抽样间隔与现象本身周期性的变化相重合而引起的误差。如田块内或田块之间的肥瘦以及品种等的变异所引起的病虫分布不均等变异现象。如不注意，所抽出的样本对总体的代表性就差。另外，机械抽样所获得的数据不可能得出一个正确的抽样误差估计，因而也无法对总体平均数或成数计算其可靠的置信范围。针对这个问题，可采取与其他抽样形式相结合，利用其能计算抽样误差的特点等，克服了上述不足之处。为此，提出如下两种配合做法。

（1）机械抽样与整群抽样配合。如果将机械抽样看作一个单位群，那么，不可能计算抽样误差，但可以从总体的自然编号的第一组内随机抽出 n 个顺序样本，从而获得几个单位群，这样就可以计算出机械抽样的抽样误差了。例如，在 400 行的玉米田调查玉米大斑病，按抽样成数 10% 抽取样本。机械抽样是在第一组 10 个单位内随机抽取 1 个，然后间隔每 10 个单位抽取 1 个，这样得出 40 个单位可看作 1 个单位群，但不可能估计抽样误差。通过与整群抽样配合，其抽样误差的计算就得到了解决。其做法是：抽取的样本数不变，仍为 40 个单位。但已由原来 1 个群变为 8 个群，又以每群包括 5 个单位来代替上述 1 个群包括 40 个单位了。抽样步骤为：将总体内号码（0～399）分为 5 个组，每组 80 个单位。从第一组 80 个单位中，按随机数字抽出 8 个随机数字组成第一组，再逐群每间距 80 个单位抽 1 个单位。这样依顺序抽取第二、三、四、五组，即可随机地获得 8 个群的 40 个样本号码。将其号码列于表 3-4。

（2）机械抽样与两级抽样配合。两级抽取的样本，其抽样误差仅仅根据从初级单位间的变异即可获得正确估计了，而不必考虑次级单位之间的变异；同样地，只要用随机方法确定初级单位的分配就可以了。例如，调查某地区棉田的棉盲蝽危害程度，将这一地区所有棉田的田块当作初级单位，再以每块田内分出纵横各 5 株共 25 株的面积为次级单位。采用机械抽样与两级抽样配合的方法，通过随机抽样抽取 n_1 块棉田，然后在抽选棉田内，每块田用机械抽样如 5 点取样式或对角线取样方式抽出 n_2 个次级单位。这样的配合既可得出有代表性的平均数的无偏估计，而且有准确的抽样误差估计。这说明了混合抽样类型的方法是有特殊作用的。

表 3 - 4 采用机械抽样得出 8 个群的样本

群数	随机数字	每间隔 80 单位按随机抽样方法所得号码			
	第一组	第二组	第三组	第四组	第五组
1	6	86	166	246	326
2	11	91	171	251	331
3	15	95	175	255	335
4	24	104	184	264	344
5	36	116	196	276	356
6	45	125	205	285	365
7	60	140	220	300	380
8	78	158	238	318	398

然而，机械抽样可分为随机的机械抽样和非随机的机械抽样，上述几种属于随机的机械抽样。但目前病虫害抽样调查或试验小区观察抽样常用的是机械抽样法，如棋盘式、对角线式、五点式、平行线式、分行式和 Z 形式等取样法，所获得的数据虽然可得出有代表性的平均数和成数，但仍不能获得抽样误差，因此仅能称为非随机的机械抽样法。只有像上述那样将机械抽样与其他抽样方法配合作用，机械抽样才是合理的和被经常使用的。

此外，在组织机械抽样时，可根据研究的具体任务和被调查对象的特点，把总体各单位按某一标志排队分为按有关标志排队和按无关标志排队。

所谓按无关标志排队，是指总体排队所用的标志与调查研究的目的和总体单位标志值的大小无关或不起主要影响作用的。时间、地区或人为的顺序等就是如此。例如，对一外轮的进口小麦抽查植物检疫性有害生物，在通过传送带将船舱里的小麦输出船外时，按每 5 分钟抽取样本观察 1 次，及时掌握是否存在检疫对象等情况。

所谓按有关标志排队，即是采用与调查目的和总体标志值大小有关的标志排队。如水稻三化螟越冬虫口密度抽样调查，选择该虫的虫源田（板田、犁冬田、绿肥田），每类型田 3 块，每块虫源田以单对角线五点取样式，按随机原则，以等距抽选样点，且每点查 6 米² 田中稻根的三化螟活幼虫数，以推断各类型田每亩虫口密度。

4. 整群抽样 又称为集团抽样，是指每次抽取到的单位不是一个而是一群（批），被抽取的所有单位均进行调查。就是说，对总体各群体进行的调查属抽样调查方式，而对每个群体内进行的又是全面调查。如调查早、中、迟播晚稻秧田的稻瘿蚊危害率，以每块田随机五点取样，每点查 1 米²（群）所有秧苗的危害苗数及未受害苗数。

整群抽样的优点：组织方式比较简单，被抽中的单位比较集中，调查工作亦比较简单。

整群抽样的不足之处：由于被抽取的整群数目受到限制，加上被抽中的单位比较集中，便会影响样本单位在总体中的均匀分布，从而降低样本的代表性。在样本单位数目等条件相同的情况下，一般整群抽样比其他抽样方式的误差大。只有当各群体代表性较强的情况下，抽样误差才会小。所以，减少抽样群内单位数，多抽一些抽样群，其抽样误差才能得到有效地控制和缩小。

整群抽样与类型抽样相比较：两者在抽样之前均需要将所有总体单位划分为若干部分或群体。由于两者划分标志的性质不同，抽取样本和计算抽样误差的方法也不同。类型抽样以有关标志划分组，而整群抽样则以无关标志划分组；类型抽样是在每一类型组中分别随机抽取部分总体单位作样本，即对类型组间是全面调查，对类型组内是抽样调查，而整群抽样则从总体各部分群体中随机抽取一部分群体样本，即群体间是抽样调查，对群体内是全面调查，整群抽样的抽样误差计算方法与类型抽样正好相反。前者是用组间方差代替简单随机误差计算公式中的总方差来计算，后者则用组内平均方差代替。

5. 两级抽样或多级抽样　两级抽样是指将对调查对象采用的抽样方法分为两级或两阶段（次）进行。一是从总体中随机抽取抽样单位，称为初级单位。二是仍从每个被抽出的初级单位中再随机抽取的抽样单位，称为次级单位。三级或多级抽样，是指从选出的每一个次级单位中再随机抽取第三级（次）抽样单位。例如，对某果园的苹果树进行抽样，即为第一阶段，对苹果的抽样则为第二阶段，这就是两级抽样，均为随机抽样单位。若对抽出的苹果（二级抽样）再进行随机抽取样本的，即是三级或多级抽样。两级或多级抽样的特点有三个。

（1）有些调查研究不可能对一些初级单位内的次级单位进行全面调查。例如，对苹果树的果实病虫危害率调查。

（2）有利于解决全部编号问题，因而节约人力和时间。例如，上述苹果园的果实受病虫危害率调查，易于编出全果园的果树编号，而且随机抽样也容易；但难于对每一树上的苹果进行全部编号以及随机抽取。

（3）此法较之纯随机抽样获得更精确的结果。倘能和其他抽样方法结合起来应用，其效果会更显著。

6. 双重抽样　调查某一种不容易观察测定的、耗费甚大的、用较多时间的、必须破坏性测定等才能观察到的复杂（直接）性状，而且要直接获得这种性状是困难的，必须设法找出另一种与该复杂性状有密切相关关系且比较容易观测的简单（间接）性状，利用这两种性状客观存在的关系，通过测定简单性状结果从而推算复杂性状的测定结果。

抽样调查的做法是要求随机抽出两个样本。第一个样本具有少量的抽样单位。例如，n 个单位，测定所要调查的两种性状。假定以 y 代复杂性状作为依变数，以 x 代简单性状作为自变数。这样一个样本就获得 n 对 x 和 y 数据。第二个样本具有比之前者较多的抽样单位。例如，m 个单位，而 $m>n$。这个样本仅观测简单性状，获得 m 个 x 性状数据。倘从第一个样本中测验这两种性状之间存在有显著相关，那么，可以根据直线方程计算求复杂性状对于简单性状的回归方程式如下：

$$\hat{y}=\bar{y}+b(x-\bar{x})$$

b 代表回归系数。若从第二个样本计算简单性状较为精确的平均数以 $\bar{x}_s$ 代表，那么，可用这个平均数 $\bar{x}_s$ 代上式的 x 值，以估计相应于第二样本具有较大容量即（m）的复杂性状平均数（$\bar{y}_s$）值。

$$\bar{y}_s=\bar{y}+b(\bar{x}_x-\bar{x})$$

这种抽样方法叫双重抽样。

双重抽样有如下优点。

（1）对于复杂性状的调查研究，可以通过仅测定少量抽样单位而获得相应于大量抽样单位（指在第二个样本）的精确度，从而节约时间、人力和物力。

（2）当复杂性状必须通过破坏性测定才能调查时，则仅有这种方法可以采用。例如，从玉米茎上的蛀孔数（简单性状）推算玉米螟的幼虫数（复杂性状）；如以玉米螟的高峰期卵块数来推算百株累计卵块数；又如在甘薯生长期中，估计甘薯小象甲危害程度，要把甘薯挖出检查，这样会损耗很大。可用薯片诱测等方法，依薯片诱虫密度与危害程度的相关关系来作将来甘薯危害损失的估计。

（二）抽样误差的计算

抽样误差的概念已在前面阐述过。上述抽样误差的计算方法、计算公式及其例子均属纯随机抽样方式。现将其他主要抽样形式的抽样误差计算方法简述如下。

1. 类型抽样　类型抽样的抽样误差取决于各组样本单位数（n）和各组组内标准差平方或各组组内方差的平均数（$\bar{\delta}^2$）。因此，类型抽样的抽样误差公式如下。

重复抽样条件下：

$$\mu_{\bar{x}}=\sqrt{\frac{\bar{\delta}^2}{n}} \text{ 或 } \mu_{\bar{x}}=\frac{\bar{\delta}}{\sqrt{n}}$$

$$\because \Delta_{\bar{x}}=t\cdot\mu_{\bar{x}}=t\cdot\sqrt{\frac{\bar{\delta}^2}{n}}$$

上式两边除以 t，即可得如上计算公式。

$$\mu_p=\sqrt{\frac{P(1-P)}{n}}$$

$$\because \Delta_P=t\cdot\mu_P=t\cdot\sqrt{\frac{P(1-P)}{n}}$$

上式两边除以 t，即可得如上计算公式。

不重复抽样条件下：

$$\mu_{\bar{x}}=\sqrt{\frac{\bar{\delta}^2}{n}\left(1-\frac{n}{N}\right)}$$

$$\because \Delta_{\bar{x}}=t\cdot\mu_{\bar{x}}=t\cdot\sqrt{\frac{\bar{\delta}^2}{n}\left(1-\frac{n}{N}\right)}$$

$$\mu_p=\sqrt{\frac{\overline{P(1-P)}}{n}\left(1-\frac{n}{N}\right)}$$

$$\because \Delta_P=t\cdot\mu_P=t\cdot\sqrt{\frac{\overline{P(1-P)}}{n}\left(1-\frac{n}{N}\right)}$$

式中，$\overline{P(1-P)}$ 表示各类型组的 $P_i(1-P_i)$ 的加权算式平均数，P_i 表示各类型组的样本成数。

2. 整群抽样　其误差计算方法与上述类型抽样的抽样误差计算方法正好相反，即不是用组内平均方差而是由组间方差代替纯随机抽样误差计算公式中的总体方差来计算的。由于整群抽样不采用重复抽样，因此，下面仅介绍不重复抽样条件下的整群抽样误差公式。

整群抽样平均指标的抽样误差为：

$$\mu_x = \sqrt{\frac{\delta_x^2}{r}\left(\frac{R-r}{R-1}\right)}$$

式中，δ_x^2 为群间方差，即各群总体平均数对总体平均数的标准差平方，用公式表示：

$$\delta_x^2 = \frac{\sum(\bar{x}-\bar{x}r)^2}{r}$$

若资料缺乏时，可用样本资料估计；R 为总体的群体个数；r 为样本的群体个数。

若 R 值较大时，整群抽样平均指标的抽样误差可简化为：

$$\mu_x = \sqrt{\frac{\delta_x^2}{r}\left(1-\frac{r}{R}\right)}$$

整群抽样成数抽样误差为：

$$\mu_p = \sqrt{\frac{\delta_p^2}{r}\left(\frac{R-r}{R-1}\right)}$$

式中，δ_p^2 为成数指标的群间方差，即各群总体成数对总体成数的标准差平方，用公式表示：

$$\delta_p^2 = \frac{\sum(p-P)^2}{r}$$

若资料缺乏时，可用样本资料估计，其他符号相同。

若 R 值较大时，上述误差公式可简化为：

$$\mu_p = \sqrt{\frac{\delta_p^2}{r}\left(1-\frac{r}{R}\right)}$$

现举例说明整群抽样时抽样误差的计算方法。

例如，某县病虫测报站调查晚稻秧田的稻瘿蚊危害率，共 6 块田，面积 2 800 米²，每块田随机取样 5 点，每点查 0.1 米²，结果平均标葱率为 20%，样本群间方差为 4.71%，则抽样误差的计算如下。

第一步，确定总体群数和样本群数，该乡调查 6 块田，面积为 2 800 米²，每 0.1 米² 为一群体。这样可将总体分为总群体数 28 000 个，即 $R = 2\,800 \div 0.1 = 28\,000$（个），每块田抽取 5 个群体，总体即有抽样群体 30 个，即 $5 \times 6 = 30$（个）。

第二步，将有关数字代入抽样误差公式，得：

$$\mu_p = \sqrt{\frac{\delta_p^2}{r}\left(1-\frac{r}{R}\right)} = \sqrt{\frac{4.71\%}{30}\left(1-\frac{30}{28\,000}\right)} = 3.93\% \approx 4.0\%$$

若按 73.3% 概率把握程度，则平均危害率为：

$$\because p - t \cdot \mu_p \leqslant P \leqslant p + t \cdot \mu_p$$
$$\therefore 20\% - 1.11 \times 4.0\% \leqslant P \leqslant 20\% + 1.11 \times 4.0\%$$
$$15.56\% \leqslant P \leqslant 24.44\%$$

计算结果表明，标葱率在 15.56%～24.44%，有 73.3% 的把握程度。

3. 机械抽样　若直接计算抽样误差是一个相当复杂的问题，一般都采用间接方法来处理。机械抽样，如按无关标志排列总体单位的顺序，其抽样误差与纯随机抽样误差就十分接近，所以通常采用纯随机抽样误差的计算公式来代替；若按有关标志排列顺序的，则采用类型抽样的抽样误差的计算公式来代替。

五、抽样资料的推算

（一）抽样资料推算的意义

抽样资料的推算又称为抽样估计，这是抽样调查的基本任务。所谓抽样资料的推算，是根据抽样取得的样本指标，采用一定的估计方法，估计推算相应的总体指标。用样本指标估计总体指标时，涉及样本估计值、抽样估计允许误差和允许误差置信度三个基本要素。为此，要弄清其概念和计算方法。

样本估计值，是指根据抽样调查的目的，为推算某个总体指标数值采用某个样本指标的数值。在抽样推算中，一般用样本平均数或样本成数作为总体平均数或样本平均数的样本估计值。

抽样估计的允许误差，是指根据抽样调查的客观条件的要求允许存在的样本估计值的误差范围，也是指抽样指标和总体指标之间抽样误差的可能范围。其基本公式是：

$$\Delta_{\bar{x}} = t \cdot \mu_x$$
$$\Delta_p = t \cdot \mu_p$$

式中 $\Delta_{\bar{x}}$ 与 Δ_p 也分别表示抽样平均数和抽样成数的误差范围。

若结合抽样平均误差的计算公式，允许误差的计算公式还可以表示如下。

重复抽样条件下：

$$\Delta_{\bar{x}} = t \cdot \frac{\delta}{\sqrt{n}}$$

$$\Delta_p = t \cdot \sqrt{\frac{P(1-P)}{n}}$$

不重复抽样条件下：

$$\Delta_{\bar{x}} = t \cdot \sqrt{\frac{\delta^2}{n}\left(1-\frac{n}{N}\right)}$$

$$\Delta_p = t \cdot \sqrt{\frac{P(1-P)}{n}\left(1-\frac{n}{N}\right)}$$

若以样本标准差 S 和样本成数 P 作为总体标准差 δ 和总体成数 P 的样本估计值，则有：

重复抽样条件下：

$$\Delta_{\bar{x}} = t \cdot \frac{S}{\sqrt{n}}$$

$$\Delta_p = t \cdot \sqrt{\frac{P(1-P)}{n}}$$

不重复抽样条件下：

$$\Delta_{\bar{x}} = t \cdot \sqrt{\frac{S^2}{n}\left(1-\frac{n}{N}\right)}$$

$$\Delta_p = t \cdot \sqrt{\frac{P(1-P)}{n}\left(1-\frac{n}{N}\right)}$$

允许误差的置信度，一般情况下是随允许误差的变化而变化的。允许误差愈大，允许误差的置信度就愈大，反之就愈小。

（二）抽样代表性检查

抽样的目的在于通过抽样指标推算全及总体指标。然而，要获得较为理想而且能客观地反映全及总体指标，保证抽样结果能够获得代表性的资料，往往需要进行抽样代表性的预先检查。就是说，根据已掌握的资料，推算出全及总体的某些综合指标，然后和抽样总体的同一指标相比较。

所谓已掌握的资料，就是利用某一次（含过去）调查结果的平均值。如果过去缺乏上述有关资料，作一般性粗略地检查和判断。

在上述比较过程中，通常将抽样总体的指标和已掌握的全及总体同一指标的比率用百分数形式表示。用这个比率来说明抽样代表性的程度，一般不超过 5%。若对比结果不超过 5%，表示这个比率落在 95%～105%，一般可以认为抽样代表性是令人满意的。如果超过这个范围，就需要重新抽选，再次抽选仍未得到满意的结果，不再重新抽选，而是在原来抽样基数的基础上，增加抽样单位，直至达到满意为止。例如，某县在全县 20 个乡中确定样点乡 5 个。根据调查结果，样点乡的水稻稻飞虱加权平均百丛水稻有虫分别为 500 头、650 头、700 头、730 头、760 头。被抽中的样点乡平均百丛水稻虫量为：

（500＋650＋700＋730＋760）÷5＝668（头）

据全县 20 个乡抽样调查，全县平均百丛水稻虫量为 701 头。

上述两个平均百丛虫量的比率为：701÷668＝1.049 4 或 104.94%，对比结果没有超过 5%。这说明了被抽中的 5 个乡是具有代表性的。

（三）抽样资料的推算

抽样资料的推算方法，是指根据抽取的样本资料（指标）来估计总体指标（如平均数、标准差、比率等）的方法。通常采用点估计和区间估计两种。

1. 点估计也称定值估计　是指以实际抽样调查资料得到的指标 $\bar{x}$ 与 p 直接估计相应的总体 $\bar{X}$ 或 P 的一种抽样估计方法。例如，从 1 000 千克棉籽中，随机抽取 10 个点共 10 千克棉籽进行检查，结果得棉铃虫 1 头。由此可直接推断这批棉籽平均每千克有棉铃虫 0.1 头，则含虫率为 10%。

点估计的方法比较简单，只有在对被估计的对象要求严格的情况下才可使用。因为这种做法没有考虑抽样误差，也没有说明有多大的准确度和估计把握程度。

2. 区间估计　此法是根据样本指标 $\bar{x}$ 或 p、抽样误差 μ_p 去推断总体指标可能出现的范围。与点估计相比较，可明显地看出，推断方法是间接推断而不是直接推断。但它能够说清楚估计的准确度和把握程度，有应用价值，而且是抽样估计中的主要方法。现又以上例来说明，总体指标（1 000 千克）和样本指标（10 千克），与上例相同，但其棉铃虫含量不是平均值而是 8%～12%，并且标出把握程度有多大（比如 90%）。所以，此法是抽样估计中的主要方法。然而，要做好区间估计，应掌握如下三个要点。

（1）根据样本指标和抽样误差计算总体指标所在的可能范围。其计算公式为：

平均指标：$\bar{x}-\Delta_{\bar{x}}\leqslant\bar{X}\leqslant\bar{x}+\Delta_{\bar{x}}$

成数指标：$p-\Delta_p\leqslant P\leqslant p+\Delta_p$

由此可见，这种估计方法有一个上限和一个下限，并由它们组成一个区间。上式平均数的下限为 $\bar{x}-\Delta_{\bar{x}}$，上限为 $\bar{x}+\Delta_{\bar{x}}$；成数区间估计的下限为 $p-\Delta_p$，上限为 $p+\Delta_p$。

（2）区间估计所表示的为一个可能的范围，而不是一个绝对可靠的范围。因为区间估计是涉及抽样误差，而实际上抽样指标和总体指标的绝对值是不可能求得的。用抽样指标准确无误地推断总体指标可能性是极小的。所以，进行区间估计的意义在于不仅给出总体指标存在的范围，而且给出总体指标在这个范围内的置信度或概率把握程度。由于 $\Delta_x=t\cdot\mu_x$，$\Delta_p=t\cdot\mu_p$，所以区间估计的一般公式可以表示为：

$$\bar{x}-t\cdot\mu_x\leqslant\bar{X}\leqslant\bar{x}+t\cdot\mu_x$$

$$p-t\cdot\mu_p\leqslant P\leqslant p+t\cdot\mu_p$$

例如，在上例中，棉籽平均含棉铃虫率为 10%，抽样误差为 2%，若要求估计把握程度为 68.27%，则查概率表 t 为 1，那么 $\Delta_p=1\times2\%=2\%$，于是该批棉籽平均含虫率的区间为：

$$10\%-1\times2\%\leqslant P\leqslant10\%+1\times2\%$$

即：$8\%\leqslant P\leqslant12\%$

因此，该批 1 000 千克棉籽平均含虫率将在 8%~12%，把握程度为 68.27%，也就是说 1 000 千克棉籽的含虫率包括在这个区间的可靠性是 68.27%。

（3）扩大或缩小抽样误差的范围可以提高或会降低推断的把握性。

例如，在上例中，若将估计的误差范围扩大 1 倍，则 $\Delta_p=2\times2\%=4\%$。

那么：$10\%-4\%\leqslant P\leqslant10\%+4\%$

即：$6\%\leqslant P\leqslant14\%$

因此，该批的 1 000 千克棉籽平均含虫率将在 6%~14%，这时由于 $t=2$（由于 $t=$ 误差范围/平均抽样误差 $=4\%\div2\%=2$），查概率表 $F(t)$ 为 95.45%，即把握程度可达 95.45%。

若将估计的误差范围缩小 1 倍，所以 $\Delta_p=0.5\times2\%=1\%$。

则：$10\%-1\%\leqslant P\leqslant10\%+1\%$

即：$9\%\leqslant P\leqslant11\%$

因此，该批的 1 000 千克棉籽平均含虫率将在 9%~11%，这时由 $t=0.5$，查概率表得 $F(t)$ 为 38.29%，即把握程度低，降到 38.29%。

第二节　抽样调查在植物保护统计中的运用

一、植物保护统计抽样调查的特点

植物保护统计抽样调查（简称抽样调查）也属于非全面统计调查方法。与其他非全面统计调查方法相比较，具有如下五个方面的显著特点。

（一）遵循随机原则从总体中抽取部分单位

遵循随机原则从总体中抽取部分单位是抽样调查的显著特点，也是与其他非全面统计调查的显著区别。所谓随机原则，是指在总体中的每一个单位被抽取的机会是均等的，抽中与否不由人的意志来决定，而是由概率来决定。只有遵循随机原则，才能使从总体中抽到的部分单位构成的样本总体与全及总体有近似的结构，同时，才能根据概率的原理控制误差范围，从而保证样本对总体的代表性和推断结果的可靠性。反之，违背了随机原则，抽样结果的可靠性将无从把握，更重要的是失去了抽样法应有的科学性。

（二）以样本指标推断总体指标

植物保护统计抽样调查，不仅具有与其他非抽样调查共有的节省人力、物力和提高时效的特点，而且还独有以样本指标推断总体指标，即从数量上推算总体的特点，同时具有较高的科学价值。若没有对总体数量特征的推断，抽样调查就失去了存在的价值。

（三）抽取样本单位数的足够性

农业生产状况及同一作物多种病虫的自然分布、发生危害及其受生态环境的影响是错综复杂的，会导致被调查的某种病虫的每个单位特征数值可能偏大或偏小。必须严格按照有关要求及计算方法，确定足够的抽样单位数。不然，抽取数目过多，将会造成不必要的人力、物力浪费；抽样数目过少，将会影响抽样代表性和抽样质量。

（四）制定抽样方案，事先预算和控制抽样推断所引起的抽样误差

抽样的目的在于推断总体，那么在进行一系列的抽样及计算过程中，抽样误差是不可避免的，而且这些误差可以在制定抽样调查方案时预先计算并加以控制。因为抽样法是以概率论为理论依据的，能够控制抽样误差的范围，并能使其缩小到最低限度，也是抽样推断结果可靠性的主要保证。

（五）多种抽样法配合使用，提高推断结果的可靠程度

一种抽样方法并非十全十美，既有优点也有缺点。根据调查目的和要求，以一种抽样法为主，适当的与另外一种抽样法配合使用，充分发挥各种调查方法的优点，相互补充，提高推断总体的质量，收到更显著的效果。

二、植物保护统计抽样调查方法

植物保护的抽样方法可归纳为三大类，也就是前面所述的抽样组织形式。一是随机抽样，二是机械抽样，三是典型抽样。随机抽样可分为纯随机抽样、类型抽样、整群抽样、两级抽样或多级抽样、双重抽样等五种。机械抽样可分随机和非随机两种。目前植物保护统计中常用的对角线、棋盘式、分行式以及"z"形式等田间调查均属于非随机的机械抽样。这些方法不能直接计算抽样误差，但在实际调查工作中往往按随机原则，并混合使用了多种抽样法，从而变为随机的机械抽样，上述问题就得到了解决。典型抽样方法，只有

从很大容量的总体中抽取较少量的抽样单位时才能采用。

（一）选择调查方法要注意的几个问题

1. 几种抽样调查方法之间的关系及其主要来源　在选择抽样方法时，不仅要根据调查研究的目的和要求，还要结合病虫发生规律、发生特点、自然分布等方面来决定。如果能够根据抽样原理及全面考虑经济因素、总体编号的难易等因素，也可以作出决定。例如，如果希望有抽样误差的计算，从而可以估计置信范围（典型抽样不宜采用，除特殊情况外）。至于植物保护统计的几种抽样方法的优点，本章已有阐述。在此仅进一步分析它们之间的关系及其主要变异来源，以利尽量缩小或基本消除变异来源，提高准确度。如对类型抽样、整群抽样和随机的机械抽样均看作为进行两级抽样步骤的抽样方法，换句话说，都是两级抽样的一些特例。它们之间的关系以及每种抽样方法所消除的主要变异来源见表3-5。

表3-5　四种抽样方法的性质及所消除的主要变异来源表

抽样方法种类		主要变异来源	抽样成数	
			初级单位	次级单位
随机抽样	类型抽样	初级单位间	1	<1
	整群抽样	次级单位间或初级单位间	<1	1
	两级抽样	初级单位间	<1	<1
	机械抽样	初级单位间	$1/p$	1

从表3-5可以看出，类型抽样是看作初级和次级两级抽样，其初级单位的抽样成数为1，即全部抽样；而次级单位的抽样成数小于1，即抽取部分单位。整群抽样则在总体的所有单位群中随机抽取部分单位的群，所以初级单位的成数小于1，但在抽选出的群内（次级单位）的全部单位都调查，故次级单位的抽样成数为1。两级抽样法的初级或次级单位，都是抽取部分单位，所以其抽样成数小于1。一个机械抽样则可看作从总体内分为p个群中的一个随机样本。但在抽出的群内单位是全部调查，抽样成数为1。

从精确度方面看，无论是类型抽样、整群抽样、两级抽样或随机的机械抽样等，若与纯随机抽样法相比较，其精确度表现有增加的趋势。其原因在于实施了以下两个原则：其一是整个抽样方案中使初级单位数目与次级单位的数目分配得很适当，最大限度地消除掉变异来源；其二是对抽样初级单位与次级单位的经费做了比较，从而决定多抽较为低廉的单位，这样可以在一定时间及经费限度内获得一个容量最大的样本。例如，机械抽样总体分群，按这种方法分群，使得变异来源绝大部分分布于群内次级单位间，因为通过在一个群或几个群的单位全部调查，这一变异可以消除，从而提高了估计值的精确度。另一方面，类型抽样适用于主要变异来源绝大部分分布于群间（指区层间），通过所有区层全部调查，消除了这部分变异，精确度就得到了提高。这样，机械抽样和类型抽样方法比之纯随机抽样是通过实施了其一原则而增加精确度的。整群抽样和两级抽样则通过其二原则而提高精确度。例如，整群抽样在扩大单位面积中多次抽次级单位，从而增加其样本容量，这样就可以补偿其余少数初级单位（指单位群）预期遗失的精确度。这两个原则在类型抽样和两级抽样中则均用以确定初级单位与次级单位数目的最优配置，即在变异最大的区层内抽取最多单位，同时在抽样费用最低廉的区层内抽取的单位也多些。

2. 抽样成数或样本容量及抽样单位大小的合理分配问题 确定抽样成数和样本容量已在上文叙述过。抽样成数的大小以及抽样容量的多少，关系到抽样精确度的高低和经费的多少问题。因此，一个优良的抽样方案，必须考虑到精确度和经费两个因素而解出一个最优配置办法。在类型抽样与两级抽样中，除要求确定最适的抽样数目外，还要根据初级单位与次级单位的变异度和抽样成本确定初级单位和次级单位数目的合理分配，即比值问题。在双重抽样中，又必须根据精确度与抽样成数解出最适的小样本单位（n）数目与较大样本单位（m）数目的合理分配。

抽样调查中，除了必须确定的样本容量外，同时还要确定抽样单位大小问题。在一定总体面积内，样本容量与单位大小成反比例。例如，调查 336 米² 小地老虎幼虫数。若抽样单位为 1 米²，则总体有 336 个单位；若 2 米²，则总体有 168 个单位。在抽样过程中，若抽出 30 个 1 米² 单位，抽样比值为 30/336＝15/168；若抽出 15 个 2 米² 单位，虽然其比值仍为 15/168，但单位大了，则抽出单位数减少。所以必须找出两者的最适分配。据以往资料，抽样单位面积不能过大，过大则调查单位数目可以少些，但总调查面积增加了，从而加大了工作量。这说明了样本容量的确定应该和单位的大小同时考虑。

3. 抽样单位的形式问题 抽样单位的形式是指用什么方式抽取这些单位以及这些单位的大小等问题。这些问题在抽样方法中均应事先规定抽样单位。抽样单位的形式一般随作物特点、种植规格以及有关病虫分布特点等而异。最常用的有 3 种。①面积法或笼罩法。取 1 米² 面积作为抽样单位。如对秧田稻飞虱调查，以网拖的调查方式，每块秧田查 100 米²；以笼罩法的形式，每点 1 米²，每块田 2 米²。②行列法。以几行或行内一定长度作为抽样单位。例如，稻纹枯病的病情调查，每块田平行取样 10 个点，以每 10 丛水稻的病丛率为一调查单位。③株穴法。连续抽取几株、几穴作为抽样单位。凡穴播和大株作物可采用此法，水稻病虫以抽取若干丛，玉米病虫以抽取若干株等作为抽样单位。

4. 抽样调查与系统调查的关系 我国基层专业测报站的病虫调查，以往分为大田普查和系统调查两种。近年来，将大田普查提高到植保专业统计县级抽样调查。系统调查主要是为发布病虫预报和研究病虫自然消长规律提供数据依据。系统调查是定量的，其调查方法按全国统一规定执行，系统调查主要在重点（区域性）测报站的观测圃内进行。系统观测对象由国家或各省、市指定；对于一般测报站则不强求进行系统观测，如有必要可由当地自行决定系统观测对象。抽样将由点到面，逐步要求所有基层（县）专业测报站都要执行，这是病虫情况调查的主体工作，也是为植保专业统计的主要统计指标提供数据依据。抽样调查一般分为防治前和防治后调查两种。于防治前进行主要是为分类指导防治以及植物保护统计服务的。通过抽样调查可以确定某种病虫发生和需要防治面积（含各类型田所占的比例）、发生程度（含总体）、重点防治的区域和类型田，以及估算自然损失量。于防治后进行抽样调查，以定性为主，可以确定防治面积、危害程度，计算挽回损失量、实际损失量和总体防治效果。同时，可以参考系统观测的数据和测报专业人员的经验进行合理校正。

5. 大田巡视目测法在抽样调查中的应用 大田巡视目测法是目前我国各省（自治区、

直辖市）植保部门病虫情况抽样调查的主要方法。对于病虫发生量（或害虫残留量）与植株外部受害状明显相关的均可采用这种方法进行调查。抽样调查对定量的要求是不严格的，只需定到级别即可，而大田巡视目测法一般都可以满足这一要求。在进行目测巡视之前，调查人员都应实地下田取样调查，统一目测评判标准。一般有多年系统调查经验的人都能较好掌握评判标准。

对于不便采用巡视目测的调查项目，则可采用田间随机抽样实查，或两者结合运用。

在进行大田巡视目测时，可针对某一病虫，但条件允许时，应在同一样点田中同时目测多种病虫的发生、危害状况，积累资料，为统计同一作物多种病虫发生危害综合损失率之用。所以说，大田巡视目测法是一种简便易行、效率较高，并能获得相对准确，覆盖面广的统计数据的田间调查方法。

（二）抽样调查方法的运用

抽样调查方法的运用，从抽样范围来分，可分为小范围和区域性两种。

1. 小范围 是指测定一块田或某类型田的某一病、虫、草、鼠的发生量和发生（危害）程度或试验性质的抽样调查，这一类将采用何种抽样方法，亦要根据调查的目的和要求以及被调查病虫的性质而定，对其所采取的抽样步骤和计算方法按本章第一节所述的6种抽样形式进行。

2. 区域性 是指县级、市级、省（自治区、直辖市）级三级范围而言。对于这样大范围所进行的农作物病虫发生危害程度等抽样统计及定性评估的难度比小范围的大。这主要是由于范围广，地理环境、耕作制度、栽培水平的差异性所引起的。所以，我国早在1987年年底就制定了植保专业统计指标和统计方法。经过多年实践，全国推广了《植保专业统计县级抽样调查试行办法》。该实施方案如下。

（1）调查力量的组织。由县级植物保护站站长负责，县级植物保护统计员和测报员、样点乡镇植保员、部分样点村农业技术推广员参加，成立植物保护统计抽样调查组。具体调查工作，以样点乡镇农业技术推广站为主，样点村农业技术推广员参加，县级植物保护站统计员、测报员和有关人员指导和重点参加。

（2）调查内容。抽样调查要突出重点。重点抓好当地粮、棉、油等主要农作物主要病、虫、草、鼠害（包括主要的检疫病虫害）的发生面积、防治面积、发生程度、产量损失以及农户农药使用量等项目的抽样调查工作。在总结经验的基础上，逐步开展其他统计项目的抽样调查工作。

（3）病虫情况抽样调查。

① 制定主要病、虫、草、鼠害发生程度的分级标准及一般危害损失率。以省（自治区、直辖市）为单位制定发生（危害）程度分级标准，规定按五级，即轻、中偏轻、中等、中偏重、大发生，各级发生（危害）程度分级标准的病虫密度或危害率指标及该指标的面积占发生面积比例的标准，全国统一规定了发生危害程度分级的病虫，用全国统一标准。同时，以省为单位，规定不同发生程度在不防治情况下一般的自然损失率。日后将逐步至少以病虫发生的大区域为基础，制定每大区域的统一标准。

② 抽样点的确定。要重点考虑在本县的代表性，根据常年病虫发生情况及主要影响

因子不同,将全县划分为若干不同类型的抽样调查区,以每个调查区选定20%有代表性的乡为样点乡,但在各调查区的面积比例相差太大的或病虫发生差异极显著的情况下,选定样点乡数要以各调查区所占面积比例为主。被抽中的样点乡,要相对固定多年不变。例如,某县有20个乡,分北、中、南稻作区,各稻作区有乡数、面积比例等情况详见表3-6,按每调查区选定20%的乡为样点乡,计算结果定为4个乡。因此,样点乡的分布,按北、中、南稻作区依次为1.2个、1.6个、1.2个(即1个、2个、1个)。而按稻作区面积比例选定的乡依次为0.8个、1.2个、2个(即1个、1个、2个)。显然,同一抽样乡数按稻作区面积比例确定样点乡较按各稻作区的20%确定样点乡的分布要均匀得多。因为南部和北部两个调查区都有6个乡,但面积却不一样,南部占50%,而北部仅占30%,南部由原来算出的1个乡上升到2个乡,分布更加均匀了。

表3-6　XX县XX作物病虫的两种确定样点乡方法对比表

类型	总乡镇数		占该作物种植面积比例(%)	按20%有代表性的乡镇定样点乡镇数(个)	按面积比例定样点乡镇数(个)
	个数	占比(%)			
北	6	30	20	1.2≈1	0.8≈1
中	8	40	30	1.6≈2	1.2≈1
南	6	30	50	1.2≈1	2
合计	20	100	100	4	4

③ 抽样田块的确定。首先根据上述抽样数目的要求和计算公式,计算全县抽样田块数,其次按各样点乡的面积比例分配样点乡的抽样田块数;或按照抽样调查的代表面积占样点乡种植面积2%～5%的原则确定,每样点乡的调查田块数,要根据每样点乡病虫发生特点选定若干片,每片随机抽样调查与病虫发生差异有关的不同类型田(如早、中、迟熟田,早、中、晚播田或长势一、二、三类田等)各若干块。各类型田调查田块的比例,最好与各类型田面积比例一致。

④ 调查时间。在病虫防治适期,于大田防治之前,调查估测病虫害的发生面积、发生程度和自然损失率,以及防治前显现症状的病害的发生面积。大面积防治后,在病虫危害稳定期,调查防治效果,估测病虫危害的实际损失(包括应治而未治所造成的损失);并根据病害稳定期不同类型田经防治和未防治田病害调查,估测防治前症状不明显的病害的发生面积和发生程度。

⑤ 调查方法。可用目测分级法,根据病虫的田间分布型,一块田查看有代表性的3～5点,目测确定该田块当时主要病虫的发生(危害)密度,对照事先设计好的表(表3-7)中各级别发生(危害)程度等级的区间值,确定发生(危害)程度,并记录于表中。经整理后再记录于表3-8中。没有目测分级经验的调查人员,先用目测与实查的对比方法,积累目测经验。

⑥调查结果的统计分析。根据调查结果,分病虫统计各样点乡及全县各类型田各发生程度等级的田块数及其比例,以各发生程度的田块比例反映各发生程度的面积比例,并填于表3-8和表3-9。对防治前症状不明显,只在防治后发生稳定期调查一次的病害,要将防治与未防治分别统计。

表 3-7　农作物病虫害抽样调查原始记录表

调查时间：_____年_____月____日　　　　调查地点：_____　　　　调查人员：_____

病虫		项目		各级田块数（块）					备注
名称	世代（时期）			一级	二级	三级	四级	五级	
		区间值							
		类型田	一（早）						
			二（中）						
			三（迟）						
		区间值							
		类型田	一（早）						
			二（中）						
			三（迟）						
		区间值							
		类型田	一（早）						
			二（中）						
			三（迟）						

注：各级别区间值，在进行调查前，按全国或省（自治区、直辖市）统一规定的数值填，便于田间调查时，确定该病虫发生危害级别；本表专供调查人员作原始记录用。各级田块数可在田间调查时划"正"字表示。调查结束后，应立即将原始数据整理填入表 3-8 中。

表 3-8　_____病（虫）发生（危害）情况抽样调查结果表

调查作物：_____　　生育期：_____　　调查日期：_____　　调查人员：_____

乡镇名称	种植面积（万亩）	占全县种植面积（%）	类型田	占种植面积（%）	调查田块数	各级田块数（块）									
						一级		二级		三级		四级		五级	
			一												
			二												
			三												
			合计			小计	%	小计	%	小计	%	小计	%	小计	%
			一												
			二												
			三												
			合计			小计	%	小计	%	小计	%	小计	%	小计	%
全县合计			一												
			二												
			三												
			合计			小计	%	小计	%	小计	%	小计	%	小计	%

补充资料：该作物全县总产_____吨，平均亩产_____千克。

注：①各类型调查田块数的比例，与各类型田的比例不一致时，各级发生程度应先用加权法折算，再进行合计。
②本调查表作为发生情况抽样调查和危害情况抽样调查之用，并分别填写。

表 3-9 _____县_____年农作物病虫发生、危害情况抽样调查汇总表

病虫		作物		防治	统计项目	发生（危害）程度级别					发生程度	加权平均损失（千克/亩）	发生面积（万亩）	预计损失（吨）	挽回损失（吨）
名称	世代（时期）	名称	种植面积（万亩）			一	二	三	四	五	危害程度（级）		防治面积（万亩）	实际损失（吨）	
				前	各发生程度级别面积										
					预计损失										
				后	各危害程度级别面积										
					实际损失										
				前	各发生程度级别面积										
					预计损失										
				后	各危害程度级别面积										
					实际损失										
				前	各发生程度级别面积										
					预计损失										
				后	各危害程度级别面积										
					实际损失										

　　注：①该表数据根据当地大田抽样调查结果汇总统计，为全县的代表数。②各级别发生（危害）面积亩数依据抽样调查时该级别占种植面积百分比折算。③防治前的预计损失系指该发生级别在不防治情况下的自然损失，防治后的实际损失系指经过防治后（包括应治而未治的田块）仍然造成的产量损失。损失估计，全国或各省（自治区、直辖市）已经有统一标准的按统一标准折算，否则可按当地经验值进行估算。挽回损失＝自然损失－实际损失。

第四章
植物保护统计资料整理与利用

第一节　统计资料整理

一、统计资料整理的意义

　　植保专业统计工作，通过以抽样调查为主的统计调查，取得大量的调查资料。把这些调查资料，按照统计工作的需要进行科学分类、汇总，使之条理化，成为反映调查总体特征的综合资料，这个工作过程叫统计资料整理。统计资料整理也包括系统地积累资料和为研究特定问题而对资料的再加工。

　　统计调查所取得的调查资料，只是总体单位的客观记载，只能代表每个总体单位各自的情况。对调查总体来说是分散、割裂、零碎的资料，不能说明总体的基本特征和本质规律，这样的资料叫原始资料，也叫初级资料。把原始资料经过科学分类、汇总，使之条理化、系统化，成为反映总体特征和规律的综合资料，叫次级资料。从原始资料，经过整理变成综合资料，可从总体单位不同现象的感性认识，过渡到对总体现象的规律性认识，这样的综合资料，可供统计分析利用，发展到对总体现象的理性认识。可见，统计资料整理是统计调查的延续，是统计分析利用的前提，是统计工作和对总体认识过程承前启后的中间环节。这就是统计资料整理的意义所在。

二、统计资料整理的内容

（一）整理方案设计

　　整理方案是保证整理工作按质、按量、按时完成的指导性文件。方案要根据统计的目的，对整理的各个环节作出具体规定。如整理的组织领导、质量监控、责任制度及时间安排；设计统计分组、指标设置、汇总方法、统计表等。使整理工作统一目的、认识、步骤及方法，在纵向时间和横向空间上有可比性和系统性。

（二）整理工作程序

　　1. 原始资料审核　　主要是审核原始调查资料是否准确、齐全。在起始阶段对调查资料进行核准、补充。

2. 统计分组 将原始资料进行统计分组。统计分组是统计资料整理的主要基础工作之一。

3. 统计汇总 在统计分组并算出各项指标后，将各项指标进行计算和汇总，并对汇总资料进行复核。

4. 编制统计表 将汇总结果编制成统计表。

从这一过程可以看出，统计分组是资料整理的前提，统计汇总是资料整理的核心，统计表是资料整理的结果。

三、统计分组

（一）统计分组的概念和任务

统计分组是根据统计研究的需要，按照一定的标志将总体区分为若干部分的一种统计方法。如把农作物生物灾害分为病害、虫害、草害、鼠害。受害作物分为粮食、棉花、油料、果树、蔬菜、茶树等。

统计分组的根本任务在于区分现象间质的差别。统计分组既是统计整理的基本内容，又是统计分析的基础，统计整理得到的统计数字能否准确地反映总体的特征，统计分组是关键。

（二）统计分组的作用

由于统计分组能够将一个较大范围的同质总体区分为各种小范围的同质组，因此，它具有三个方面的作用。

（1）统计分组在于将大量的调查资料分门别类划分成不同的组，使资料由零乱变得清晰，由复杂变得简单，便于观察、比较和研究，区分事物的性质。这样的分组在统计分组中叫类型分组。

（2）统计分组在于反映各组在总体中的比重，表明总体的内部结构及其性质和特征，这样的分组叫结构分组。

（3）统计分组在于研究、分析、反映现象之间的依存、因果关系，这样的分组叫分析分组。

可见，为了不同目的，采取不同的分组标志进行统计分组，是对总体内部的定性分类，表现出分组的作用。

（三）统计分组方法

统计分组要选择分组标志。分组标志是统计分组的依据和标准。分组标志分品质标志和数量标志。

（1）按品质标志分组是指以反映事物属性差异的品质标志分组。如按品质把有害生物分为病害、虫害、草害、鼠害。

（2）按数量标志分组是指以反映事物数量特征的数量标志进行分组。按数量标志是用量值来界定，可用具体量值，也可用轻、中、重等模糊量。如按数量标志把病害、虫害、草害、鼠害，分成发生程度轻重不同的 1、2、3、4、5 级，也称为轻发生、中等偏轻发生、中等发生、中等偏重发生、大发生。

（3）根据分组标志数目的不同，统计分组可分为简单分组和复合分组。将总体按一个标志分组叫简单分组。按两个或两个以上标志分组叫复合分组。如植物保护系统人员情况，按业务分工分为测报、防治、药械和检疫，就是简单分组。业务分工后如将人员再分为专职和兼职，就是复合分组。

为深入细致的研究某一问题，可按几种不同的标志进行分组。

这些分组结合起来，就构成一个分组体系。把化学农药按应用对象分为杀菌剂、杀虫剂、除草剂等；按化学结构分为氨基甲酸酯类、拟除虫菊酯类、有机磷类、有机硫类等；按剂型分为粉剂、乳剂、颗粒剂等。

（四）分配数列

表明总体单位在各组分配情况的分组资料叫分配数列。它是统计整理的结果。分配数列包括：总体按分组标志划分出来的各组；分配到各组的单位数及占单位总数的百分率，即频数和频率。

按品质标志分组的分配数列叫品质分配数列。按数量标志分组的分配数列叫变量分配数列。全国某年份农药使用情况，按品质标志分组的品质分配数列见表 4-1。

表 4-1 某年全国农药使用情况表

按使用对象分组	使用数量（吨）	占总使用量百分比（%）
合计	293 642.43	100.0
杀菌剂	66 915.13	22.78
杀虫剂	122 424.58	41.69
除草剂	90 711.13	30.89
杀鼠剂	2 409.24	0.82
杀螨剂	8 418.10	2.86
植物生长调节剂	2 764.21	0.94

四、统计资料汇总

（一）汇总的组织形式

统计资料汇总可采取逐级汇总和集中汇总的组织形式。植保专业统计是采取逐级汇总的形式。就是按照报表制度的要求，部级、省（自治区、直辖市）级、地（市）级、县（区）级，自下而上逐级填报统计报表。地（市）级、省级、部级分别汇总这种形式，可满足各级对统计资料的需要，充分发挥统计的信息、咨询、监督作用，便于各级进行统计资料积累和汇编。

（二）汇总前的资料审核

统计工作中，数字差错是难免的，把有差错的资料汇总起来，也就降低或失去了统计资料的"生命力"。实际工作中经常遇到汇总后发现原有资料上的差错，导致汇总有误，需重新核正汇总。这是一项令人烦恼和相当费工的事。所以，逐级汇总过程中，各级都要做好汇总前的资料审核工作。

审核要从资料的准确性、及时性、完整性三个方面进行。其中难度较大的是准确性的审核。准确性审核可通过逻辑检查和计算检查两个方面进行。逻辑检查是从理论上、常理上或从各项目之间有无矛盾等方面判断数字是否符合逻辑，有无矛盾。例如，某省某市粮食作物病虫是中等发生年，防治工作做得比较好，但统计表明挽回粮食损失 50 万吨，占当年该市粮食总产量 150 万吨的 33.3%，显然是不符合实际的，经进一步核实是统计上的差错。

计算审查，是指调查表或报表中的各个数字在计算方法和计算结果上是否正确。如各行、各栏的数字是否正确，是否有串行、错栏现象，计量单位是否符合规定，前后是否一致以及各行栏之和应等于小计，小计之和应等于合计等。发现差错必须追根寻源，查找纠正。汇总后的资料，也要进行复核。

在审查过程中，如果发现了问题，应弄清问题产生的原因及其性质，区别情况做如下处理：对于能肯定的错误，能更正的要及时更正，并将更正数字通知原填报单位或被调查单位进行更正；对于可疑之处或虽有错误，但无法更正的，应通知原填报单位或被调查单位复查，查清后再进行更正；对于已发现的错误，估计其他单位也有可能发生时，应及时发通报，防止以后继续发生类似错误。

五、统　计　表

统计表有广义、狭义之分，广义的统计表包括统计工作各阶段所用的一切表格；狭义的统计表是指统计整理结果的表格，此处介绍的为狭义的统计表。

（一）统计表的意义

统计表是指经过统计汇总得出许多说明总体特征的综合数字资料，把这些数字资料按一定指标顺序，在表格中表现出来。用统计表展示统计资料，具有集中醒目，条理清晰，纵横对照，简洁明了，便于比较对照分析问题等特点。

（二）统计表的结构

统计表从形式上看，它由标题（表题）、横行标目、纵栏标目、数字资料四个部分组成。

1. 标题　标题即表的名称，它概括说明表的主要内容（包括时间、地点等），其位置在表的上端中央。

2. 横行标目　是横行的名称，是总体分组的标志名称，展示统计表要说明的对象，也是横行的名称，位于表的左边每行的开始处。它又叫主词。统计表中自左至右平行的行次叫横行。

3. 纵栏标目　是纵栏的名称，是说明栏的内容，它是说明横标题的。一般位于表的上方每栏的开始处。它又叫宾词。统计表中自上而下与横行垂直交叉的栏次叫纵栏。

4. 数字资料 是填在横标目与纵栏目交点位置表格里的数字，为说明总体特征的数字资料。

从内容上看，统计表包括主词和宾词两部分。主词是统计表要说明的总体或总体的各个组成部分，通常列在表的左边。宾词是用来说明主词的各种统计指标，通常列在表的上方。具体内容见表4-2。

表4-2 病虫草鼠防治面积及挽回损失表

名称	防治面积（万亩次）	挽回损失（吨）	备注
合计			
病害 虫害 鼠害 草害			

（三）统计表的种类

统计表按主词是否分组及分组程度，分简单表、简单分组表和复合分组表。

1. 简单表 主词未做任何分组的统计表，其主词由总体单位的名称或时间名称所构成。常有两种情况。一是在同一空间条件下，不同时间数列的统计表，这种表也叫时间数列表。如1950—1980年全国植保专业统计表，一本有45张表，全是简单表，时间数列表。二是在同一时间条件下，不同空间的数列表，这种表也叫空间数列表。

2. 简单分组表 主词仅按一个标志进行分组，以所分各组的名称为主词统计表，也简称分组表。其中有按品质标志分组的简单分组表，有按数量标志分组的简单分组表。按品质标志分组的简单分组表见表4-3。

表4-3 农作物病虫主要防治措施

作物名称	播种面积	化学防治面积	生物防治面积	合计	人工饲放	生物治病	生物治虫
合计							
水稻 小麦 玉米 ……							

3. 复合分组表 主词按两个或两个以上标志进行层叠分组，以所分各组的名称为主词，并交叉排列所形成的统计表，又称复合表（表4-4）。

表4-4 全国农业有害生物发生、防治面积及损失情况

名称	发生面积（万亩次）	防治面积（万亩次）	挽回粮食损失（吨）	实际粮食损失（吨）
一、飞蝗合计 　其中：夏蝗				

（续）

名称	发生面积 （万亩次）	防治面积 （万亩次）	挽回粮食损失 （吨）	实际粮食损失 （吨）
二、农田鼠害				
三、农田草害合计				
（一）水田杂草				
（二）旱田杂草				
1. 麦田杂草				
2. 玉米田杂草				
3. 大豆田杂草				
4. 油料田杂草				

（四）宾词指标设计

宾词指标设计可分简单和复合两种。宾词指标的简单设计，是将宾词的各个指标并列作平行排列。复合设计是将宾词的各个指标结合起来做层叠设置。

上述两种宾词设计，简单明了，是总体的基本梗概特征。复合设计层次丰富，研究深入，有利深化分析利用。但复合设计每增加一个层次，则分组指标数就以分组标志纵栏目数的乘积数增加。因此，复合设计应在满足分析利用需要的前提下，减少设计层次，不要过于复杂。

（五）统计表编制规则

统计表的编制应遵循科学、实用、简要、美观的原则。在编制时应注意如下事项。

1. 统计表的形式 统计表长宽比例要适中，以长方形为宜；上下两端的端线应以粗线或双线绘制，表中其他线以细线绘制，左右两端为"开口式"；将复合分组列为横标题时，应在第一次分组的各组组别下后退一、二字写第二次分组的组别，这时第一次分组的组别就成为第二次分组的各组的小计，若需第三、四次分组，均依此类推；纵栏较多时，应编栏号，习惯上对主项各栏分别以甲、乙、丙等文字标明，对宾项各栏以（1）、（2）、（3）等数字编号。

2. 统计表的内容 力求简明实用，一目了然。设计编制统计表，要考虑需要和可能，只把有用的内容编进去，以起到集中醒目，便于比较、分析利用的作用。总标题要简明扼要，切中主题，用简练而又准确的文字表明统计表的内容及资料所属空间和时间范围；统计表中主词与宾词的内容要相互对应，要有逻辑性，按时间先后、数量大小、空间位置等，从大到小，从过去到现在排列；列出合计，以发挥其综合表达作用，给人以整体概念，合计一般列在横行前面，纵栏上面；要注明数字的计量单位，全表使用的计量单位，写在表的右上方，需分别注明的纵栏计量单位时写在纵栏标目下面，小字标明，加括号；表内有需说明的事项，可写在备注栏内或在表下加注，以便查考。

3. 统计表数字填写要求 统计表数字填写要求书写工整，字迹清晰，横竖对齐；当数字为零时也要写出来，如不应有数字时，用符号"—"表示出来，当缺某项数字或因数字太小忽略不计时用"……"表示，当某项资料免填时用符号"××"表示，统计数字部分不应留下空白；当某数字正好与左、右、上、下数字相同时，应照写不误，不得以"同左""同右""同上""同下"字样代替；填表完毕并经审核后，填表人和主管负责人应签名，并加盖单位公章。

六、统 计 图

利用几何图形或其他形式表达统计资料的各种图形叫统计图，是整理统计资料的一种特殊形式。它具有形象直观、简明生动、一目了然、通俗易懂等优点。

（一）统计图的种类

统计图的种类很多，可因需要自行设计，要有严格的科学性，一定的艺术性，越简明、直观、生动，越能说明问题。常用的统计图可分为曲线图、柱状图、饼形图、圆形图、方形图、象形图、统计地图和综合图等。

1. 曲线图 曲线图是以曲线的升降来表示现象的动态。运用曲线图，可以表明事物的发展规律；表明总体单位的分配状况；揭露事物间的依存关系；指明计划执行的进度。具体又分为四种。

（1）动态曲线图。它是表示现象在时间上发展变化的。表明一种现象动态的叫单式动态曲线图；表明两种以上现象动态的叫复式动态曲线图。

（2）对数曲线图。指纵坐标采用对数尺度的曲线图。常用于表现数别全距比较大的情况。

（3）次数分配曲线图。表示现象分配状况的线形图。

（4）依存关系曲线图。揭示现象之间依存关系的线形图。横轴表示发生影响的现象，纵轴表示被影响的现象。

2. 柱状图 柱状图是依相同宽度的矩形柱的长短、高低来表明统计资料的不同数值的一种图形。它具有绘制简单、形象鲜明的优点，因而被广泛地采用。它的作用很广，可以用来表现各种形式的动态数列，表现同一指标不同地区的差别，表明计划执行情况，表明总体结构的变化等。它表现的指标，可以是绝对的，也可以是相对或平均的。根据绘图的目的和资料的不同，柱状图可以绘成 3 种图形。

（1）单式柱形图。以若干条距离相等的单一柱形的长短、高低来表明指标数值大小的一种图形。

（2）复式柱形图。以两个以上的柱形为一组来进行比较的图形。它既可以进行组与组之间的比较，又可在组内进行比较，常用于表现分组资料。

（3）分段柱形图。以柱形的全长表示总体，柱形内的分段代表总体的各组成部分，用以表示总体内部结构的图形，也叫结构柱形图。

3. 圆形图 圆形图分为圆形结构图和圆面积图。圆形结构图是以圆内各扇形面积的大小来表示统计资料，常被用来说明总体的结构及其变化，是应用最广泛的图形之一；圆面积图是以圆面积来表现统计资料的一种统计图表。

4. 方形图 方形图分正方形图和长方形图两种，都是用图形面积大小表现统计资料。

5. 象形图 象形图是以某种具体形象的个数、长短、大小来表示统计指标的图形。

它更为生动具体，因而也更容易被人们所接受。常用的有利用特种形象的个数多少来表示统计指数值大小的单位象形图；利用形象的长短来表示统计资料的长度象形图；以形象面积大小来表示统计资料的平面象形图。

6. 统计地图　统计地图是以地图为底本，利用圆点、象形或其他符号来表明某一区域内一种或几种现象数量分布的图形。

7. 综合图　综合图是统计实践中新出现的一种统计图表。大致可分为两种类型。一种是把表明同一对象不同指标的各种统计图表简单组合在一张地图上；另一种是除了将几种图形综合在一起之外，还注有较详细的文字、数字说明。

（二）统计图的构成

统计图主要由以下几部分构成。

1. 图号　统计图按类别或次序编号。在书刊中，以章为编序，如图 4 - 1 表示第四章的第一个图。

2. 图题　统计图的标题名称，表明统计图的内容。一般位于图的下面居中。

3. 图线　是构成统计图线条的总称。包括基线、轮廓线、指导线、破格线四部分。

（1）基线。是统计图表的横轴线，在统计图表的底部，也叫底线，是全图中最粗的一条线。

（2）轮廓线。是图的外图线，比基线细些。

（3）指导线。又叫引线。是由各比度点引出的线，比轮廓线还要细。

（4）破格线。又叫截线。是用水波纹线对统计图表进行横截或纵截，表示省略的线。

4. 尺度　测定数字大小的标尺。包括尺度线、比度、读数三个部分。

（1）尺度线。用来表明尺度的纵线或横线。在图形上利用纵轴和横轴作为尺度线。

（2）比度。是根据一定比例在尺度线上所做的刻度。

（3）读数。在尺度线上按比度标注的数值。

5. 图式　又称图形。是按需要绘制的统计图的图形，如曲线图、柱形图等。图形是统计图表的主体。

6. 标目　在纵轴侧面或横轴下面所标注的小标题。说明纵轴、横轴所代表的指标内容和计量单位。

7. 图例　说明图形所代表的事物，是以线纹、颜色等对图式所加的注解。

8. 附注和说明　是在统计图表的适当位置所做的文字说明，包括范围、口径、资料来源等。

七、统计资料的积累与历史数据的挖掘

植物保护的统计资料与历史数据是指各级植保部门在工作过程中产生的各种有关本地农作物病虫发生情况、防治情况、病虫预报、工作简报、工作总结等文字性材料和具体的数据信息，涉及病虫测报、病虫防治、植物检疫、农药药械等诸项内容。过去，由于条件所限，大量的历史资料没有及时归档整理，或因多次搬家、人员更换等各种原因造成数据和资料流失，无法统计分析历史病虫害的发生情况。因此，需要认真组织人力集中挖掘整理，确保历史数据和资料的完整性。

（一）统计资料积累的意义和方法

植物保护统计资料是植物保护工作的基础，准确、系统、完整的统计资料是统计分析、预测的主要依据。系统地积累统计资料是功在当代、利在千秋的经常性统计工作，是每个统计工作者的历史责任。

统计资料积累，贵在准确、系统、完整，是一项涉及面广、工作量大的工作。积累过程中有资料再积累的过程，业务性、技术性比较强，单靠统计人员个人去做困难较大，要纳入各级植物保护部门的工作日程，领导要重视、支持、参与统计资料积累工作，要争取上级统计部门的支持和指导，制定工作方案，编印统一的统计表，建立资料档案存档制度，每个工作人员都要按照制度办事，将自己负责的工作内容，年底前做好总结，分类存档。只有这样，才能比较系统全面地做好资料的积累工作。对今后长期统计资料的积累，要建立起明确的责任制度和工作规范。

资料积累可整理成统计年鉴、汇编、简编、卡片、提要等形式，编印成册，方便查找、应用和保存。最主要的是按档案管理的要求，整理成统计资料档案，登记编号，立卷归档。

（二）历史数据挖掘和整理的方法

植物保护系统新老干部交替，老植保干部，老领导，很多已退下工作岗位。他（她）们是植物保护工作的活地图、活字典。发挥这些老同志的作用，把历史统计资料和数据挖掘、补充、整理出来，是植物保护统计资料积累的重要一环。召开老同志座谈会，请他们写回忆录、植物保护工作大事记；让他们主持、参加资料积累工作或当顾问，广泛采取"请""找""献""忆"等多种活动，挖掘整理历史数据和资料。

"请"，就是发动群众，清理各种文件、报告、会议记录、简报、纪要等，从中查找有用的数据和资料。

"找"，就是到有关部门去查找资料。

"献"，就是动员老同志，有关人员献资料，献笔记。从个人的资料笔记中查找有用的数据和资料。

"忆"，召开老同志座谈会，回忆历史事件，补充有用的数据和资料。

"推"，按已有的资料，商议、推算空缺的资料，以供参考使用。

（三）统计资料与历史数据挖掘整理实例

1998年，全国农业技术推广服务中心组织全国各省（自治区、直辖市）植保部门成立了"植保统计50年数据库建设"项目协作组，对1949年以后至植保统计工作正式开展之前的植保数据开展了深入挖掘和整理工作。经过前后两年多时间全国各级植保统计人员的共同努力，完成了1949—1998年全国、省、地、县四级植保统计数据库的建设工作，编辑出版了《中国植物保护五十年》一书。这是一个典型的统计资料和历史数据挖掘整理的实例。主要做法如下。

1. 组织动员，做好规划 1998年10月，在湘西吉首市召开的全国植保统计工作年会上，就挖掘整理全国植保统计50年数据库一事进行了充分讨论，取得了共识，得到了中心领导和各省植保部门领导的充分重视。大家认为，建立"全国植保统计五十年数据库"是一项承前启后，功在当代，利在千秋的大事，是对植物保护工作 50 年的全面总结，是全国植物保护必须尽早完成的一项基础工作。

随后，全国农业技术推广服务中心制定了植保统计 50 年数据库项目建设规划，向各省份印发了《关于做好植保统计 50 年数据库建设的通知》，并下发了规范的调查表格，项目正式启动。

2. 划分时段，分类处理 全国的植保统计工作可划分为三个阶段，1949—1980 年、1981—1986 年、1987—1998 年。

第一阶段是 1949—1980 年。这个阶段由于没有正式的统计机构，所以资料和数据最分散，要采取"请""找""献""忆"等多种活动，甚至召开专门的会议，搜集整理历史数据和资料。

第二阶段是 1981—1986 年。这段时间各级植保部门的数据和资料有比较规范的存档，按照数据库建设的统一表格整理起来相对简单。

第三阶段是 1987—1998 年以后。1987 年是全国植保专业统计工作的转折点，在原全国植物保护总站的主持下，植保专业统计开始走向正轨，有了全国统一的年度统计报表制度和管理办法。数据和资料最完整和准确。

由于时间跨度大，我国的行政区划又有很多次调整，从而带来地理范围、耕地面积的变化。一般要以现行行政区划为准，调整增减变动时期的数字。如重庆市是 1997 年 6 月 18 日正式从四川省划分出来升格为直辖市，为此重庆市和四川省的统计人员投入了非常大的精力，查阅大量资料，把近 50 年的数据全部从四川省中剥离开来，保证了统计资料的系统性和可比性。

3. 开发工具，提高效率 为了高效率的完成 50 年数据库建设任务，全国农业技术推广服务中心开发了一套植保统计数据库管理软件系统，该系统具有数据录入、数据汇总、数据查询、数据存储、数据备份、数据上报、报表打印、专业分析等功能。分为省级、地级、县级三种版本，统计软件的开发和在全国各省植保部门的全面使用既方便了数据库的建设，又为今后的日常植保统计工作提供了便捷的工具。提高了统计工作的准确性和完整性。

4. 全面审核，集中录入 植保统计工作涉及粮棉油等主要作物 10 余种，病虫 70 余种，每年产生近 20 张报表，每个省份就要有近千张报表需要录入，如此大量的数据，首先要保证全部数据的准确性，为此，各省份都对数据进行了全面审核，确保录入数据库的数据准确可靠。全国农业技术推广服务中心还组织了专门的培训，集中一个月的时间召集各省份统计人员集中录入了全部数据，并将各省份数据进行汇总，形成全国总数据。

随着 1999 年年底的年度统计工作结束，初步建成了保存有 1949—1999 年植保统计数据的 50 年数据库。2000 年以后统计数据随年度统计工作的开展自动记录到植保统计数据库中。截止到 2019 年，数据存储量已经达到 60GB 以上。数据库建成后，由全国农业技术推广服务中心组织有关植保专家进行了验收，专家给予了很高的评价，认为该数据库填补了国内空白。植保统计数据库的建立极大地方便了全国各级植保部门的使用，在生产中发挥了重要作用。

第二节 植物保护统计资料分析利用

一、统计分析的基本概念

（一）统计分析的意义

在经过以抽样调查为主的统计调查，科学的统计资料整理，完成了统计的基本工作后，植保专业统计数据信息就可以用来为农业生产计划、决策、行业管理以及科研教学所利用。但这只是统计工作的一个过程，而不是全部。实际上，统计分析也是统计工作的重要内容之一，是统计工作全过程的最终成果。统计工作的最终目的是开展统计分析，写出统计分析报告，用具有量化特征的统计分析，为植物保护工作的运行，提出预警信息；发挥统计分析参与管理、支持决策的整体功能和超前导向作用，深化统计在植物保护工作中的参与度。随着现代信息技术、互联网技术的发展，统计分析信息会更多地被管理部门和社会各阶层所利用。

（二）统计分析的基本要求

统计分析是统计人员对统计工作思维认识的深化和升华。分析的观点、结论，提出的意见、措施是统计工作的结晶。因每人理解认识水平的不同，分析的角度、方法的不同，分析的结论、措施也不尽相同，有很大的可塑性。可见，统计分析是一项关系重大、原则性强、严肃认真的工作。要有正确的指导思想和统一的原则遵循。在统计分析中要做到以下几点。

1. 实事求是 只有实事求是，"去伪存真"，才能提出问题，切中要害；分析问题坚实有力，解决问题切实可行，才能使统计分析发挥作用。

2. 一分为二 "由此及彼，由表及里"，多角度，从正反两个方面观察分析；把孤立的现象、数字相互联系起来分析，把握事物的内在联系，透过现象看本质，从发展演变上看问题。"塞翁失马，安知非福"，是一分为二绝妙的历史典故，是用发展的眼光分析问题的典型。

3. 认真负责 工作上要兢兢业业，分析问题要一丝不苟，本着为国家负责，为植保事业负责，为历史负责的精神，认真、细致、深入地搞好统计分析工作。

（三）统计分析的种类

统计分析按时间和内容可分为四种。

1. 定期分析 定期分析是根据工作需要或按定期统计报表进行的统计分析。植保专业统计分析多是定期分析，如填报年度统计报表，必须附带的统计分析材料等。

2. 预计分析 是在工作进行中，对进行情况、可能出现的问题、原因，以及未来发展所做的统计分析，也叫进度分析。它的作用主要在于提出预警信息，发挥统计工作的预见性、实效性和超前导向作用。在实际工作中，预计分析的时间是在整个运行期间的中后部，如年度期间的第三季度。分析的范围可以是专题性的，也可以是综合性的。

3. 专题分析 专题分析是就某一专题进行集中而又深入的分析。专题分析常是不定期的，内容根据实际情况、目的而定。如某一问题长期存在，成为"热点""难点"，对此，做一次专题调查，提出分析意见，进行专题分析。

4. 综合分析 综合分析是对整个植物保护工作或其中的综合性问题，进行综合平衡、比较，所做的大范围、深层次的研究分析。综合分析涉及的问题多而复杂，一般是先从总体情况入手，按照运行的先后、主次关系，逐个问题进行分析，最后再把各种分析集中起来，提出解决不平衡的措施。

（四）统计分析方法

1. 对比分析法 是统计分析中最基本、最常用的分析方法。在植保专业统计中也适合使用这种分析方法。有比较才能有鉴别，两刃相割，利钝乃知。通过静态与动态，横向与纵向的对比来认识某一事物、现象，提出问题，分析问题，进而提出解决问题的办法。使用这种对比分析法，相比较的两个事物要有可比性，用作被比较的事物要有代表性。比较要有实用性，要比较还要有比较的标准。常用的有相比较事物的总量指标、相对指标和平均指标。如某省份根据植物保护统计资料中粮食作物病害与虫害的一些主要数字，用对比分析法，写出了题为《要加强农作物病害的防治》的分析报告，从病害和虫害相应数字的对比中，分析提出要加强农作物病害防治的理由和办法。

2. 分组分析法 是把总体的各个单位，按一定的分组标志分成组，以此再分析总体的特征、结构及各组之间的关系。如分析确定某地区某种害虫的发生程度，首先必须按1～5级的虫量发生标准，把发生地块分成5组，再按每组地块合计面积所占总面积的百分率，依据规定确认本地区这种害虫的发生程度。

3. 相关分析法 相关分析是研究事物之间数量依存、因果变化关系的一种方法。采用这种分析方法，首先要确定事物之间有无关系，是什么关系，是直线关系还是曲线关系以及相关的密切程度。农作物病、虫、草、鼠害发生、危害的一些问题，因研究的对象多是生物，常属于生物统计的范畴，存在着相关关系，适合用相关分析法。

4. 平衡分析法 这是一种研究分析事物是否按比例平衡发展的一种分析方法。事物发展不平衡是绝对的，平衡是相对的，平衡分析法是通过各种平衡表，发现、展示不平衡，研究不平衡的环节、原因，进而采取措施，实现事物发展的基本平衡。

5. 因素分析法 也叫指数法。是从数量上分析复杂现象变动各因素影响的程度和结果的方法。在农业统计上，常用因素分析法分析农作物总产量的变动与各因素的数量关系。

6. 动态分析法 也叫时间数列法。任何事物都是处在发展变化之中的。动态分析就是研究事物发展变化情况及其规律的分析方法。动态分析包括发展水平分析、发展速度分析、发展趋势分析。动态分析首先要根据历史统计资料编制时间数列。由此看出整理历史统计资料的重要性和必要性。

7. 图示分析法 统计图有使统计资料形象、具体、简明、通俗易懂、印象深刻等优点。把统计资料以统计图的形式展示出来，表示事物的状态、结构、相互关系等，也是统计分析的一种方法。

8. 模糊综合分析法 很多事物，由于多种因素影响而呈现复杂状态。这些事物的内涵清楚，外延（边界）模糊。如植物保护工作中的"综合防治"，它的内涵丰富清楚。但它的边界，如与非综合防治、单一防治的区别，界线又比较模糊。对"综合防治"开展得好与差，难有明确的质量标志或数量标准加以界定。这样模糊复杂的现象，可按照模糊数学提供的方法，进行模糊综合分析评价，就是模糊综合分析法。如果对某几个省份植物保护工作中"综合防治"开展情况进行比较分析，就只能用模糊分析法。首先确立几个主要因素，以模糊概念优、良、中、差来评定和区别，然后把这些模糊评定综合起来，形成对"综合防治"的既综合又模糊的评估，排列出好差的先后顺序或分出优、良、中、差几种类型。常说的干部队伍老、中、青，就是模糊综合分析。

在植保专业统计分析中，使用哪种分析方法，要根据实际情况、分析的目的，有针对性的采用某种分析方法，使分析对路，能说明问题，结论可信，从而被采纳利用，发挥统计分析的作用。

二、统计分析报告的撰写

（一）统计分析报告的特点

把统计分析用文字或间有图表的形式表达出来，就是统计分析报告。统计分析报告是定量分析与定性分析相结合，以定量分析为主的分析性文章，其核心是用数字进行分析。它的主要特点有四个。

1. 准确性 数字是统计的语言，准确是数字的生命。准确的统计数字，最科学、最权威、最有力。用准确的数字说话，最能吸引人，说服人。反之，数字不准确，必导致分析失实，计划失算，决策失误，工作失调，经济受损。统计分析报告中的数字要核实准确，不能虚构，不能"长官意志"，不能跟着感觉走。报告使用的语言也要准确，不能用"一般""大概""可能""类似"等模棱两可、含混不清的语言。用准确的数字，明确的语言，摆事实，说观点，讲道理，有结论，提措施。

2. 时效性 统计分析报告要"雪中送炭"，不要"雨后送伞"，时效性是分析报告的价值所在，时过境迁的统计分析报告是无效劳动，有的统计分析报告必须抢时间，限期完成报出。

3. 鲜明性 分析报告反映的问题、矛盾要突出，"热点"要热，"难点"要难，"观点"要鲜明，"结论"要明确，"措施"要可行。

4. 生动性 统计分析报告要吸引人，说服人。只有吸引人，才能说服人，所以，统计分析报告从题目到结尾要新颖、生动、有魅力、艺术性强，吸引读者把报告看完，说服读者接受报告的观点。

（二）统计分析报告的一般结构

统计分析报告通常由提出问题、分析问题、解决问题三部分组成，文章由题目、导语、主体、结尾四个部分组成一个相互联系、相互衔接的有机整体。

1. 题目 题是"额",文章的眼睛。题目是给读者的"第一印象"。"题好一半文"。题目要简练、生动,先声夺人。有的分析报告还有位于题目上面说明主题的肩题,位于题目下面说明题目的副题,题与正文之间,简短说明内容的提示语。题目常有点明主题式、提出疑问式、引导提示式、表明意题式、文言修辞式等。用警句、古语、成语、诗词佳句、历史典故做题目,新颖别致,常起到画龙点睛、出奇制胜的效果。

2. 导语 导语就是文章开头的语言,相当于交响乐的序曲。有启动导语,为正文铺路的作用。导语要短、精、新。常有以下几种方式:点出写此报告的原因;提出问题;交代报告重要意义;交代主题;利用反差,增加悬念等。都在于起到"欲知结果,请看下文"的作用。

3. 主体 主体是分析报告的中心内容,报告的论点、论据、结论全在这里展开,成败在此一举。主体一般要分几个段落,辗转启承,清晰明了。

4. 结尾 结尾是分析报告的有机组成部分,是文章启、承、转、合的部分,有深化主题,总结全文,展示未来的作用。结尾既不要虎头蛇尾,草草了事,也不要孔雀开屏,一发而不可收,更不要简单生硬,势不容人。

分析报告的导语、主体、结尾三部分,好比是约客人会谈,导语是用热情欢迎的话语,把客人引入会客室,主体是展开实质会谈,争论交锋,几个回合,取得共识,结尾是会谈结束,把客人送出会客室,简短话别,招手再会。

(三)统计分析报告的撰写

1. 草拟提纲 撰写一篇好的统计分析报告,一定要先拟报告提纲,搭好报告整体框架,内容逻辑结构,做好文章布局,拟出报告题目、肩题或副题,列出论点、论据、结论、措施,划开导语、主体、结尾部分及要说明的内容,排开搭配统计资料,前后协调、整体匀称等。

2. 起草初稿 按提纲撰写报告,把事先准备好的文字、图表按照文章结构——拼装,对号入座。下笔有着落,行文如流水,写出的分析报告要层次清楚,首尾衔接,思路严谨,结构清晰,逻辑性强。

3. 反复润色 初稿完成后,还有一个润色、修改的过程。首先是审视全篇,从文章结构、内容,大处着手。文章层次、段落划分是否适宜、衔接,前后是否照应,论点是否明确,论据是否翔实、有力,结论是否水到渠成。其次是文字、标点的修改,要咬文嚼字,精雕细刻,反复"推敲",力争词意贴切,表述得当、文字力求简练,删掉一切可以删的字句。

(四)统计分析报告中数字的选择应用与运算

1. 数字选用

(1)分析报告中要选择与观点一致的主要数字。不要数字罗列,数、表、图重复。

(2)选用准确,有代表性、可比性、时效性的数字。

(3)既要有总体数字的客观"鸟瞰",也要有典型数字的"特写"。

(4)使人概念不清的过大数字,可改用大的计量单位来化简。如某年全国防治粮食作物病虫草鼠害,挽回粮食损失 41 131 403.36 吨,数字太大,概念不清,不便记忆和比较,改换成 411.3 亿千克，便于比较，直观性强。

（5）孤立的数字，不好理解，可借数衬托。如某年全国因病虫草鼠的危害，损失粮食178 亿千克，相当于全国 13 亿人一个月的口粮。对比衬托，概念清楚。

2. 数字的运算　以下几个数字运算应注意规范一致，以免表达不清被误解。

（1）百分数。百分数在统计分析中常用来比较两个数值靠近的数。差错会出现在两个数比较差别的表述上，如防治面积占发生面积的百分率 1990 年是 78%，1991 年是 88%，要表述 1991 年防治面积占发生面积的百分率比 1990 年提高了多少就不能将两个百分数简单地相减，应该是两个百分数之差与上年的百分数之比。计算的方法是：（88－78）/78×100%＝12.8%。

百分号在百分数计算公式中的位置，比如防治面积占发生面积的百分率，以防治面积数/发生面积数×100% 为正确。

（2）百分点。是百分数增加的绝对值。从 1990 年的 78% 到 1991 年的 88%，表述为增加了 10 个百分点，不能表述为增加了 10%。

（3）倍数。常适用于两个数之比的比值较大或是整数时使用。如 200 是 100 的 2 倍，比说 200 是 100 的 200% 好得多。差错也是出在表述上，注意"到""是""了"的区别，"到""是"是原数加上增数的倍数，"了"是增加的倍数。

（4）翻番。是经济改革中常用表示进度的语言。翻番不同于倍数的增长，翻番是几何级数的倍增，每翻番 1 次都是翻番数的倍增，即按 1、2、4、8、16 的倍数增加，与倍数增加截然不同。

第五章
植物保护统计报表制度和指标体系

第一节　植物保护统计报表制度

一、统计报表的一般概念

（一）统计报表的定义

统计报表是我国定期取得统计资料的一种重要调查形式和组织形式。统计报表有其固有的规范化要求，它必须按照国家统一规定的表格形式，统一规定的指标内容，统一的报送程序和报送时间，自上而下地统一布置，自下而上地逐级提供资料，也就是通常所说的统计报表制度。

统计报表制度是我国所特有的一种统计调查组织形式，它通过各种报表搜集有关社会生产、分配、流通、消费和积累等方面的基本统计资料。是各企业单位、各业务部门定期向上级领导部门和国家统计部门提供计划执行情况和经济活动情况等统计资料的一种重要报告制度。通过这种制度，可以为国家在制定国民经济发展决策中提供科学可靠的依据。对于各级业务主管部门来说，也有利于他们对基层单位进行业务领导和业务管理。

（二）统计报表的种类

统计报表分类主要是根据报表的性质和内容的不同，分为基本统计报表和专业统计报表两大类型。这两种类型报表按其报送周期长短不同，一般又可分为年度报表、定期报表和进度报表，若按其报送方式的不同，又可分为网络直接报表和邮寄报表。

1. 基本统计报表　基本统计报表有两种。一种是全国性报表，这是由国家统计部门统一制发的，用以搜集农业、工业、商业等国民经济各部门，以及人口、劳动、文化、教育、卫生社会发展各方面的基本统计资料，为国家了解情况、指导工作、制定政策、编制规划提供科学依据。另一种是地方性报表，它是由各省（自治区、直辖市）统计部门从本地区特殊情况出发而制定的一种补充报表，主要服务于本地区有关方面的计划和管理。

2. 专业统计报表　专业统计报表是国务院各业务部门为专业工作的需要而制定的报表，分别在各系统内部实施，用以搜集本部门的业务技术资料，作为基本统计报表的补充。植保专业统计报表，是农业统计报表的补充，它主要是全面系统地搜集植物保护工作方面的统计资料，反映病虫害发生与防治状况、植物保护技术发展水平以及植物保护的经济效果等。植保专业统计作为一种报表制度在全国执行，始于 1981 年农业部发布的《植保专业统计报表制度》，通过 30 多年的实践，多次修改补充，目前已基本趋于完善。

上述两种类型报表，按其报送周期长短不同，又有年度报表、定期报表、进度报表之分。

（1）年报所包括的指标项目较多，内容比较系统全面，是全年植物保护工作全面统计资料的反映。植保专业统计年度正式报表，按规定要求，各省（自治区、直辖市）植物保护站于翌年 2 月底前报全国农业技术推广服务中心。

（2）阶段性报表通常把月报、季报或半年报称为"定期报表"。植保专业统计定期报表全年定为两次。一次是 6 月 30 日前，由各省（自治区、直辖市）植物保护站报全国农业技术推广服务中心，报表内容以夏季作物（小麦、油菜为主）、早稻等病虫及夏蝗发生防治情况为主；另一次是 11 月 30 日前由各省（自治区、直辖市）植保站将全年主要作物病虫草鼠发生情况初步统计后报全国农业技术推广服务中心，对当年主要农作物病虫草鼠的发生面积、防治面积、危害损失等情况进行初步统计，为相关农业会议及相关部门总结工作使用。

（3）进度报表系指周报、旬报、候报等，这些进度报表在病虫测报领域比较常见。

另外，统计报表按其报送方式的不同，可分为网络直接报表和邮寄报表。植保专业统计报表过去一般采用邮寄方式报送，自从成功开发了植保专业统计软件系统后，多采用电子邮件及网上直报方式，大大提高了时效性。

二、统计报表制度内容

统计报表制度的执行，涉及面广，工作量大，科学性强，规范化要求高。因此，制定统计报表时，应从实际情况出发，融科学性与实用性为一体，既要防止报表泛滥、贪多求繁、不分巨细，又要突出重点、照顾全盘，所设计的内容要具有典型性、普遍性、代表性，使之达到能充分反映事物发展客观规律性，对所从事的研究具有普遍指导价值。我国统计报表制度一般包括统计报表目录、统计报表制度实施办法、各种统计报表表式、统计报表填表说明及指标解释等方面。

（一）统计报表目录

统计报表目录的设计，可以让人们十分清楚地了解某项统计制度所要获得的统计资料性质，集中反映出该项统计制度的统计任务和专业特点。统计报表目录主要内容结构包括报表名称、统计范围、报送日期及受表机关等。我国最早制定的植保专业统计报表，农业部在 1991 年以农（农）函字第 44 号文做了明确的统一规定。

近年来，根据工作的需要，多次修订了植保统计报表。国家统计局每 3 年对植保专业统计报表进行一次清理。2017 年，国家统计局国统制（2017）173 号文件批准备案的植保专业统计报表共有 10 个：主要农作物病虫草鼠害发生防治及损失情况（其中包括粮棉油等 1～18 张分表）、农作物病虫害防治措施情况、农药使用情况、植保机械使用情况、农药中毒情况、全国植物检疫性有害生物发生防除情况、植物检疫工作情况、植保系统人员情况、农作物病虫害专业化统防统治情况、农作物病虫灾害情况。

这套统计报表报送单位是各省、自治区、直辖市和新疆生产建设兵团植保部门，统计范围是其辖区内各级植物保护机构，报送日期统一为翌年 2 月底以前，接受报表机关为全国农业技术推广服务中心。

（二）统计报表制度实施办法

除了以条款的方式对统计报表涉及的范围、报表名称、报送程序、报送日期、报送方式以及受表机关等项内容做进一步详尽阐明外，还要对统计工作的基本指导思想、基本任务，加强管理等行政干预予以明确的陈述，建立起完整的统计制度。1988 年，农牧渔业部第一次颁布了《植保专业统计制度实施办法》。1991 年，农业部颁布了修订后的《植保专业统计制度实施办法》，现在执行的是 2017 年国家统计局批准备案的统计报表。

随着农村经济制度改革和农业生产的发展，以及植物保护工作任务和范围的变化，适时调整专业统计内容，不断修订实施办法，才能使我国植保专业统计工作得到可持续发展。

（三）统计报表表式

统计报表是报表制度的主体，所有统计调查资料必须通过各种报表取得。报表以数据作支撑，为检查计划执行情况、编制发展规划、客观认识事物本质和揭露事物发展规律，进行宏观管理提供分析资料。

统计报表的结构如表 5 - 1 所示，在形式上应简洁清晰，易于了解，是由标题、标目、横行和纵栏、数字资料等部分组成。在内容上是由主词和宾词两部分组成。

表 5 - 1　　XXX 年农业有害生物发生、防治面积及损失情况——总标题

项目	发生面积 （万亩）	防治面积 （万亩）	挽回损失 （吨）	实际损失 （吨）	发生程度	纵标目
甲						
病虫害						数字资料
草害						
鼠害						

（左侧：横标目）

对一些必不可少的调查填报项目，表内有时容纳不了，则可用作补充资料列在统计表的下面，作附记项目进行统计。此外，每张统计报表都应列有表名、表号、制表机关、批准机关、批准文号、备案机关、计量单位、填报单位、报出日期以及报送单位负责人和报表填报人的签署等，以维护报表的严肃性和法定权威性。

（四）填表说明及指标解释

这是保证报表正确填写，提高填报质量不可缺少的组成部分。通过填表说明来统一各级填报单位和填报者对统计报表的统一理解，在不同的层次和地方，都能在同一个尺度范围内完成报表数据的填写，这是正确统计数字的关键前提之一。根据这个原则，植保专业统计报表制度对植保专业所需要统计的主体资料内容、取得资料的方法、统计指标解释、资料计算方法及其他有关具体事项规定都一一作了具体说明。

三、统计报表的资料来源

统计报表是由基层单位直接上报或直接汇总后上报的。所以，统计报表的资料来源，从根本上说，是基层单位的原始记录，或是基层单位分段和年度对原始记录进行整理系统积累的资料表册。

植保专业原始资料的取得，可采取以下几种途径和方法。一种是从下而上逐级统计的方法，如对农业部门农药和药械的使用量、植物检疫情况、植保系统人员情况、农作物病虫害专业化统防统治情况等资料的取得。另一种是借用有关部门的统计资料，如对农药中毒情况资料的取得，可借助属地卫生防疫站提供的资料。再一种则需要采取普查或典型调查取得，如农作物病虫发生防治情况、植物检疫性有害生物和新的危险性病虫草发生、防治情况都必须采取这种方法取得。在大多数情况下，多数地方对这类资料一般都采用经验估测的办法进行。为克服经验估计带来的误差，提高统计科学性，1989 年起农业部全国植物保护总站主持进行植保专业统计抽样调查试验研究，分别于 1989 年、1990 年南宁、昆明全国植保专业统计工作会议上，对县级植保专业统计抽样调查试行办法进行讨论修订。此后，向全国正式颁发。1991 年 11 月农业部在向全国印发的《植保专业统计报表制度》中，对植保统计资料的取得进行了明确规定："……第一手数据资料，除需借用其他部门统计资料外，均需按照《植保专业统计抽样调查试行办法》的要求，在调查分析的基础上取得。要认真执行全国统一的统计指标标准，按照《统计指标解释》的要求填写，没有全国统一标准指标的，按各省、自治区、直辖市制定的标准填写。"

从 2009 年开始，全国农业技术推广服务中心在全国部分地区的粮棉油等主要作物上开展了农作物病虫危害损失评估试验，旨在探索病虫危害损失的评估方法和标准，解决统计人员对综合损失和单项病虫损失计算不清的问题，目前已初见成效。有关主要农作物病虫害危害损失评估方法将在后边的章节中阐述。

四、统计报表的管理

统计报表是统计报表制度的核心，为了保证统计报表制度的切实贯彻执行，必须加强对统计报表的科学管理。第一，要严格统计报表的颁布审批制度，切实遵照《统计法》的有关规定，行使报表的颁布审批权限，防止报表泛滥。第二，要根据形势发展、事业需要，定期对报表进行修订和清理，尽量减轻基层负担，避免重复无效劳动，以保证统计报表制度顺利贯彻执行。第三，要严格执行统计纪律，一切法定报表，各填报单位都应认真按统计报表制度各项规定填报，并经常组织检查评比，表彰先进，总结经验，及时推广；不断帮助统计人员提高思想水平、政策水平、业务水平，帮助基层单位解决报表制度执行过程中的具体问题，使各级填报单位能够全面、准确、及时地报送统计报表。

为逐步完善植保专业统计规章制度，以实现对植保专业统计报表科学化、规范化管理，农业部全国植物保护总站做了大量细致基础性工作。1987 年 3 月在北京召开了由山东、江苏、安徽、湖北、广东、河北、上海、北京等 8 个省份参加的植保专业统计座谈会；1987 年 12 月在银川召开了第一次全国植保专业统计工作会议，对农业部 1981 年颁发的《植保专业统计报表制度》进行了修订，对农作物病虫害发生防治面积等主要统计指标首次作出统一规定，农牧渔业部以（1988）农（农）字第 7 号文件颁布实施。1989—1991 年在全国一些省份开展了县级植保专业统计抽样调查试验研究，制定了抽样调查试行办法。按照国家统计局和农业部要求，结合全国植物保护系统具体情况，1991 年以后对植保专业统计报表进行多次清理，对一些重复和不必要的报表进行了调整，以农业部文件颁布实施。1995 年后成立全国农业技术推广服务中心，对现行报表体系和具体内容也做了进一步修订，经农业农村部市场与信息化司统计处，上报国家统计局批准执行。

第二节　植物保护统计指标体系

一、指标与指标体系的概念

（一）统计指标的概念和作用

统计研究的目的，主要是通过统计指标来说明大量社会经济现象的数量状态及其发展变化的客观规律性。任何一项统计工作的进行都与统计指标密切相关，它反映在统计工作的全部过程中。因此，科学地设计统计指标，运用统计指标，是开展统计工作必不可少的重要问题。

所谓统计指标就是指在一定时间、空间条件下，反映实际存在的社会经济现象总体数量特征的概念和具体数值，它由指标名称和指标数值两部分组成。具体地讲，一个完整的统计指标应包括时间、地点、指标名称、指标数值、计量单位、计算方法等六个要素。例如，我国 2019 年农作物病虫草鼠发生总面积为 600 960.85 万亩次。其中，2019 年是时间，我国是地点，发生面积是指标名称，600 960.85 是指标数值，万亩次是计量单位，病虫草鼠总面积是计算方法，代表病害、虫害、草害、鼠害各种有害生物发生面积之和。

从以上统计指标描述中不难看出，统计指标具有数量性、综合性和具体性三个主要特点。一是统计指标反映的是客观现象的量，都是用数字来表达的，不存在不用数值表现的统计指标，这就是统计指标的数量特点。二是统计指标反映的是某一事物的总体而不是个体，并且所有个体现象的性质又必须是同类的，即它反映着许多性质相同的个体现象数量综合的结果。三是统计指标必然反映的是具有一定的社会经济内容的数量范畴，而不是绝对抽象的数字组合。

统计指标又不同于计划指标，前者是反映实际发生过的社会经济现象的事实，或根据这些发生过的事实数据推算得出的数值，而后者却是用来说明未来发生和将要达到的目标，这些就是统计指标的具体性。

统计指标的作用，体现在两个方面。一是用来表明某一事物发展现状和发展过程，即用具体数值说明事物发展规模、水平、速度、构成和比例关系。例如，我国 2019 年病虫草鼠发生面积为 600 960.85 万亩次，从构成上看，病虫发生面积 419 874.51 万亩次，占 69.86%，草害发生面积 144 915.96 万亩次，占 24.11%，鼠害发生面积 30 659.77 万亩次，占 5.1%。从多年这同一类指标数值的分析比较中，就能找出我国农作物有害生物病虫草鼠发展变化规律。二是因为统计指标是为客观事物提供定量数据的，因此，它能为分析研究事物发展规律提供定量分析来源，从而为宏观决策管理提供可靠的科学保证。

（二）统计指标体系的概念

统计指标体系可解释为若干个统计指标组成的同一个整体。因为任何一种社会经济现象，每一个事物的发展过程，都是一个十分复杂的总体，而它们的内部又都存在着互相依存、相互制约的关系。对于一个统计指标来说，它只能反映这个总体事件中的某一方面，要想得到对这个总体全貌和发展全过程的全面了解，就必须使用一系列互相联系的统计指标，把这些相互联系的统计指标组成一个总体，就叫统计指标体系。它是统计指标之间存在的一种联系，也是同一事物数量之间联系的一种反映。统计指标体系一般由数量指标和质量指标两个方面来构成，一般可通过数字形式表示。例如，粮食总产量＝单位面积产量×播种面积。从这里可以看出，只有用统计指标体系，才能从现象之间各个方面的相互联系上系统全面地反映事物的总体，并对事物总体做出正确的判断。

二、指标与指标体系的设计原则

在设计制定统计指标与统计指标体系时一般应遵守科学性、统一性、可行性和相对稳定性等原则。

1. 科学性原则　统计指标或指标体系是对事物特点数量化的描述，量化的确定必须要建立在对事物"定性"认识的基础上，随着人们对事物的不同认识、不同理解，所设计出的指标内容范围以及计算方法也不同。因此，只有了解和掌握统计对象的特点，才能制定出切合实际的统计指标和指标体系。例如，农作物病虫草鼠防治措施统计指标体系的设计，除了要确定本地区主要作物种类外，还要弄清本地区的病虫防治措施究竟有哪几种，各种防治措施的概念范畴如何，只有弄清了诸如此类的问题，才能制定出比较科学、切合实际的防治措施统计指标体系。

2. 统一性原则　在设计统计指标与指标体系时，应从整体上去考虑统计指标之间的联系性，遵循统一性原则。例如，人们对农作物病虫害年度间发生变化规律的认识，常以统计指标体系分析各种病虫害之间的数量变化关系，这就要求一个指标体系内的若干个指标在计算口径、计算方法、统计的时空范围等都应相对一致。例如，表示不同地区病虫发生程度时，对于发生面积这样一个统计指标，在统计时间和空间要求上不统一，计算方法不一致，就无法研究它们之间的联系，也无法区别不同地区病虫发生轻重程度。

3. 可行性原则　研究一个事物发展过程和规律，所设计的统计指标及指标体系，既必须与揭露认识事物发展规律有联系，便于分析和认识这种事物，又必须符合人们的认识水平。通过努力，按照设计的统计指标及指标体系，能够获得具体数值，否则，建立的指标及指标体系只是一种不切实际的空想。

4. 相对稳定性原则　统计指标及指标体系的建立，是给予人们研究某种事物发展规律带来定量分析的前提，因此必须保持相对的稳定性，决不能朝令夕改，以致失去统计工作的意义。但是，随着生产的发展，科学技术的不断进步，对研究对象要求的提高等，对统计指标及指标体系做出适当的调整与改进，使之不断完善并向高级发展，也是允许的。

三、指标与指标体系的分类

（一）统计指标的分类

（1）根据统计指标反映的社会经济内容不同，可分为数量指标和质量指标两种。

① 凡是用于反映总体绝对数量的指标，直接表明现象规模的大小或多少的指标，称为数量指标。如工农业生产总值、全年病虫草鼠发生面积、全年农药使用数量等，这些反映的都是事物绝对数，并要求具有实物量的计量单位，如"元""亩""吨"等。

② 凡是用于反映现象所达到的平均水平和相对水平，表明现象的发展程度和相互关系的指标，就叫质量指标。如劳动生产率、粮食平均亩产、绿色防控覆盖率等。可见质量指标的表现形式都为平均数和相对数。

（2）根据统计指标的作用和表现形式不同，可分为总量指标、相对指标和平均指标三种。

① 总量指标的概念与作用。总量指标是反映社会经济现象的总规模、总水平或工作总量的统计指标，其表现形式为绝对数值。但它又不是一般的绝对数值，而是一种社会经济现象在具体时间、地点条件下的总量，具有明确的社会经济内容。因此，正确计算总量指标绝不是简单相加的技术问题，必须建立在全面分析研究社会经济现象的质与量的辩证关系基础上，准确规定指标含义，然后才能进行计算。例如，计算农业总产值，必须划清农业的范围和正确处理农产品价值互相转换的问题。计算农作物病虫防治经济效益，同样必须弄清防治对象和范围，以及在生产过程中各种因素的互相关系、相互影响等问题。

总量指标的作用。总量指标归根结底是社会经济各方面最具体、最实际的客观数量的反映，是制定和检验政策、编制和检查计划的依据，又是计算相对指标和平均指标的基础。为了保证相对指标和平均指标的准确无误，总量指标的计算必须符合科学要求。要保持总量指标计算单位的一致性，在计量单位不同时，必须换算为同一计量单位后，才能进行汇总和分析。

② 相对指标的概念与作用。相对指标是社会经济现象中两个相互联系指标的比率，用来表明这些现象和过程的数量对比关系。相对指标的存在，不仅可以使人们一目了然并十分清楚地掌握社会经济现象和过程的相对水平以及普遍程度，而且还能使一些不能直接对比的统计指标，找到共同比较的基础。例如，对一些不同类型企业生产水平的衡量，由于产品不同，各项条件不同，是不可能直接进行对比的。但如果都以计划指标为依据，计算各企业的计划完成情况的相对指标，就可以进行分析对比了。相对指标的数值可以是无名数，也可以是名数。无名数多以系数、倍数、成数、百分数和千分数表示。在进行若干个数字对比时，当分子数值相对于分母数值较大时，则采用倍数来表示，当对比分子数值比分母数值小得多的时候，则宜用千分数表示。名数主要用于表示强度相对指标，它是将

相对指标中的分子与分母指标数值的计量单位同时使用，以表明事物的强度、密度和普遍程度，如农田用药水平一般用克/亩表示。

相对指标由于研究的目的和任务不同，对比的基础不同，可分为计划完成相对指标、结构相对指标、比例相对指标、强度相对指标、动态相对指标五种。

相对指标的作用。利用相对指标对事物进行分析，是对客观事物之间的相互联系进行各种比较研究。因此，它为分析认识事物提供了科学的方法。

具体作用之一，是可用作表示计划完成的进程，其计算基本公式为：

$$计划完成指标=\frac{实际完成数}{计划数}\times100\%$$

作用二，是可用来表示事物的构成，如表 5-2，其计算基本公式为：

$$结构指标=\frac{部分总量指标}{总体总量指标}\times100\%$$

表 5-2　2019 年我国农药使用构成情况

农药类型	折百数量（吨）	比重（%）
杀虫剂	70 784.40	26.94
杀菌剂	68 672.13	26.14
除草剂	108 568.65	41.32
杀鼠剂	56.04	0.04
植物生长调节剂	2 856.28	1.08
杀螨剂	11 767.77	4.48
合计	262 705.28	100

作用之三，是可通过动态相对指标的分析，来研究事物发展的动态，这种动态指标在统计分析中应用相当广泛。其计算基本公式为：

$$动态指标=\frac{报告期指标}{基期指标}\times100\%$$

例如，我国 2019 年病虫草鼠发生面积为 600 960.85 万亩次，2009 年为 727 749.11 万亩次，应用这个公式计算值为 82.58%，表明 2019 年病虫草鼠发生面积比 2009 年减少126 788.26 万亩次，10 年间减少了 17.42%。

作用之四，是可用来表明社会经济现象的强度和密度，其计算基本公式为：

$$强度指标=\frac{某一总量指标}{另一有联系而性质不同的总量指标值}\times100\%$$

例如，我国 2019 年病虫草鼠防治面积为 600 960.85 万亩次，拥有各种施药器具 8 951万台（架），用上述公式计算值为 67.13 亩/架。表明 2019 年我国每架施药机具要承担67.13 亩防治任务。

作用之五，是可用作同类现象间的比较，通过这类比较可以了解各种社会经济现象在各地区的差异，一般用倍数或百分数来表示，其计算公式为：

$$类比指标=\frac{甲地区（部门、单位）某一指标值}{乙地区（部门、单位）同类指标值}\times100\%$$

③ 平均指标的概念和作用。平均指标即为平均数，它反映了被研究的同质现象的总

体在一定时间、地点条件下的一般水平。其主要特征是把被研究总体某一数量标志值在总体各单位之间的差异抽象化了，既舍弃了总体的差异性，又反映了隐藏在总体事物中的每一个别单位的共同性，因而具有对总体事物的充分代表性。

平均指标又称平均数，在统计研究中应用较为广泛，主要用于对事物的对比分析、反映现象变化趋势、为制定定额提供依据、推算其他有关指标数值等方面。

利用平均指标在不同地区进行对比分析，用以反映其现象的差别程度。例如，比较两个地区的农药使用水平，仅用两个地区的农药使用总量进行对比，是不能确切地说明问题的，因为农药使用总量是受病虫发生种类、代次、程度、面积等多种因素影响。因此，单用农药使用总量来比较，就难以对两个地区的农药使用水平作出正确的判断。如果用两个地区的每亩平均农药用量进行比较，就可以对两个地区农药使用水平高低作出正确评定。

利用平均指标在时间上进行对比，就能反映某种现象的发展变化趋势。例如，某地20世纪50年代平均每年病虫发生面积为100万亩次，60年代平均每年发生150万亩次，70年代平均每年发生170万亩次，80年代平均每年发生200万亩次。由此可见，该地区病虫发生面积由50年代的100万亩次，发展到80年代的200万亩次，说明该地区病虫害在各种因素综合影响下，呈现了逐年加重的趋势。

此外，劳动定额的制定需要利用平均指标。例如，在农作物病虫害承包防治中，实行岗位责任制，需要一个统一的标准和要求，这就是定额标准，如防治面积定额，农药、汽油原材料消耗定额，收费标准定额等，都必须利用平均指标并结合其他条件制定出来。利用平均指标推算其他有关指标数值，例如，用粮食平均每亩产量推算粮食总产量，用农药平均每亩用量推算全年农药使用总量等。

（二）统计指标体系的分类

统计指标体系按其说明的问题不同，分为基本统计指标体系和专题统计指标体系两大类，植保统计指标体系属于专题统计指标体系。

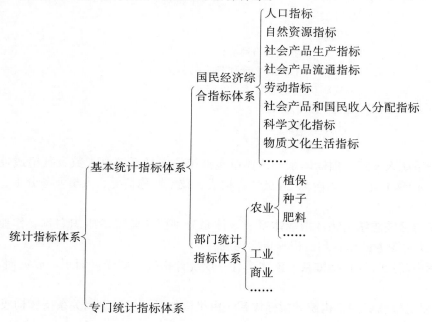

四、植物保护统计指标体系及统计指标

植物保护统计是农业统计工作的一个重要组成部分，其统计指标体系的分类应隶属于整个农业部门统计指标体系的范畴。根据植物保护工作范围及工作性质，制定了一系列符合植物保护工作特点的统计指标体系及其组成指标。目前，我国制定的植物保护统计指标体系大致有以下 10 种。

1. 主要农作物病虫草鼠发生防治统计指标体系　该体系包括的统计对象有粮、棉、油、果、菜、茶、其他粮食作物、其他经济作物八大类共近 400 种病虫害及农田草害、鼠害和螺害。由发生面积、防治面积、挽回损失、实际损失、发生程度等五项指标构成。

2. 农作物病虫主要防治措施统计指标体系　该体系以水稻、小麦、玉米、大豆、棉花、油菜、花生、蔬菜、果树等作物为对象，由作物播种面积、化学防治面积、生物防治面积、物理防治面积等主要统计指标构成。

3. 农药统计指标体系　该统计体系以目前国内普遍使用的杀菌剂、杀虫剂、杀鼠剂、生物农药为统计对象，由农业部门使用的农药商品量和折百量统计指标构成。

4. 植保机械统计指标体系　该项统计指标体系按手动施药药械、背负式机动药械、担架式机动药械、手持电动药械、拖拉机悬挂牵引式药械，分别统计年底社会保有量及所承担的作业面积。

5. 农药中毒指标体系　该统计体系分别由生产性中毒人数、非生产性中毒人数、生产性死亡人数、非生产性死亡人数四项统计指标构成。

6. 植物检疫统计指标体系　该项统计指标体系分别是全国检疫对象情况和植物检疫工作情况，由以下若干统计指标构成。

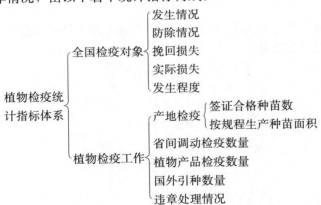

7. 植物保护系统人员统计指标体系　该体系包括植物保护系统总人数及其组成性质（分为技术干部、行政干部、工人等）、人员学历构成、技术职称情况、人员业务分工、技术培训情况等。

8. 农作物病虫害统防统治统计指标体系　该体系分别由统防统治组织名称、作业能力、从业人员、承包服务的作物和面积等指标构成。

9. 农作物病虫成灾统计指标体系　该体系有三项统计指标，即受灾面积、成灾面积、绝收面积。

10. 县及县以上植物保护机构统计指标体系　由机构数量、机构隶属关系指标构成。

第六章
农作物有害生物发生危害统计

第一节　基本概念

一、定　义

在农作物生长发育和储藏过程中，常常遭受害虫、病菌、杂草、害鼠等的危害，农田杂草，也与农作物争夺阳光、水分和养料。这些致使农作物不能正常生长发育、减少产量、降低品质，甚至造成作物死亡的生物，我们称作农作物有害生物。

对农作物有害生物的分布范围、发生面积、发生程度、危害损失及防治面积、挽回损失等方面的调查统计，称作农作物有害生物发生危害统计。

二、任　务

农作物有害生物统计工作的任务，一方面是按照规定的统计要求，切实搞好有害生物的发生危害损失、防治及其防治后挽回损失、实际损失等方面的调查统计工作，更重要的是在掌握上述统计资料的基础上，为分析病、虫、草、鼠害的演替规律，预测今后发生趋势，为制定防治规划和综合防治决策提供科学依据。

三、有害生物统计种类

农作物有害生物种类繁多，为便于工作，将有害生物分为农作物病虫、杂草、害鼠、农田螺害四大类进行统计。

1. 农作物病虫害　各种农作物上均会发生多种病虫，全国危害农作物的有害生物多达 1 600 多种，其中病害 700 多种，虫害 700 多种。但是，有些病虫并非都会造成明显的经济损失，有些害虫不但危害轻，甚至还是繁殖自然天敌的食物，造成经济损失的只是部分主要病虫。有些次要病虫可以通过防治主要病虫而得到兼治。因此，统计的对象应当是农作物上分布范围广、发生面积大、危害损失重的病虫。一个地区某种作物病虫的优势种类随着耕作制度的变化而演变，病虫的统计种类也有了一定变化，我们在最新核定的病虫统计种类中做了相应的调整或增加。

目前，在新核定的全国及地方性纳入统计范围的病虫（除检疫对象除外）共 327 种，其中水稻病虫 28 种，麦类病虫 21 种，玉米病虫 29 种，大豆病虫 15 种，马铃薯病虫 14 种，其他粮食作物病虫 13 种，棉花病虫 18 种，油料作物（油菜、花生等）病虫 22 种，果树病虫 73 种，蔬菜病虫 48 种，其他经济作物（甜菜、烟草、甘蔗、茶等）31 种，飞蝗 3 种，杂食性害虫 12 种。

由于各地的地理位置、气候环境、作物种类不同，病虫种类、优势种种群数量和危害程度也有明显差异，各省（自治区、直辖市）局部发生的区域性重要病虫也应作为各自的统计对象加以统计。

2. 农田草害　由于一种作物田内多种杂草混生共同影响作物的生长发育，因此，不分草种而按作物种类分别统计。目前核定在 14 个作物上统计草害。

3. 农田鼠害　害鼠在滋生地活动范围大，并且可能同时危害多种作物，所以对农田害鼠的统计，不分鼠种，不分作物，而按行政区进行统计。

4. 农田螺害　目前只统计危害农作物的福寿螺和蜗牛。

第二节　农作物有害生物发生危害统计方法

一、抽　样

对有害生物统计原始资料（数量特征信息）的取得，过去常用经验估测的办法，存在较大误差，且易掺杂人为因素，科学性差，故不宜再用。但又不可能对所有作物田块进行全面调查，所以只能根据有害生物的分布特点，采用适宜的取样方法，从研究的总体中抽取一定数量的个体（样本量），以所得的结果来估计总体的结果。抽取样本的科学方法是有害生物统计的基础，正确的取样方法应该使总体内每一个体被抽取为样本的机会相等。为了使抽取的样本能更好地代表总体，根据有害生物统计任务及其特殊性，在抽样方法上可采用分段抽样与随机取样相结合的方法，即以县作为研究的总体，根据影响有害生物发生的生态因素划分不同类型的抽样调查区，每个调查区再选定 20% 有代表性的乡作为样点乡，每个样点乡再选定若干片，每片随机抽样调查不同类型田（如早、中、晚播田，或长势 1、2、3 类田），在每一田块中根据有害生物空间分布格局，采用棋盘式、对角线 5 点式、平行线跳跃式，或 Z 形选点取样调查。

在取样调查中确定取样方法后，还需进一步确定样本调查量，才能保证所获得平均数（或百分率）符合预定的允许误差范围。可从置信范围统计中得到比较准确的估计。抽取的样本量和允许的准确度之间的关系可用以下公式表达。

如用平均数表示为：

$$n = \frac{t^2 S^2}{(\bar{x} - \mu)^2} \tag{1}$$

如果以百分率表示为：

$$n = \frac{P(1-P)t^2}{(P-\pi)^2} \tag{2}$$

式中，t 值从"t"值表中查得；自由度＝∞，$P=0.05$ 时，$t=1.96$；$P=0.01$ 时，t

＝2.58；标准差 S 为正式调查前在预备调查中实际查得的；μ 为总体平均数（期望值）；π 为总体百分率；$(\bar{x}-\mu)$ 或 $(P-\pi)$ 是允许误差（即 $\bar{x}$ 或 P 偏离 μ 或 π 的差数），是调查前根据需要预先定的。

例：调查小地老虎幼虫的虫口密度，预先调查 336 米^2，平均每平方米幼虫 4.77 头，$S=2.54$ 头，要求允许误差不超过 1 头/米^2，并以 95％的可靠度保证其误差范围，需取多少点为宜？

查 t 表：$t=1.96$，代入公式（1）得：

$$n=\frac{(1.96)^2 \times (2.54)^2}{12}=3.84 \times 6.45=24.8$$

即取 25 米^2 所得 $\bar{x}$ 与实际总体 μ 之间相差有 95％的把握，每平方米不超过 1 头。

例：预先调查三化螟白穗率，用双直线平行跳跃取样，全田抽查 200 穴，共查 1 350 株，平均白穗率 1.2％，允许误差不超过 0.5％，并有 99％可靠度，需取多少株水稻？

查 t 表，$P=0.01$ 时，$t=2.58$，代入公式（2）得：

$$n=\frac{0.012 \times 0.988 \times (2.58)^2}{(0.005)^2}=3\,156\ （株）$$

即需要取样 3 156 株才能达到预定的要求。

二、调查资料的统计分析

田间抽样调查在于获得信息（样本数据资料），而数据的统计分析则在于辨识信息。因此，研究由样本观察值经过计算分析得到的样本特征数（统计量）与总体参数的关系，进而由样本作出对总体的推断，就成为统计分析的中心任务。样本特征数可分为两大类，即反应数据集中程度的特征数——平均数和反应数据变异程度的特征数——变异数。

1. 平均数　是一个重要的数量指标，是数据资料的集中性代表值，可以表示资料中各变量的中心位置，并可作为一组资料与另一组资料相差比较的代表值。常用的平均数有算术平均数、中位数、众数、几何平均数、调和平均数（倒数平均数）、平均拥挤度等，但常用的是算术平均数（$\bar{x}$），它服从于正态分布。计算公式为：

$$\bar{x}=\frac{x_1+x_2+x_3+\cdots+x_n}{n}=\frac{1}{n}\sum_{i=1}^{n}x_i \qquad (3)$$

如果所调查的几个数值都代表有不同程度的比重时，统计学上称这个比重为权，在计算平均数时应采用加权法。其计算公式为：

$$\bar{x}=\frac{f_1x_1+f_2x_2+f_3x_3+\cdots+f_nx_n}{f_1+f_2+f_3+\cdots f_n}=\frac{\sum_{i=1}^{n}f_ix_i}{\sum_{i=1}^{n}f_i}=\frac{1}{n}\sum_{i=1}^{n}f_ix_i \qquad (4)$$

式中，f_i 代表权数，在频数分布表中为各组的频数（观察值出现次数）；x_i 为观察值，在频数分布表中表示各组的组中值；$n=\sum_{i=1}^{n}f_i$ 为权数总和，在频数分布表中表示总频数（总次数）。

2. 变异数　是表示样本平均数（$\bar{x}$）变异程度的特征数，常用的有方差、标准差、变异系数。

（1）方差。是表示样本平均数（$\overline{x}$）变异量大小的特征数。（$x_i - \overline{x}$）为离均差，将各离均差平方即消除了负号又加重较大离均差的分量，借以增加度量变异度的灵敏性，各离均差平方值之和叫平方和，即 $SS = \sum (x_i - \overline{x})^2$，用样本数除平方和得到平均平方和，简称均方或方差。其公式为：

$$S^2 = \frac{(x_1 - \overline{x})^2 + (x_2 - \overline{x})^2 + \cdots + (x_n - \overline{x})^2}{n} = \frac{\sum\limits_{i=1}^{n} (x_i - \overline{x})^2}{n} \tag{5}$$

在大样本（$n > 30$）的情况下，可以说 S^2 是相应总体方差 σ^2 的无偏估计值。

$\sigma^2 = \dfrac{\sum\limits_{i=1}^{n} (x_i - \mu)^2}{N}$，即 $S^2 = \sigma^2$；但当所抽取样本为小样本（$n \geqslant 30$）时，样本方差与总体方差有较大的偏离，即 $S^2 < \sigma^2$，但这种差异随着 n 增大而减少，其关系为：

$S^2 = \dfrac{n-1}{n}\sigma^2$，则 $\sigma^2 = \dfrac{n}{n-1}S^2$，把 "$\dfrac{n}{n-1}S^2$" 称修正样本方差，以 S^{2*} 表示，其公式为：

$$S^{2*} = \frac{n}{n-1}S^2 = \frac{n}{n-1} \cdot \frac{\sum\limits_{i=1}^{n} (x_i - \overline{x})^2}{n} = \frac{\sum\limits_{i=1}^{n} (x_i - \overline{x})^2}{n-1} \tag{6}$$

所以 S^{2*} 才是总体方差 σ^2 的无偏估计值。上述公式计算比较复杂，可简化为：

$$S^{2*} = \frac{\sum x_i^2 - \dfrac{(\sum x_i)^2}{n}}{n-1} （大样本直接除以 n） \tag{7}$$

（2）标准差。就是方差的平方根，用以表示资料的变异程度，其单位与观察值的度量单位相同，定义公式为：

$$大样本：S = \sqrt{\frac{\sum\limits_{i=1}^{n} (x_i - \overline{x})^2}{n}} \tag{8}$$

$$小样本：S^* = \sqrt{\frac{\sum\limits_{i=1}^{n} (x_i - \overline{x})^2}{n-1}} \tag{9}$$

上式计算较复杂，其计算公式可简化为：

$$S = \sqrt{\frac{\sum x_i^2 - \dfrac{(\sum x_i)^2}{n}}{n}} \tag{10}$$

* 若为小样本，则 S^* 用 $(n-1)$ 除。

如果样本平均数是用加权法计算，标准差也应用加权法计算，公式为：

$$S = \sqrt{\frac{\sum f_i x_i^2 - \dfrac{(\sum f_i x_i)^2}{n}}{n}} \tag{11}$$

* 若为小样本，则 S^* 用 $(n-1)$ 除。

（3）变异系数。是一个无量纲的比率，便于样本间的相互比较，它是样本标准差（S）和平均数（$\bar{x}$）的百分数，以 CV 表示，即：

$$CV=\frac{S}{X}\times 100\% \tag{12}$$

3. 参数估计　是研究如何根据样本统计量估计总体参数的问题。

（1）点估计。是以样本统计量作为相应总体参数的估计值的问题。已证明，样本平均数（$\bar{x}$）是总体期望值 μ（总体平均数）的无偏估计量，前面已证明大样本方差 S^2 和小样本修正方差 S^{2*} 是总体方差 σ^2 的无偏估计量。

（2）参数的区间估计（平均数的置信限）。样本平均数（$\bar{x}$）是一个随机变量，往往受抽样误差的影响，其取值总是围绕着总体待估参数值（μ）摆动，因此点估计不免有偏差，所以总体待估参数的取值应是一个可以变化的区间，并给一定概率（95%～99%）以保证其可靠程度。就是说，区间估计就是在一定概率保证下，由样本统计量估计总体参数可能存在的范围。这个范围叫"置信区间"；给出的概率 $P=1-\alpha$ 叫置信水平，置信区间以外的概率（α）为显著水平。当 α 取 5%，置信概率为 95%，以 $\mu=0.95$ 表示。

平均数标准差 $S_{\bar{x}}=\sqrt{\dfrac{\sum(\bar{x}-\mu)^2}{n}}$，$S_{\bar{x}}$ 和 S 的关系为 $S_{\bar{x}}=\sqrt{\dfrac{(S)^2}{n}}=\dfrac{S}{\sqrt{n}}=$

$\sqrt{\dfrac{\sum(x-\bar{x})^2}{n(n-1)}}$。

当自由度 $=\infty$，$P=0.05$ 时，$t=1.96$；$P=0.01$ 时，$t=2.58$。

由 $t=\dfrac{|\bar{x}-\mu|}{\dfrac{S}{\sqrt{n}}}$ 式移项得：$\mu=\bar{x}\pm t\dfrac{S}{\sqrt{n}}$

当 α 取 5%，$\mu=0.95$；α 取 1%，$\mu=0.99$ 时，μ 的置信区间可表示为：

$$P\left(\bar{x}-1.96\,\frac{S}{\sqrt{n}}<\mu<\bar{x}+1.96\,\frac{S}{\sqrt{n}}\right)=95\%$$

$$P\left(\bar{x}-2.58\,\frac{S}{\sqrt{n}}<\mu<\bar{x}+2.58\,\frac{S}{\sqrt{n}}\right)=99\%$$

例：在麦田对角线五点随机抽取小麦 100 株，调查麦蚜虫口密度，平均每株有虫 20 头，$S=5$，求 $\mu=0.95$ 时，该麦田麦蚜总体（μ）虫口密度的置信区间。

解：将大样本 $n=100$，$\bar{x}=20$，$S=5$，$\alpha=0.05$，代入公式：

$20-1.96\times\dfrac{5}{\sqrt{100}}<\mu<20+1.96\times\dfrac{5}{\sqrt{100}}$

$20-0.98<\mu<20+0.98$

$19.02<\mu<20.98$

答：麦蚜的总体平均虫口密度（μ）为 19.02～20.98，其可靠程度为 95%。

或：$20-2.58\times\dfrac{5}{\sqrt{100}}<\mu<20+2.58\times\dfrac{5}{\sqrt{100}}$

$20-1.29<\mu<20+1.29$

$18.71<\mu<21.29$

即麦蚜的总体平均虫口密度（μ）为18.01～21.29，其可靠程度为99％。

4. 可靠性分析（t 测验）　t 检验是经运算求得 t 值来判断样本平均数代表总体参数（μ）的可靠程度的一种方法。计算 t 值公式为：

$$t=\frac{|\bar{x}-\mu|}{S_{\bar{x}}} \tag{13}$$

式中，$|\bar{x}-\mu|$ 为样本平均数与总体参数的绝对差值，$|\bar{x}-\mu|$ 除以（平均数标准差）就转换为差值与样本平均数本身误差的相对比值——t 值。当差值大误差小时，则 t 值大，表示 $\bar{x}$ 与 μ 之间差异大，$\bar{x}$ 值可靠性小。经过 t 值与其相应的概率 P（在这里 P 指 $\bar{x}$ 与 μ 之间相等的可能性）之间关系的研究认为：当样本容量 $n>120$，实际算得的 $t\geqslant1.96$，$P\leqslant0.05$ 时，可解释为 $\bar{x}$ 与 μ 之间相同的可能性在 5％ 以下，认为 $\bar{x}$ 与 μ 之间差异显著，$\bar{x}$ 不可靠，不能代表 μ；当 $t\geqslant2.58$，$P\leqslant0.01$ 时，则两者差异极显著，$\bar{x}$ 极不可靠。根据在不同自由度（$n-1$）下与 t 和 P 的关系，制成了 t 值表，在实际应用时，计算实际所得 t 值再按自由度查出相对应的概率值（P），按可靠性（差异显著性）标准进行比较判断即可。

即：

$P\leqslant0.05$（5％）差异显著，记 *（或不可靠）

$P\leqslant0.01$（1％）差异极显著，记 *＊（极不可靠）

$P>0.05$（5％）差异不显著（或可靠）

例：在棉田内调查一代棉铃虫卵量，全田平均百株卵量（μ）为16.2粒，为嵌纹分布型，试比较下列两调查方法的可靠性。①先用分行抽条取样 100 株，得百株平均（$\bar{x}$）卵量 21 粒，$S_{\bar{x}}$ 为 6.3；②用双行直线跳跃取样法取样 100 株，百株 $\bar{x}$ 为 6 粒，$S_{\bar{x}}=2.3$。

解①：$t=\dfrac{|\bar{x}-\mu|}{S_{\bar{x}}}=\dfrac{|21-16.2|}{6.3}=\dfrac{4.8}{6.3}=0.76$

查 t 值表：$df=n-1=100-1=99$（表中无 99，用 100 代替），$t_{0.05}=1.982$，$t_{0.01}=2.575$，因 $t_{0.76}<t_{1.98}$；表明 P（0.05 以上）$>P_{0.05}>P_{0.01}$，差异不显著，此取样方法所得的百株平均卵量可信。

解②：$t=\dfrac{|\bar{x}-\mu|}{S_{\bar{x}}}=\dfrac{|6-16.2|}{2.3}=\dfrac{10.2}{2.3}=4.4$

查 t 值表：$t=4.4$，其概率 $P<0.001$，差异极显著，此法所得结果极不可靠，不能采用这种取样方法。

第三节　发生面积统计

一、发生面积的定义

农作物病虫的发生面积是指通过各类有代表性田块的抽样调查，病虫发生程度达到防治指标的面积。达不到防治指标的田块不统计发生面积，尚未确定防治指标的，按应治面积统计发生面积。按照目前测报工作的要求和各基层植保部门的统计习惯，病虫的发生面积也可按目前的病虫分级标准分级别依次统计，即1~2级发生也可统计在内。

对发生多代（次）有害生物的发生面积要按代次分别统计，如危害玉米的玉米螟在北方一、二、三代次发生明显，要按代次分别统计。一种病虫危害多种作物（如黏虫分别为害玉米、谷子、高粱等）或一种作物同时发生多种有害生物时，要按作物和病虫种类分别统计。

检疫性有害生物的发生面积与一般有害生物的含义不同，是指经调查有检疫性有害生物发生的实际面积，即见虫见病的面积。并应通过田间调查，按以下标准统计不同发生程度的发生面积，其中病害发生面积按病株率计算，0.1%以下为零星发生，0.1%~1%为轻发生，1%以上为重发生。虫害以田间被害株率计算，标准同病害。

农田杂草，不分杂草种类，按作物统计，其发生面积是指达到2级以上的面积。

农田害鼠，不分作物，不分害鼠种类，按行政区划统计达到防治指标的面积即为发生面积。

二、防治指标

（一）防治指标定义

防治指标是判定有害生物是否需要防治的一个参数，即有害生物种群数量（或被害株率，病情指数）增长到造成经济损害引起的损失相当于实际防治费用，而需采取防治措施时的临界值，也叫经济阈值。即当人们预测到一场生物灾害的发生水平将要超过经济损害水平时，应该在防治适期内找到某一时期，有害生物的发生达到了某一种临界值，对此必须采取某种控制措施，防止有害生物种群密度增加而达到经济损害水平，它是控制开始时的种群密度，是防治行动的指标。不同病虫的防治适期其防治指标也不同。

（二）防治指标的确定

拟定防治指标，应在确定防治适期的前提下，根据有害生物发生危害规律，以及经济允许损失的要求来确定，可以考虑为：确定经济允许水平；确定防治适期；掌握有害生物发生消长规律，特别是发生期的长短和天敌主要作用于寄主的发育阶段等，进行综合统计分析，确定防治指标。

（三）有害生物综合防治指标

各种有害生物的防治指标不同，即使是同一种有害生物，在不同的防治适期及农作物不同产量水平情况下，其防治指标也不一样。例如，山东省小麦蚜虫穗期防治指标百穗蚜量为500头，即为防治指标。一代黏虫一类田防治指标为25头/米^2，二类田为15头/米^2。二代黏虫防治指标麦田30头/米^2，玉米田10头/百株。当这些病虫害同时发生时，就需要一个综合防治指标指导防治，但目前还没有综合防治指标。全国或各省份植保部门应根据科研部门的最新研究结果，确定在各种病虫害同时发生的情况下的综合防治指标体系，指导病虫防治工作。

具体的病虫害防治指标的定义和确定，请参照相应的病虫测报防治国家和行业标准。

三、发生面积统计方法

根据抽样调查结果，首先计算各类型田块达到防治指标的地块数及占各类型调查地块的百分比，然后以各类型代表面积及达到防治指标地块所占比例，采用加权平均法求得某一单项病虫发生面积的比例，并以此百分比乘以受害作物种植面积即为某单项病虫发生面积。

例如：临沂市种植小麦 90 万亩，3 月 22—25 日在有代表性的 5 个乡镇抽样调查麦蜘蛛发生情况，结果整理见表 6-1。

表 6-1　麦蜘蛛抽样调查整理表

地块类型	调查地块数	代表面积（亩）	达到防治指标		发生面积（亩）	发生程度（级）
			地块数	%		
一	15	75	4	26.67	20	2
二	10	35	3	30.00	10.5	3
三	5	15	3	60.00	9	4
合计（平均）	30	125	10	(31.60)	39.5	2.72

采用加权平均法计算发生面积所占百分比：

$$M = \frac{\sum_{i=1}^{n}(Ai \cdot Ci)}{\sum_{i=1}^{n}Ai} \times 100\%$$

Ai 表示各调查类型田的代表面积，Ci 表示达到防治指标地块占调查地块的百分比。

$$M = \frac{75 \times 26.7 + 35 \times 30.00 + 15 \times 60.00}{75 + 35 + 15} \times 100\% = 31.60\%$$

麦蜘蛛发生面积 = 90 × 31.60% = 28.44（万亩）

以作物为单位的多种病虫害发生面积的统计，即为该作物逐个单项病虫发生面积的累加。

四、受灾成灾绝收面积统计方法

由于病虫草鼠等有害生物的危害，致使农作物受害而造成的灾害。统计有害生物灾害发生程度，也是评估当年农作物遭受生物灾害危害严重性的重要指标。

生物灾害统计主要以统计灾害发生面积为主，主要为三类，即受灾面积、成灾面积和绝收面积。

1. 受灾面积　农作物遭受病虫草鼠的一般危害，使其产量减少一成以上（含一成）的面积，其中包括成灾面积和绝收面积。

2. 成灾面积　农作物遭受病虫草鼠明显危害，使其产量减少三成以上（含三成）的面积。成灾面积包括绝收面积。

3. 绝收面积 农作物遭受病虫草鼠严重危害，使其产量减少八成以上（含八成）的面积。

在统计时，以作物为单位，按不同作物种类分别统计，主要的灾害情况要加以文字备注说明。

第四节 发生程度统计

本节为《植物保护统计手册》中的内容，基于同类作物不同病虫相同发生级别的危害损失率相同，否认了不同病虫危害损失的差异性，且认为病虫自然危害损失率与发生级别的关系为线性关系，夸大了病虫低发生级别时的危害损失率，病虫综合危害发生级别的计算和危害损失的测算也存在问题，改进的方法详见第七章。

一、发生程度定义

在对有害生物防治之前，以自然情况下发生的轻重称作发生程度（通常用各种指标，如虫口密度、发病率或病虫指数等划分为若干等级，来表示其发生的轻重）。

按照全国统一的五级分级方法统计。1级为轻发生，2级为偏轻发生，3级为中等发生，4级为偏重发生，5级为大发生。每级发生程度的标准，有全国统一标准的按全国标准统计，无全国统一标准的，按照各省（自治区、直辖市）制定的省级标准统计。如山东省麦蚜的分级标准如下：百穗蚜量达500～625头为1级，626～1 250头为2级，1 251～1 875头为3级，1 876～2 500头为4级，大于2 500头为5级。病虫发生程度的分级标准，应该以该病虫在自然发生情况下的危害损失率为基础，再折算成防治前可以取得的直观的病虫密度等指标。

二、发生程度计算方法

病虫发生程度的计算方法分为单项病虫的计算方法和以作物为单位综合发生程度的计算方法。

（一）单项病虫发生程度

虫害的发生程度，根据防治前的调查，确定该虫害的发生程度。病害的发生程度，根据病害稳定期自然不防治田块的调查，确定该病害不防治情况下的自然发生程度。其单项病虫发生程度的统计方法如下。

根据抽样调查结果：计算各类型田达到防治指标地块所占比例，并以此比例乘以代表面积，在求得各类型田发生面积的基础上，采用加权平均法计算单项病虫平均发生程度，如下所示。

如上例麦蜘蛛发生程度为：

$$N = \frac{20 \times 2 + 10.5 \times 3 + 9 \times 4}{39.5} = 2.72 \text{（级）}$$

（二）病虫综合发生程度的统计方法

农作物病虫害发生程度，过去往往以单一病虫害进行统计，缺乏以作物为单位的多种病虫害发生程度的综合指标，因而很难测定农作物病虫危害所造成的减产损失。为此，近几年山东省植物保护站开展了这方面的研究。根据山东研究的计算方法有两种，一是模糊向量综合法，二是加权平均法。

1. 模糊向量综合法（FOZZY）　其公式为：

$$N = \sum_{i=1}^{n} (x_i \cdot C) = x_1 \cdot C + x_2 \cdot C + \cdots + km \cdot C \qquad (14)$$

式中：x_i 为各种病虫发生面积占受害作物种植面积的百分比，归一化后组成模糊向量；C 表示与 x_1 相对应的级别，由于 $\sum_{i=1}^{n} x_i \equiv 1$，如各项病虫发生程度均为 5 级，那么必然 $N = 5$，因此可作为确定综合指标的一种方法。

例如：临沂市 1990 年小麦种植面积为 94.51 万亩，主要病虫发生面积和程度依次为：叶锈病（x_1）4.5 万亩，2 级；白粉病（x_2）57.27 万亩，3 级；纹枯病（x_3）3.20 万亩，1 级；麦蚜（x_4）18.80 万亩，3 级；麦蜘蛛（x_5）14.93 万亩，3 级；地下害虫（x_6）4.0 万亩，2 级；其他害虫（x_7）3.0 万亩，1 级。

先求出模糊向量 $\underset{\sim}{x}$：即计算每种病虫发生面积与小麦种植面积的比值。

$$\underset{\sim}{x} = \left(\frac{4.5}{94.51} \quad \frac{57.27}{94.51} \quad \frac{3.2}{94.51} \quad \frac{18.8}{94.51} \quad \frac{14.93}{94.51} \quad \frac{4.0}{94.51} \quad \frac{3.0}{94.51} \right)$$

$$= (0.05 \quad 0.61 \quad 0.03 \quad 0.20 \quad 0.16 \quad 0.04 \quad 0.03)$$

模糊向量的总和为：$0.05 + 0.61 + 0.03 + 0.20 + 0.16 + 0.04 + 0.03 = 1.12$

归一化处理后：$\frac{0.05}{1.12} \quad \frac{0.61}{1.12} \quad \frac{0.03}{1.12} \quad \frac{0.20}{1.12} \quad \frac{0.16}{1.12} \quad \frac{0.04}{1.12} \quad \frac{0.03}{1.12}$

$$\underset{\sim}{x} = (0.04 \quad 0.54 \quad 0.03 \quad 0.18 \quad 0.14 \quad 0.04 \quad 0.03)$$

按模糊向量综合法公式计算小麦病虫综合发生程度为：

$N = 0.04 \times 2 + 0.54 \times 3 + 0.03 \times 1 + 0.18 \times 3 + 0.14 \times 3 + 0.04 \times 2 + 0.03 \times 1 = 2.8$（级）

2. 加权平均法　其公式为：

$$N = \frac{\sum_{i=1}^{n} (A_i \cdot C_i)}{\sum_{i=1}^{n} A_i}$$

式中：N 为病虫综合发生程度（级），A_i 表示某单项病虫发生面积，C_i 表示相对应的某单项病虫发生级别。

将上列数字代入公式（14）：

$$N = \frac{4.5 \times 2 + 57.27 \times 3 + 3.20 \times 1 + 18.80 \times 3 + 14.93 \times 3 + 4.0 \times 2 + 3.0 \times 1}{4.5 + 57.27 + 3.20 + 18.80 + 14.93 + 4.0 + 3.0}$$

$$= 2.7 \text{（级）}$$

以上两种计算综合发生程度的方法基本一致，差距不大，但根据对历史资料的统计分析比较，模糊向量综合法能够较客观地反映各单项病虫发生面积所占受害作物种植面积的权重，不受年度间种植面积变化的影响，较之加权平均法具有明显的优点，而在年度间作物种植面积较稳定的情况下，也可应用加权平均法，据研究测算，若以模糊向量综合法为标准，加权平均法与之相关系数 $r=0.9993$，符合率达 100％。

第五节　防治面积统计

一、基本概念

防治面积是指各种有害生物各次化学防治面积和生物防治面积以及物理防治面积的累加面积。

1. 化学防治面积　化学防治是指利用各种来源的化学物质及其加工品，将有害生物控制在经济危害水平以下的防治方法。化学防治面积是指田间使用化学药剂防治的面积。化学防治面积中的种子处理和土壤处理面积，只统计针对某种或某些有害生物进行药剂种子处理和土壤处理的面积。其中水稻种子处理面积指为防治有害生物采用药剂处理的秧田面积。

2. 生物防治面积　生物防治是指利用生物及其产物控制有害生物的方法。包括传统的天敌利用、生物制剂，以及近年出现的昆虫不育、昆虫激素及信息素的利用等。生物防治面积是利用上述方法防治有害生物的面积，但不包括天敌保护利用面积。生物防治面积包括两种。

（1）天敌人工饲放面积。人工繁殖释放或移植助迁某种天敌昆虫（螨类）防治有害生物的面积。

（2）生物制剂防治面积。利用微登记的微生物农药、植物源农药和生物化学农药防治的面积。

3. 物理防治面积　利用非化学药剂，如杀虫灯、性诱芯、诱虫板等物理措施防治的面积，就是物理防治面积。

二、防治面积统计方法

在统计防治面积时，应注意以下几种情况。

（1）各种有害生物不同代（次）的防治面积要分别统计，如一、二、三代黏虫，棉花苗蚜、伏蚜等有害生物的防治面积要分别统计。

（2）同一代（一次）有害生物用药多次的，以各次用药面积累加，如二代棉铃虫防治一遍的面积与防治二遍的面积要累加计算。

（3）一次用药兼治多种有害生物时，凡针对不同对象自行加入相应农药混配防治的，要分别统计防治面积，如小麦穗期采用吡虫啉、三唑酮等混配农药一次性施药兼治麦蚜、白粉病、锈病等要分别统计防治面积。

（4）一种农药（包括工厂生产的复配农药）兼治多种有害生物时，只统计主治对象的面积，如用甲基异柳磷穴施防治甘薯茎线虫同时兼治地下害虫时，只统计防治甘薯茎线虫的面积。

（5）农田杂草的防治面积，只统计化学除草的面积。

（6）农田害鼠的防治面积，按实际投饵面积及有针对性的拌种兼治面积统计。如秋播小麦时用辛硫磷拌种既防治地下害虫又兼治田鼠，其兼治面积应统计在防治田鼠的面积内。

第六节 损失量的统计

一、定 义

统计有害生物造成的危害损失情况，需要考虑以下三个概念。

1. 自然损失 在不防治情况下或在自然情况下，作物受有害生物危害后产生的损失为自然损失。

自然损失量＝无生物灾害理论产量－无防治下实际产量

2. 实际损失 通过防治后因残存有害生物危害造成的损失为实际损失。

3. 挽回损失 通过防治有害生物后挽回的损失为挽回损失。

挽回损失量＝自然损失量－实际损失量

二、损失量的计算方法

（一）自然损失量的计算方法

作物因有害生物危害所造成的损失，一般来说直接决定于有害生物数量的多少，但是，作物受害程度与损失的实际结果受到多种因素的影响，因有害生物取食（危害）方式、部位、取食习性、对作物损害程度的不同，以及作物本身的特性与生育阶段，有害生物造成的产量损失有很大差异。即便在受害率达到100％的情况下，其损失通常也达不到100％。当然，如果害虫直接危害产量部位和穗部或使整株枯死如死苗，这时被害百分率与损失百分率就完全相等。但是，在田间作物群体出现全部枯死或构成产量的部分全部损失的现象是少见的。

1. 损失百分率 产量损失可用损失百分率来表示，也可以用损失的实际数量来表示，具体计算公式包括三个方面。

（1）选择若干未受害的植株和受害的植株进行测产，求出单株平均产量，采用以下公式计算损失系数：

$$Q = \frac{a-e}{a} \times 100$$

式中，Q 为损失系数，a 为未受害植株的平均产量，e 为受害植株的单株平均产量。

（2）产量损失的大小不仅决定于损失系数，还决定于受害株率，因此还要在调查田中调查统计受害株百分率，可按下式计算。

$$P=\frac{m}{n}\times100\%$$

式中，P 为受害株百分率，n 为检查总株数，m 为受害株数。

（3）根据上述公式计算产量损失百分率。

$$C=\frac{Q\cdot P}{100}$$

式中，C 为产量损失百分率，Q 为损失系数，P 为受害株百分率。

然后再计算单位面积的自然损失数：

$$L=\frac{a\cdot M\cdot C}{100}$$

式中，L 为单位面积实际损失产量，a 为未受害株数单株平均产量，M 为单位面积总株数，C 为产量损失百分率。

（4）综合损失率的计算方法。以上的公式只是一般的计算原则，而且只是一种虫害危害时造成损失量的估算方法。但是一种作物上不只发生单一的病虫危害，而是多种病虫综合发生危害而造成产量损失。如果机械地通过逐个病虫累加计算损失量容易造成统计数字偏高，为克服这一弊端，近几年一些省份提出了要测定以作物为单位多种病虫危害所造成的综合损失率，以综合损失率为基础计算出以作物为单位的总的损失量，然后根据单项病虫占总发生面积的比重，将总损失逐一分解到单项病虫中去，这样计算出的结果较符合实际。山东省植物保护总站自 1987 年就开始这方面的试验，经过多年的验证是可行的。根据其试验结果，以作物为单位估计病虫危害综合损失率，采用现行五级制划分，设定粮、棉、油作物病虫害大发生时的综合产量损失率分别按 25%、50%、30% 计算，级差分别为 5%、10% 和 6%，制定出粮棉油作物病虫危害各发生等级综合损失率表（表 6-2），并以此为损失率指标进行统计。

表 6-2　病虫危害综合产量损失率

	1 级	2 级	3 级	4 级	5 级
粮食作物病虫	5%	10%	15%	20%	25%
棉花病虫	10%	20%	30%	40%	50%
油料作物病虫	6%	12%	18%	24%	30%

2. 计算方法　自然损失量的计算方法如下。

（1）先根据某类作物病虫综合损失率指标求相应发生级别的损失率。然后计算不防治的每亩自然损失数。即：每亩平均单产和相应级别的损失率的乘积即为每亩的损失数。

（2）不防治自然总损失量的计算。即每亩自然损失数乘以各种病虫发生总面积。如果各种病虫发生总面积已超过种植面积，可按种植面积计算。

（3）单项病虫害损失总量的计算，在计算出该作物总损失量的基础上，首先计算单项病虫害在该作物病虫总发生面积中的比重。

$$\frac{单项病虫害发生面积\times相对应的级别}{发生总面积\times综合发生程度}\times100\%$$

然后根据各种病虫害占发生面积的比重，分别计算出单项病虫不防治的损失量。

公式为：

单项病虫不防治的损失量＝不防治总损失量×单项病虫害发生面积占总发生面积的百分率

（二）挽回损失的计算方法

1. 计算单项病虫挽回损失数

$$挽回损失数＝\frac{单项病虫不防治损失数}{单项病虫发生面积}×防治面积×90\%$$

式中，90％为防治效果，作为常用参数，可根据具体防治情况而定。

2. 以作物为单位挽回损失的计算　逐项病虫挽回损失累加即是。

（三）实际损失的计算方法

首先计算单项病虫的实际损失，即不防治损失数减去挽回损失数，再逐项病虫累加即某作物的实际损失数。

（四）农田害鼠危害损失的计算标准

于秋季作物收获期用堵洞法一次性调查鼠密度，按害鼠的实有数量计算。

实际损失＝老鼠只数×每年每只老鼠耗粮量［9千克/（只·年）］

挽回损失＝灭鼠只数×每年每只老鼠耗粮量

（五）农田草害的危害损失

根据全国农田杂草调查组的调查资料，在杂草严重危害时（即5级）各种作物杂草的危害损失率分别为：水稻13.4％、小麦15％、杂粮10.4％、大豆19.4％、棉花14.8％、花生9％。根据实地调查杂草级别折算出相应的损失率。参考前述病虫害计算损失量的办法，分别计算各种作物田间杂草的挽回损失和实际损失。

（六）计算实例

现以某县小麦病虫发生情况为例（表6-3），介绍其计算综合损失率和通过防治挽回损失和实际损失的方法。

表6-3　某县小麦病虫害发生防治情况统计表

病虫种类	发生面积（万亩）	防治面积（万亩）	发生程度（级）	占总发生的比重（%）	不防治总损失（吨）	挽回损失（吨）	实际损失（吨）
麦蜘蛛	15.2	13.4	5	36.64	9 726.99	7 717.60	2 009.39
麦蚜	22.5	20.2	2	21.70	5 760.80	4 654.73	1 106.07
一代黏虫	5.4	4.7	2	5.21	1 383.12	1 083.44	299.68
麦叶蜂	2.7	2.2	1	1.30	345.12	253.09	92.03
白粉病	14.3	5.7	3	20.68	5 490.01	1 969.49	3 520.52
叶锈病	12.1	5.7	2	11.67	3 098.09	1 313.49	1 784.60
其他病虫	5.8	5.4	1	2.80	743.33	622.86	120.47
合计	78.0	57.3	2.659 0	100	26 547.46	17 614.70	8 932.76

注：该县小麦种植面积为94万亩，平均亩产256千克。

1. 计算小麦病虫综合发生程度　采用模糊向量综合法或加权平均法计算。

模糊向量法：

$$\underset{\sim}{x} = \left(\frac{15.2}{94} \quad \frac{22.5}{94} \quad \frac{5.4}{94} \quad \frac{2.7}{94} \quad \frac{14.3}{94} \quad \frac{12.1}{94} \quad \frac{5.8}{94} \right)$$

$$= (0.161\,7 \quad 0.239\,4 \quad 0.057\,4 \quad 0.028\,7 \quad 0.152\,1 \quad 0.128\,7 \quad 0.061\,7)$$

计算模糊向量总和：$0.161\,7 + 0.239\,4 + 0.057\,4 + 0.028\,7 + 0.151\,2 + 0.128\,7 + 0.061\,7 = 0.829\,7$

再进行归一化处理：

$$\frac{0.161\,7}{0.829\,7} \quad \frac{0.239\,4}{0.829\,7} \quad \frac{0.057\,4}{0.829\,7} \quad \frac{0.028\,7}{0.829\,7} \quad \frac{0.151\,2}{0.829\,7} \quad \frac{0.128\,7}{0.829\,7} \quad \frac{0.061\,7}{0.829\,7}$$

$$\underset{\sim}{x} = (0.194\,9 \quad 0.288\,5 \quad 0.069\,2 \quad 0.034\,6 \quad 0.188\,3 \quad 0.155\,1 \quad 0.074\,4)$$

根据模糊向量综合法公式计算综合发生程度，将归一化处理的模糊向量乘以发生程度级别：

$$N = 0.194\,9 \times 5 + 0.288\,5 \times 2 + 0.069\,2 \times 2 + 0.034\,6 \times 1 + 0.183\,3 \times 3 + 0.155\,1 \times 2 + 0.074\,4 \times 1$$

$$= 2.659\,0\,（级）$$

本例求得的综合发生程度为 2.659 0 级。

加权平均法：

以发生面积与发生程度加权平均计算得：

$$N = \frac{15.2 \times 5 + 22.5 \times 2 + 5.4 \times 2 + 2.7 \times 1 + 14.3 \times 3 + 12.1 \times 2 + 5.8 \times 1}{78}$$

$$= 2.659\,0\,（级）$$

以上两种方法结果相同。

2. 计算单项病虫发生面积占总发生面积的比值

$$所占比值 = \frac{单项病虫发生面积 \times 相对应的发生级别}{总发生面积 \times 综合发生程度} \times 100\%$$

如麦蜘蛛所占比值 $= \dfrac{15.2 \times 5}{78 \times 2.659\,0} \times 100\% = 36.64\%$

3. 计算不防治自然减产损失数　先根据某种作物病虫综合损失率指标求相应发生级别的损失率，然后计算不防治的每亩自然损失数及总损失数，并按单项病虫所占比值，将总损失数逐一分解到各单项病虫。

（1）产量损失率。根据研究结果，小麦病虫大发生（5 级）产量损失率指标为 25%，级差为 5%，本例小麦病虫综合发生程度为 2.659 0 级，其损失率即为：2.659 0（级）× 5% = 13.295 0%

（2）产量总损失数。本例小麦单产 256 千克，以此乘以损失率求得每亩损失数，再乘以总发生面积即为总损失数。

256 千克/亩 × 13.763 0% × 780 000 亩 = 2 654.745 6（万千克）= 26 547.46 吨

（3）单项病虫不防治损失数。将总损失数按单项病虫所占比值逐一分解。

如麦蜘蛛损失数 = 2 657.46 × 36.64% = 9 726.99 吨

4. 计算单项病虫防治后挽回损失数　式中 90% 为常数，指防治效果。

$$挽回损失数 = \frac{单项病虫不防治损失数}{单项病虫发生面积} \times 防治面积 \times 90\%$$

$$麦蜘蛛挽回损失数 = \frac{9\,726.99}{15.2} \times 13.4 \times 90\% = 7\,717.60\ 吨$$

5. 计算单项病虫实际损失数 即不防治损失数减去挽回损失数。

以上病虫危害综合损失率是正常年份进行的参数，对特殊年份，个别病虫出现特大发生，危害损失率将超过上述指标。对此，应在统计好单项病虫不防治时自然损失数的基础上，对某一特大发生的单项病虫，按其发生程度划分等级的级差值，超一级以上二级以下者，损失率加一级，超二级以上者加二级。例如，按山东省农作物病虫发生程度分级标准，麦蜘蛛发生程度按五级划分，各级 0.33 米行长虫口密度依次为 200～250、251～500、501～750、751～1 000 和 1 000 头以上，级差为 250 头。以此为例，若麦蜘蛛属特大发生，虫口密度为 1 300 头，应在统计不防治损失数 9 726.99 吨的基础上，加损失率级差一级 (即 256×5％×15.2=1 945.60 吨)，合计为 11 672.59 吨，若虫口密度达 1 550 头，则应加损失率级差二级 (即 256×10％×15.2=3 891.20 吨)，合计为 13 618.19 吨。

第七章
农作物病虫草危害损失评估方法

第一节　目的与意义

农作物病虫草危害损失评估是植保专业统计中的一项基础性工作，是对植保工作成效的量化评测。农作物病虫草种类多，区域间、年度间存在差异，多种病虫同时发生时存在相互交叉影响，给准确量化评测各种病虫的危害损失带来较大困难。过于理论化的评测方法在实际工作中难以实施，而经验估测又不能完全反映病虫害实际危害状况，该问题长期困扰着植保统计工作者。为了探求科学准确的病虫草危害损失评估方法，2009—2020年，全国农业技术推广服务中心在全国不同生态区域陆续安排了重大农作物病虫草危害损失评估试验工作，广泛开展农作物病虫草危害损失评估方法的探索和实践，通过各地大量的试验和专家会商，不断得到完善和改进，形成了一套合理且简便易行的病虫草害危害损失评估和单种病虫危害损失分解方法，现介绍如下。

第二节　基本原理与试验设计

一、基本原理

在常年作物种植面积大、病虫种类多、危害程度重、代表性强的作物连片种植区，选取农田生态和肥、水条件高度一致的区域作为病虫草防控试验区。在试验区设立专业化综防区（简称专防区）、农民自防区（简称自防区）、杂草防治区（病虫不防）、病虫防治区（杂草不防）4类处理。在作物品种相同、栽培管理条件一致的前提下，在多种病虫害并存的状态下，依据测报技术规范，全面系统调查各类处理病虫草的发生、危害及防治效果（简称防效），测定作物产量。然后结合辖区病虫发生面积、发生级别、防控情况以及不同病虫的5级自然危害损失率等统计数据，分析专防区、自防区、杂草防治区数据，对辖区病虫危害损失情况进行评测；通过分析专防区和病虫防治区数据，对试验区杂草危害损失情况进行评估。多种病虫草综合危害时，受多方面复杂因素影响，其综合危害损失难以进行准确的理论推算，需每年通过试验进行准确测定。

农田生态系统中，病虫害对作物是直接危害，生态位处于作物的上层；杂草与作物是竞争关系，生态位相同。由于病虫害与草害在农田生态系统中的生态位不同，而且对辖区整体来说，一般不会出现病虫害与草害大范围同步严重发生的情况，病虫害和草害的交叉影响小。因此，需将病虫害与草害分离开后分别独立评测。各种病虫害之间在农田生态系统中的生态位相同，可归入同一类型进行评测。

二、试验区设计

防控试验区设立专防区、自防区、杂草防治区、病虫防治区4类处理。在作物品种相同、栽培管理条件一致的条件下，为全面对比分析、量化评测病虫草的危害，提供基础性数据，对这4类处理区的要求如下。

1. 专防区　根据田间病虫草害发生实况，依照当地植保专业部门的病虫草防治技术意见，由专业人员适时进行综合防控，其他栽培管理正常进行。为增强防控效果的代表性，可选取当地有代表性的多种专业化防控组合。该区的设立，为准确评价植保工作成效提供了依据。

2. 自防区　在当地植保部门的宏观指导下，农民自行防治，其他栽培管理正常进行。为增强代表性，可抽取品种相同、播期和栽培管理一致或相近的多个农户自防田进行评测。通过该区可准确了解当地农民的防控水平。

3. 杂草防治区　作物全生育期，对杂草进行与专防区同等水平的专业化防控，病虫不进行任何防治，栽培管理正常进行。通过该区可以基本剔除病虫危害损失评测过程中杂草的影响。

4. 病虫防治区　作物全生育期，对病虫进行与专防区同等水平的专业化防控，杂草不进行任何防治，栽培管理正常进行。通过该区可以基本剔除杂草危害损失评测过程中病虫害的影响。

第三节　主要概念和参数释义

在农作物病虫草危害损失评估过程中，涉及一些重要参数与关系的确定，通过它们与危害损失发生关联，在此基础上，构建起病虫草危害损失评测的数据分析处理平台。为便于读者理解，现将有关参数与关系详述如下。

一、病虫5级自然危害损失率 S_{z5}

病虫自然危害损失率与发生级别的关系纷争很多，行业中一般认为病虫自然危害损失率与发生级别的关系为线性关系，例如，粮食作物不同病虫不防治时1～5级自然危害损失率分别为5％、10％、15％、20％、25％，棉花不同病虫以10％的梯度线性变化，油料作物不同病虫以6％的梯度线性变化（参见本书第六章第六节）。然而该模型一方面否认了同类作物不同病虫相同发生级别的危害损失存在差异性，另一方面夸大了病虫低发生级别时的危害损失率，无法准确反映生产实际。现行部分病虫测报技术规范中，对病虫产量损失模型有线性关系、指数关系、对数关系等不同阐释，计算方法不统一，为植保工作者科学评估和准确分解病虫危害损失带来诸多困扰。

　　我国农作物病虫发生种类繁多，在全国范围内获取、处理历史数据的手段有限，加之早期历史数据资料不够系统，造成部分病虫发生级别的划分和危害损失的确定存在一定缺陷，还有大量的病虫没有形成标准可供参照。为此，全国农业技术推广服务中心于 2013 年和 2018 年先后 2 次在全国范围内征集不同农作物病虫 5 级发生水平时的平均自然危害损失率数据，全国半数以上的县级植保部门参加了征集上报，由基层长期从事农作物病虫害研究、熟悉农作物病虫发生规律及其危害损失情况的县级植保技术人员及植保专家上报有关数据。2013 年和 2018 年分别收集到 1 248 和 1 368 个县（市）的上报数据。

　　各地大量的试验观测与历史经验数据经网络填报收集后，采用数据分析软件对其进行梳理汇总，首先剔除 10％左右离散较大的数据，其次对相对可靠的试验性数据进行权重加倍处理。在此基础上，将全国划分为六大生态区：东北区（辽宁、吉林、黑龙江）、华北区（北京、天津、山西、河南、河北、山东、内蒙古）、长江流域（江苏、湖北、湖南、安徽、浙江、江西、上海）、西北区（陕西、甘肃、宁夏、青海、新疆）、西南区（云南、贵州、四川、重庆、西藏）、华南区（广东、广西、福建、海南），对数据进行分类，提取形成了具有历史重复性高、符合不同生态区规律性的农作物病虫 5 级自然危害损失率（S_{z5}）参数。

　　全国不同生态区及各省域的农作物病虫 5 级自然危害损失率数据 S_{z5} 提取整理出来后，全国农业技术推广服务中心组织全国植保行业的知名专家、学者和基层植保工作人员进行多轮的交流会商和专家审核，对数据进行全面的严格筛选把关，保留取得专家普遍认可的数据，最终确定了全国不同生态区及各省域的农作物 324 种（类）主要病虫 5 级自然危害损失率，建立了大型量化基础数据库，数值范围为 9％～46％，其中 15％～46％数值占九成以上。以此为基础，制定了农业行业标准《农作物主要病虫自然危害损失率测算准则》（NY/T 3301—2018）。涉及的主要病虫分别为：水稻 25 种、小麦 18 种、玉米 30 种、大豆 21 种、马铃薯 17 种、其他粮食作物 6 种，棉花 17 种，油菜 11 种、花生 14 种、其他油料 6 种，苹果 19 种、柑橘 20 种（类）、其他果树 35 种（类），蔬菜 56 种（类）、其他经济作物 29 种。

二、病虫 n 级自然危害损失率 S_{zn}

　　在获取了全国不同生态区及各省域的农作物主要病虫 5 级自然危害损失率 S_{z5} 数据的基础上，考虑病虫发生危害的统计学特点，结合生态学基本理论，发现病虫自然危害损失率与发生级别的关系呈倍率指数曲线关系，得出病虫 n 级（1～5 级）自然危害损失率计算公式：$S_{zn} = S_{z5} \times 2^{n-5}$。该曲线关系经生产回归验证，实现高度吻合。另外研究发现，该曲线与生态学研究中的经典模型逻辑斯蒂曲线在计算自然危害损失率的结果上仍高度吻合，且简化了计算过程。该数学模型纳入了农业行业标准《农作物主要病虫自然危害损失率测算准则》（NY/T 3301—2018）。

三、病虫综合发生级别 m

　　早期行业中一般认为病虫危害自然损失率与发生级别为线性关系（参见本书第六章第四节、第六节），夸大了病虫低发生级别的危害损失率，病虫发生级别及综合发生级别与危害损失难以实现合理对应，病虫综合发生级别未得到广泛推广应用。病虫自然危害损失率与发生级别为倍率指数曲线关系的确定，为获取不同病虫 1～5 级发生的自然危害损失率数据提供了统一、简便的计算方法，实现了病虫发生级别与自然危害损失率之间的合理对应，农作物病虫的综合发生级别与危害损失率之间也实现了合理对应。2020 年全国植保专业统计网上填报系统中，病虫发生级别的填报和综合发生级别的合理计算首次得到应用，病虫综合发生级别的计算方法如下。

设某省或某市下辖 p 个县级区域，某种作物某一病虫发生面积分别为 S_1、S_2、$S_3 \cdots S_p$，发生级别分别为 n_1、n_2、$n_3 \cdots n_p$，全省或全市该病虫综合发生级别为 m，该病虫 m 级发生时自然危害损失率为 S_{zm}，5 级自然危害损失率为 S_{z5}。

1. 依据农业行业标准《农作物主要病虫自然危害损失率测算准则》（NYT 3301—2018），病虫 m 级发生时自然危害损失率 $S_{zm} = S_{z5} \times 2^{m-5}$

2. 各县市病虫加权平均自然危害损失率 S_{zm}

$$= \frac{S_{zn_1} \times S_1 + S_{zn_2} \times S_2 + \cdots + S_{zn_p} \times S_p}{S_1 + S_2 + \cdots + S_p}$$

$$= S_{z5} \times \frac{2^{n_1-5} \times S_1 + 2^{n_2-5} \times S_2 + \cdots + 2^{n_p-5} \times S_p}{S_1 + S_2 + \cdots + S_p}$$

3. 病虫综合发生级别 m 计算公式如下：

$$2^{m-5} = \frac{2^{n_1-5} \times S_1 + 2^{n_2-5} \times S_2 + \cdots + 2^{n_p-5} \times S_p}{S_1 + S_2 + \cdots + S_p}$$

$$m = 5 + \frac{\ln \left(\frac{2^{n_1-5} \times S_1 + 2^{n_2-5} \times S_2 + \cdots + 2^{n_p-5} \times S_p}{S_1 + S_2 + \cdots + S_p} \right)}{\ln 2}$$

注：当某一病虫在各个区域的发生面积 S_1、S_2、$S_3 \cdots S_p$ 均为 0 时，即发生级别 n_1、n_2、$n_3 \cdots n_p$ 均为 0 时，公式中 $S_1 + S_2 + \cdots + S_p$ 为 0，出现奇异点，计算不解析，需将 m 值直接置 0 处理。

四、病虫综合防效

1. 病虫防效计算方式　病虫防效有多种计算表达方式，如株防效、病指防效、虫量防效等等。田间病虫发生时，一般并非所有的植株体上都有病虫害发生，病虫防效的计算是针对发生病虫的植株而言的。为了将病虫防效与产量损失进行关联，可通过挽回损失占自然损失的比例计算病虫防效，计算公式如下。

$$\text{病虫防效} = \frac{\text{病虫挽回损失}}{\text{病虫自然危害损失}} \times 100\%$$

$$= \frac{\text{病虫挽回损失率}}{\text{病虫自然危害损失率}} \times 100\%$$

$$= \frac{\text{病虫挽回损失率}}{S_{z5} \times 2^{n-5}} \times 100\%$$

（注：式中 n 为试验区病虫发生级别，下同）

这种病虫防效计算方法是一种理想的计算方式，防效与产量进行了关联，但计算时病虫挽回损失率难以确定。常见的病虫防效计算方式，如株防效、病指防效、虫量防效等防效数据与理想的产量损失防效数据间存在一定偏差。病虫发生程度是按级别进行划分的，本身容许一定的偏差存在，不同方式计算出的病虫防效与理想的产量损失防效虽有偏差，但一般在容许的范围内。实际选取防效计算方式时，应尽可能选取与产量损失防效更接近的计算方式，如病指防效。

2. 多种病虫综合危害防效计算公式

$$病虫综合防效 = \frac{\sum 病虫挽回损失率}{\sum 病虫自然危害损失率} \times 100\%$$

$$= \frac{\sum (病虫防效 \times S_{z5} \times 2^{n-5})}{\sum (S_{z5} \times 2^{n-5})} \times 100\%$$

$$专防区病虫综合防效 = \frac{\sum (专防区病虫防效 \times S_{z5} \times 2^{n-5})}{\sum (S_{z5} \times 2^{n-5})} \times 100\%$$

$$自防区病虫综合防效 = \frac{\sum (自防区病虫防效 \times S_{z5} \times 2^{n-5})}{\sum (S_{z5} \times 2^{n-5})} \times 100\%$$

辖区病虫综合加权平均防效＝专防区病虫综合防效×辖区专业化防治面积百分比＋自防区病虫综合防效×辖区农民自防面积百分比

辖区单病虫加权平均防效＝专防区单病虫防效×辖区专业化防治面积百分比＋自防区单病虫防效×辖区农民自防面积百分比

注：辖区专业化防治面积指辖区内达到专业化防治水平的面积，包括部分达到专业防治水平的农民自防面积。

五、理想单产

理想单产是完全无病虫和杂草危害理想状态下的单产。

专业化防治区不能完全控制病虫草对作物的危害，在实际情况下，专防区中残存的病虫草仍会对作物造成一定的危害损失。因为存在病虫与杂草的交叉影响，完全无病虫草危害的理想单产难以推算，但在低水平杂草影响下的无病虫危害理想单产和低水平病虫影响下的无杂草危害理想单产可以计算出来。

无病虫危害理想单产：在试验中，杂草防治区与专防区的杂草防控均为同等高水平，但均有少量杂草危害，不可能完全彻底清除杂草影响。可通过这两个处理计算出在残存杂草影响下的无病虫危害理想单产。

无杂草危害理想单产：在试验中，病虫防治区与专防区的病虫防控均为同等高水平，但均有少量病虫危害，不可能完全彻底清除病虫影响。可通过这两个处理计算出残存病虫危害状态下的无杂草危害理想单产。

$$试验区无病虫危害理想单产 = 杂草防治区单产 + \frac{专防区单产 - 杂草防治区单产}{专防区病虫综合防效}$$

$$试验区无杂草危害理想单产 = 病虫防治区单产 + \frac{专防区单 - 病虫防治区单产}{专防区杂草综合防效}$$

六、单病虫自然危害比重

农作物田间病虫害很少是单一发生的，往往是多种病虫害同时发生，这时就存在着不同病虫之间交叉重叠危害的现象。在这种情况下，多种病虫害同时危害造成的综合自然危害损失率往往小于各单项病虫独立危害时自然危害损失率的合计值。当病虫发生种类多、程度重时，这种简单相加得到的病虫综合危害自然损失率合计值可能超过100%。因此，进行不同病虫危害损失分割时，需剔除各病虫之间的交叉重叠部分。比较合理的分割处理方法是，计算出各病虫独立危害时的自然危害损失率，然后依其比例关系对病虫综合危害自然损失率进行切割分解。在病虫综合自然危害损失中，各单项病虫自然危害比重计算如下。

$$单病虫自然危害比重 = \frac{单病虫自然危害损失率}{\sum 病虫自然危害损失率} \times 100\%$$

$$= \frac{S_{z5} \times 2^{n-5}}{\sum (S_{z5} \times 2^{n-5})} \times 100\%$$

对辖区整体来说，各单项病虫自然危害比重还需考虑发生面积，即：

$$辖区单病虫自然危害比重 = \frac{辖区单病虫发生面积 \times S_{z5} \times 2^{N-5}}{\sum (辖区单病虫发生面积 \times S_{z5} \times 2^{N-5})} \times 100\%$$

（注：式中 N 为辖区病虫发生级别，下同）

七、试验区病虫代表性校正

试验点经过精心选取，具有较强的代表性，但由于病虫发生分布具有随机不确定性，需对试验区病虫发生种类和级别进行校正，将其校正到辖区水平，当试验区与辖区病虫相差不大时，可用如下方法对试验区病虫的代表性进行校正。

$$试验区病虫校正系数 = \frac{\sum (试验区发生的病虫在辖区内的发生面积 \times S_{z5} \times 2^{n-5})}{\sum (辖区病虫发生面积 \times S_{z5} \times 2^{N-5})}$$

试验区病虫校正系数越接近1，说明试验点代表性越强，大于1表明杂草防治区病虫危害水平高于辖区平均值，反之小于1表明杂草防治区病虫危害水平低于辖区平均值。为提高试验的准确度，一般要求其值不超出0.8～1.2。当辖区病虫发生与分布区域性太强、很不均匀时，这种校正不可靠，需选择多点进行试验。

引入试验区病虫校正系数后，将试验区病虫发生级别和种类校正到辖区水平，这时杂草防治区校正单产的计算公式如下：

杂草防治区校正单产

$$= 试验区无病虫危害理想单产 - \frac{试验区无病虫危害理想单产 - 杂草防治区单产}{试验区病虫校正系数}$$

将试验区病虫校正到辖区水平后，此时试验区的病虫综合自然危害损失率与辖区一致，即：

辖区病虫综合自然危害损失率

$$= \frac{试验区无病虫危害理想单产 - 杂草防治区校正单产}{试验区无病虫危害理想单产} \times 100\%$$

辖区单病虫自然危害损失率＝辖区病虫综合自然危害损失率×辖区单病虫自然危害比重

辖区单病虫挽回损失率＝辖区单病虫自然危害损失率×辖区单病虫加权平均防效

辖区单病虫实际损失率＝辖区单病虫自然危害损失率—辖区单病虫挽回损失率

辖区病虫综合自然危害损失率＝∑辖区单病虫自然危害损失率

辖区病虫综合挽回损失率＝∑辖区单病虫挽回损失率

辖区病虫综合实际损失率＝∑辖区单病虫实际损失率

第四节　数据处理过程与方法

本节对试验区的系统调查数据进行全面的计算处理和剖析，并结合辖区统计数据，对辖区病虫危害损失情况进行评测和切割。虽然计算公式较多，但可通过农作物病虫危害损失测算系统（V1.0）软件快速处理完成，共列出 22 个公式。

一、试验区数据分析

1. 病虫自然危害损失率 $S_{zn} = S_{z5} \times 2^{n-5}$

2. 病虫综合防效 $= \dfrac{\sum 病虫挽回损失率}{\sum 病虫自然危害损失率} \times 100\%$

$$= \dfrac{\sum (病虫防效 \times S_{z5} \times 2^{n-5})}{\sum (S_{z5} \times 2^{n-5})} \times 100\%$$

（1）专防区病虫综合防效

$$= \dfrac{\sum (专防区病虫防效 \times S_{z5} \times 2^{n-5})}{\sum (S_{z5} \times 2^{n-5})} \times 100\%$$

（2）自防区病虫综合防效

$$= \dfrac{\sum (自防区病虫防效 \times S_{z5} \times 2^{n-5})}{\sum (S_{z5} \times 2^{n-5})} \times 100\%$$

（注：式中专防区病虫防效和自防区病虫防效为试验区实际调查计算数值。专防区病虫防效代表辖区专业化防治水平，试验区未发生的病虫采用辖区该病虫的一般专业化防效数据。自防区病虫防效代表辖区农民一般防治水平，试验区未发生的病虫采用辖区该病虫的一般农民防效）

3. 试验区无病虫危害理想单产

$$= 杂草防治区单产 + \dfrac{专防区单产 - 杂草防治区单产}{专防区病虫综合防效}$$

4. 试验区病虫综合自然危害损失率

$$= \dfrac{无病虫危害理想单产 - 杂草防治区单产}{无病虫危害理想单产} \times 100\%$$

5. 试验区单病虫自然危害比重

$$= \dfrac{单病虫自然危害损失率}{\sum 病虫自然危害损失率} \times 100\%$$

$$= \frac{S_{z5} \times 2^{n-5}}{\sum (S_{z5} \times 2^{n-5})} \times 100\%$$

6. 试验区单病虫自然危害损失率＝试验区病虫综合自然危害损失率×试验区单病虫自然危害比重

二、辖区病虫数据分析

试验区是经过精心选取的，具有较强的代表性，但由于病虫发生分布具有随机不确定性，需对试验区病虫发生种类和级别进行校正，将试验区的病虫发生级别和种类校正到辖区总体水平。

7. 试验区病虫校正系数

$$= \frac{\sum (试验区发生的病虫在辖区内的发生面积 \times S_{z5} \times 2^{n-5})}{\sum (辖区病虫发生面积 \times S_{z5} \times 2^{N-5})}$$

8. 杂草防治区校正单产

＝试验区无病虫危害理想单产－$\dfrac{试验区无病虫危害理想单产－杂草防治区单产}{试验区病虫校正系数}$

9. 辖区单病虫加权平均防效＝专防区单病虫防效×辖区专业化防治面积百分比＋自防区单病虫防效×辖区农民自防面积百分比

10. 辖区病虫综合自然危害损失率

$$= \frac{试验区无病虫危害理想单产－杂草防治区校正单产}{试验区无病虫危害理想单产} \times 100\%$$

（注：式中试验区病虫发生级别和种类校正到辖区水平后，试验区的病虫综合自然危害损失率转化为辖区总体病虫综合自然危害损失率）

11. 辖区单病虫自然危害比重

$$= \frac{辖区病虫发生面积 \times S_{z5} \times 2^{N-5}}{\sum (辖区病虫发生面积 \times S_{z5} \times 2^{N-5})} \times 100\%$$

12. 辖区单病虫自然危害损失率＝辖区病虫综合自然危害损失率×辖区单病虫自然危害比重

13. 辖区单病虫挽回损失率＝辖区单病虫自然危害损失率×辖区单病虫加权平均防效

14. 辖区单病虫实际损失率＝辖区单病虫自然危害损失率－辖区单病虫挽回损失率

15. 辖区无病虫危害理想单产＝$\dfrac{辖区平均单产}{1－辖区病虫综合实际损失率}$

（注：式中辖区平均单产以当地统计局或农业主管部门上报数据为准）

16. 辖区单病虫自然危害损失量＝辖区无病虫危害理想单产×种植面积×辖区单病虫自然危害损失率

17. 辖区单病虫挽回损失量＝辖区无病虫危害理想单产×种植面积×辖区单病虫挽回损失率

18. 辖区单病虫实际损失量＝辖区无病虫危害理想单产×种植面积×辖区单病虫实际损失率

三、试验区杂草数据分析

杂草种类繁多，区域间、田块间差异大，不像病虫害那样区域相同性强，试验区的杂草危害难以代表辖区真实平均水平，只能单纯对试验区的杂草危害进行简单测算，难以推算到全辖区。

19. 试验区无杂草危害理想单产

$$=病虫防治区单产+\frac{专防区单产-病虫防治区单产}{专防区杂草综合防效}$$

20. 杂草自然危害损失率

$$=\frac{试验区无杂草危害理想单产-病虫防治区单产}{试验区无杂草危害理想单产}\times100\%$$

21. 杂草危害挽回损失率＝杂草自然危害损失率×杂草综合防效

22. 杂草实际损失率＝杂草自然危害损失率—杂草危害挽回损失率

第五节　计算示例

长江流域某县油菜种植面积 30.2 万亩，在防控试验区中，专防区平均单产 217.9 千克，杂草防治区（病虫不防）平均单产 196.0 千克，病虫防治区（杂草不防）平均单产 183.0 千克，专防区杂草综合防效为 90%，自防区杂草综合防效为 85%。全县油菜平均单产 132.6 千克，专业化防治面积比例为 30%，主要病虫害有菌核病、霜霉病、病毒病、蚜虫、小菜蛾、甜菜夜蛾等 6 种，各病虫发生面积、发生级别、病虫 5 级自然危害损失率、专防区及自防区病虫防效等数据见表 7-1。

表 7-1　油菜病虫发生与防控数据

名称	发生面积（万亩次）	试验区发生级别（n）	全县发生级别（N）	5级自然危害损失率（S_{z5}）	专防区病虫防效	自防区病虫防效
菌核病	18.3	3	4	27.9%	80%	70%
霜霉病	24.4	4	4	19.9%	80%	70%
病毒病	1.5	1	1	18.4%	60%	50%
蚜虫	28.45	5	5	20.3%	90%	85%
小菜蛾	1.5	2	2	23.1%	90%	80%
甜菜夜蛾	1	1	1	31.2%	90%	80%
合计	75.15					

一、试验区数据分析

1. 专防区病虫综合防效

$$=\frac{\sum(专防区病虫防效\times S_{z5}\times2^{n-5})}{\sum(S_{z5}\times2^{n-5})}\times100\%$$

$$= \frac{\begin{array}{c}80\% \times 27.9\% \times 2^{3-5} + 80\% \times 19.9\% \times 2^{4-5} + 60\% \times 18.4\% \times 2^{1-5} + \\ 90\% \times 20.3\% \times 2^{5-5} + 90\% \times 23.1\% \times 2^{2-5} + 90\% \times 31.2\% \times 2^{1-5}\end{array}}{\begin{array}{c}27.9\% \times 2^{3-5} + 19.9\% \times 2^{4-5} + 18.4\% \times 2^{1-5} + \\ 20.3\% \times 2^{5-5} + 23.1\% \times 2^{2-5} + 31.2\% \times 2^{1-5}\end{array}} \times 100\%$$

$$= \frac{0.055\,8 + 0.079\,6 + 0.006\,9 + 0.182\,7 + 0.025\,987\,5 + 0.017\,55}{0.069\,75 + 0.099\,5 + 0.011\,5 + 0.203 + 0.028\,875 + 0.019\,5} \times 100\%$$

$$= \frac{0.368\,537\,5}{0.432\,125} \times 100\% = 85.28\%$$

2. 试验区无病虫危害理想单产

$$= 杂草防治区单产 + \frac{专防区单产 - 杂草防治区单产}{专防区病虫综合防效}$$

$$= 196.0 + \frac{217.9 - 196.0}{85.28\%} = 221.68（千克）$$

3. 试验区病虫综合自然危害损失率

$$= \frac{无病虫危害理想单产 - 杂草防治区单产}{无病虫危害理想单产} \times 100\%$$

$$= \frac{221.68 - 196.0}{221.68} \times 100\% = 11.58\%$$

4. 试验区单病虫自然危害比重

$$= \frac{病虫自然危害损失率}{\sum 病虫自然危害损失率} \times 100\%$$

试验区菌核病自然危害比重

$$= \frac{试验区菌核病自然危害损失率}{\sum 病虫自然危害损失率} \times 100\%$$

$$= \frac{S_{菌} \times 2^{n-5}}{\sum (S_{菌} \times 2^{n-5})} \times 100\% = \frac{27.9\% \times 2^{3-5}}{0.432\,125} \times 100\% = 16.14\%$$

试验区霜霉病自然危害比重

$$= \frac{S_{霜} \times 2^{n-5}}{\sum (S_{霜} \times 2^{n-5})} \times 100\% = \frac{19.9\% \times 2^{4-5}}{0.432\,125} \times 100\% = 23.03\%$$

试验区病毒病自然危害比重

$$= \frac{S_{毒} \times 2^{n-5}}{\sum (S_{毒} \times 2^{n-5})} \times 100\% = \frac{18.4\% \times 2^{1-5}}{0.432\,125} \times 100\% = 2.66\%$$

试验区蚜虫自然危害比重

$$= \frac{20.3\% \times 2^{5-5}}{0.432\,125} \times 100\% = 46.98\%$$

试验区小菜蛾自然危害比重

$$= \frac{23.1\% \times 2^{2-5}}{0.432\,125} \times 100\% = 6.68\%$$

试验区甜菜夜蛾自然危害比重

$$= \frac{31.2\% \times 2^{1-5}}{0.432\,125} \times 100\% = 4.51\%$$

5. 试验区单病虫自然危害损失率

= 试验区病虫综合自然危害损失率 × 试验区单病虫自然危害比重

试验区菌核病自然危害损失率

＝试验区病虫综合自然危害损失率×试验区菌核病自然危害比重

＝11.58％×16.14％＝1.87％

试验区霜霉病自然危害损失率＝11.58％×23.03％＝2.67％

试验区病毒病自然危害损失率＝11.58％×2.66％＝0.31％

试验区蚜虫自然危害损失率＝11.58％×46.98％＝5.44％

试验区小菜蛾自然危害损失率＝11.58％×6.68％＝0.77％

试验区甜菜夜蛾自然危害损失率＝11.58％×4.51％＝0.52％

二、全县数据分析

6. 试验区病虫校正系数

$$=\frac{\sum(\text{试验区发生的病虫在全县的发生面积}\times S_{z5}\times 2^{n-5})}{\sum(\text{全县油菜病虫发生面积}\times S_{z5}\times 2^{N-5})}$$

$$=\frac{\begin{array}{c}18.3\times27.9\%\times2^{3-5}+24.4\times19.9\%\times2^{4-5}+1.5\times18.4\%\times2^{1-5}+\\28.45\times20.3\%\times2^{5-5}+1.5\times23.1\%\times2^{2-5}+1\times31.2\%\times2^{1-5}\end{array}}{\begin{array}{c}18.3\times27.9\%\times2^{4-5}+24.4\times19.9\%\times2^{4-5}+1.5\times18.4\%\times2^{1-5}+\\28.45\times20.3\%\times2^{5-5}+1.5\times23.1\%\times2^{2-5}+1\times31.2\%\times2^{1-5}\end{array}}$$

$$=\frac{9.5596375}{10.8360625}=0.8822$$

7. 杂草防治区校正单产

$$=\text{试验区无病虫危害理想单产}-\frac{\text{试验区无病虫危害理想单产}-\text{杂草防治区单产}}{\text{试验区病虫校正系数}}$$

$$=221.68-\frac{221.68-196.0}{0.8822}=192.57\text{（千克）}$$

8. 全县油菜单病虫加权平均防效

全县菌核病加权平均防效＝专防区菌核病防效×全县专业化防治面积百分比＋自防区菌核病防效×全县农民自防面积百分比＝80％×30％＋70％×（1－30％）＝73％

全县霜霉病加权平均防效＝80％×30％＋70％×（1－30％）＝73％

全县病毒病加权平均防效＝60％×30％＋50％×（1－30％）＝53％

全县蚜虫加权平均防效＝90％×30％＋85％×（1－30％）＝86.5％

全县小菜蛾加权平均防效＝90％×30％＋80％×（1－30％）＝83％

全县甜菜夜蛾加权平均防效＝90％×30％＋80％×（1－30％）＝83％

9. 全县油菜病虫综合自然危害损失率

$$=\frac{\text{试验区无病虫危害理想单产}-\text{杂草防治区校正单产}}{\text{试验区无病虫危害理想单产}}\times100\%$$

$$=\frac{221.68-192.57}{221.68}\times100\%=13.13\%$$

（注：式中试验区病虫发生级别和种类校正到全县水平后，试验区的病虫综合自然危害损失率转化为全县总体病虫综合自然危害损失率）

10. 全县油菜单病虫自然危害比重

全县菌核病自然危害比重

$$= \frac{\text{全县菌核病发生面积} \times S_{z5} \times 2^{N-5}}{\sum(\text{全县油菜病虫发生面积} \times S_{z5} \times 2^{N-5})} \times 100\%$$

$$= \frac{18.3 \times 27.9\% \times 2^{4-5}}{18.3 \times 27.9\% \times 2^{4-5} + 24.4 \times 19.9\% \times 2^{4-5} + 1.5 \times 18.4\% \times 2^{1-5} +} \times 100\%$$
$$28.45 \times 20.3\% \times 2^{5-5} + 1.5 \times 23.1\% \times 2^{2-5} + 1 \times 31.2\% \times 2^{1-5}$$

$$= \frac{2.552\ 85}{10.836\ 062\ 5} \times 100\% = 23.56\%$$

全县霜霉病自然危害比重

$$= \frac{\text{全县霜霉病发生面积} \times S_{z5} \times 2^{N-5}}{\sum(\text{全县油菜病虫发生面积} \times S_{z5} \times 2^{N-5})} \times 100\%$$

$$= \frac{24.4 \times 19.9\% \times 2^{4-5}}{18.3 \times 27.9\% \times 2^{4-5} + 24.4 \times 19.9\% \times 2^{4-5} + 1.5 \times 18.4\% \times 2^{1-5} +} \times 100\%$$
$$28.45 \times 20.3\% \times 2^{5-5} + 1.5 \times 23.1\% \times 2^{2-5} + 1 \times 31.2\% \times 2^{1-5}$$

$$= \frac{2.427\ 8}{10.836\ 062\ 5} \times 100\% = 22.40\%$$

全县病毒病自然危害比重＝0.16%

全县蚜虫自然危害比重＝53.30%

全县小菜蛾自然危害比重＝0.40%

全县甜菜夜蛾自然危害比重＝0.18%

11. 全县油菜单病虫自然危害损失率＝全县油菜病虫综合自然危害损失率×全县单病虫自然危害比重

全县菌核病自然危害损失率＝全县油菜病虫综合自然危害损失率×全县菌核病自然危害比重

＝13.13%×23.56%＝3.09%

全县霜霉病自然危害损失率＝13.13%×22.40%＝2.94%

全县病毒病自然危害损失率＝13.13%×0.16%＝0.02%

全县蚜虫自然危害损失率＝13.13%×53.30%＝7.00%

全县小菜蛾自然危害损失率＝13.13%×0.40%＝0.05%

全县甜菜夜蛾自然危害损失率＝13.13%×0.18%＝0.02%

12. 全县油菜单病虫挽回损失率＝全县单病虫自然危害损失率×全县单病虫加权平均防效

全县菌核病挽回损失率＝全县菌核病自然危害损失率×全县菌核病加权平均防效

＝3.09%×73%＝2.26%

全县霜霉病挽回损失率＝2.94%×73%＝2.15%

全县病毒病挽回损失率＝0.02%×53%＝0.01%

全县蚜虫挽回损失率＝6.05%

全县小菜蛾挽回损失率＝0.04%

全县甜菜夜蛾挽回损失率＝0.02%

全县油菜病虫综合挽回损失率＝$\sum$全县油菜单病虫挽回损失率＝10.53%

13. 全县油菜单病虫实际损失率＝全县单病虫自然危害损失率－全县单病虫挽回损失率

全县菌核病实际损失率＝全县菌核病自然危害损失率－全县菌核病挽回损失率

＝3.09％－2.26％＝0.83％

全县霜霉病实际损失率＝2.94％－2.15％＝0.79％

全县病毒病实际损失率＝0.02％－0.01％＝0.01％

全县蚜虫实际损失率＝0.94％

全县小菜蛾实际损失率＝0.01％

全县甜菜夜蛾实际损失率＝0

全县油菜病虫综合实际损失率＝$\sum$ 全县油菜单病虫实际损失率＝2.60％

14. 全县油菜无病虫危害理想单产＝$\dfrac{\text{全县油菜平均单产}}{1-\text{全县油菜病虫综合实际损失率}}$

$$=\frac{132.6}{1-2.60\%}=136.14（千克）$$

15. 全县油菜单病虫自然危害损失量＝全县无病虫危害理想单产×种植面积×全县单病虫自然危害损失率

全县油菜菌核病自然危害损失量＝136.14×30.2×3.09％＝127.18（万千克）

全县油菜霜霉病自然危害损失量＝120.95（万千克）

全县油菜病毒病自然危害损失量＝0.86（万千克）

全县油菜蚜虫自然危害损失量＝287.72（万千克）

全县油菜小菜蛾自然危害损失量＝2.16（万千克）

全县油菜甜菜夜蛾自然危害损失量＝0.97（万千克）

全县油菜病虫综合自然危害损失量＝$\sum$ 全县油菜单病虫自然危害损失量＝539.83（万千克）

16. 全县油菜单病虫挽回损失量＝全县无病虫危害理想单产×种植面积×全县单病虫挽回损失率

全县油菜菌核病挽回损失量＝136.14×30.2×2.26％＝92.84（万千克）

全县油菜霜霉病挽回损失量＝88.29（万千克）

全县油菜病毒病挽回损失量＝0.46（万千克）

全县油菜蚜虫挽回损失量＝248.87（万千克）

全县油菜小菜蛾挽回损失量＝1.79（万千克）

全县油菜甜菜夜蛾挽回损失量＝0.81（万千克）

全县油菜病虫综合挽回损失量＝$\sum$ 全县油菜单病虫挽回损失量＝433.06（万千克）

17. 全县油菜单病虫实际损失量＝全县无病虫危害理想单产×种植面积×全县单病虫实际损失率

全县油菜菌核病实际损失量＝136.14×30.2×0.84％＝34.34（万千克）

全县油菜霜霉病实际损失量＝32.66（万千克）

全县油菜病毒病实际损失量＝0.40（万千克）

全县油菜蚜虫实际损失量＝38.84（万千克）

全县油菜小菜蛾实际损失量＝0.37（万千克）

全县油菜甜菜夜蛾实际损失量＝0.17（万千克）

全县油菜病虫综合实际损失量＝$\sum$全县油菜单病虫实际损失量＝106.77（万千克）

全县油菜病虫自然危害损失数据见表7-2，油菜病虫挽回损失和实际损失数据见表7-3。

表7-2 全县油菜病虫自然危害损失

名称	发生面积（万亩次）	全县发生级别	全县单病虫自然危害比重	全县单病虫自然危害损失率	全县病虫危害自然危害损失（万千克）
合计	75.15		100.00%	13.13%	539.83
菌核病	18.3	4	23.56%	3.09%	127.18
霜霉病	24.4	4	22.40%	2.94%	120.95
病毒病	1.5	1	0.16%	0.02%	0.86
蚜虫	28.45	5	53.30%	7.00%	287.72
小菜蛾	1.5	2	0.40%	0.05%	2.16
甜菜夜蛾	1	1	0.18%	0.02%	0.97

注：以上计算数据可参阅附录四，以上数据均为软件计算结果，因小数位保留不同数据可能存在微小误差。

表7-3 全县油菜病虫挽回损失和实际损失

名称	发生面积（万亩次）	全县发生级别	全县单病虫挽回损失率	全县病虫挽回损失（万千克）	全县单病虫实际损失率	全县病虫实际损失（万千克）
合计	75.15		10.53%	433.06	2.59%	106.77
菌核病	18.3	4	2.26%	92.84	0.83%	34.34
霜霉病	24.4	4	2.15%	88.29	0.79%	32.66
病毒病	1.5	1	0.01%	0.46	0.01%	0.40
蚜虫	28.45	5	6.05%	248.87	0.94%	38.84
小菜蛾	1.5	2	0.04%	1.79	0.01%	0.37
甜菜夜蛾	1	1	0.02%	0.81	0.00%	0.17

注：以上计算数据可参阅附录四，以上数据均为软件计算结果，因小数位保留不同数据可能存在微小误差。

三、试验区杂草数据分析

杂草种类繁多，区域间、田块间差异大，不像病虫害那样区域相同性强，试验区的杂草危害难以代表全县真实平均水平，只能单纯对试验区的杂草危害进行简单测算，难以推算到全县。

18. 试验区无杂草危害理想单产

$$＝病虫防治区单产＋\frac{专防区单产－病虫防治区单产}{专防区杂草综合防效}$$

$$＝183＋\frac{217.9－183}{90\%}＝221.78（千克）$$

19. 试验区杂草自然危害损失率

$$＝\frac{试验区无杂草危害理想单产－病虫防治区单产}{试验区无杂草危害理想单产}×100\%$$

$$＝\frac{221.78－183}{221.78}×100\%＝17.5\%$$

20. 试验专防区杂草危害挽回损失率

＝试验区杂草自然危害损失率×专防区杂草综合防效＝17.5％×90％＝15.75％

21. 试验专防区杂草实际损失率

＝试验区杂草自然危害损失率—专防区杂草危害挽回损失率＝17.5％—15.75％＝1.75％

22. 试验自防区杂草危害挽回损失率＝试验区杂草自然危害损失率×自防区杂草综合防效＝17.5％×85％＝14.875％

23. 试验自防区杂草实际损失率＝试验区杂草自然危害损失率—自防区杂草危害挽回损失率＝17.5％—14.875％＝2.625％

第八章
农作物病虫害绿色防控技术及绿色防控覆盖率情况统计

党的十八大提出生态文明建设，推进农作物病虫害绿色防控势在必行。为明晰绿色防控的界定范围，规范绿色防控技术内容，量化绿色防控应用情况，本章就我国目前生产上应用的绿色防控技术进行了归纳分类，并进一步提出了量化统计绿色防控应用情况的方法，旨在为扩大植保统计范围、正确统计和科学评价绿色防控技术应用效果提供参考。

2006 年全国植保工作会议上提出了"公共植保、绿色植保"理念，自 2007 年起，农业部全面组织开展绿色防控技术示范工作，2009 年农业部办公厅印发了《全国玉米螟绿色防控指导意见》，2011 年印发了《关于推进农作物病虫害绿色防控的意见》，2012 年农业部召开了全国农作物病虫害绿色防控工作会，2013 年农业部印发《全国农作物病虫害绿色防控示范区建设方案》，在全国建立了 100 个绿色防控示范基地，2015 年农业部又印发了《到 2020 年农药使用量零增长行动方案》和《2015 年专业化统防统治和绿色防控融合推进试点方案》。近十年来，农业农村部推进的系列政策性文件，极大地促进了绿色防控技术在生产上的推广应用。据初步统计，到 2016 年年底全国绿色防控覆盖率达到 25.2%，对减少化学农药使用量，降低农产品农药残留，保护生态环境作出了贡献。在实际工作中，关于绿色防控技术的界定、技术体系的范畴以及绿色防控应用面积等的规范和统计方法还有一些需要明确的问题。

第一节　绿色防控的来历及其定义

2006 年 4 月，在湖北襄樊（今襄阳）召开的全国植保工作会上，农业部副部长范小建提出要树立"绿色植保"理念，就是要把植保工作作为人与自然和谐系统的重要组成部分，突出其对高产、优质、高效、生态、安全农业的保障和支撑作用。他从四个层次阐述了"绿色植保"的含义。第一，植保工作就是植物卫生事业，为植物防病治虫，使之健康生长，要确保"绿色田园"。第二，植保工作要把人、农作物和病虫作为整体系统来考虑，采取生态治理、农业防治、生物控制、物理诱杀等综合防治措施，要确保农业可持续发展。第三，选用低毒、高效农药，应用先进施药机械和科学施药技术，减轻残留、污染，避免人、畜中毒和作物药害，要生产"绿色产品"。第四，植保工作不仅包括防病、治虫，而且包括防治鼠害和有害植物（如一支黄花、紫茎泽兰等）；不仅要防治已发生的生物灾害，而且要防范外来有害生物入侵和传播，要确保环境安全和生态安全，实现"绿色家园"。

　　为贯彻落实"绿色植保"理念，2007 年全国农业技术推广服务中心在《关于做好 2007 年农作物病虫害综合防治技术示范推广工作的通知》（农技植保〔2007〕20 号）中，首次提出了"绿色防控"概念。2009 年在《农业部办公厅关于印发〈全国玉米螟绿色防控指导意见〉的通知》（农办农〔2009〕29 号）中，正式认可了"绿色防控"的提法，2011 年农业部办公厅印发了《关于推进农作物病虫害绿色防控的意见》（农办农〔2011〕54 号），对农作物病虫害"绿色防控"做出了定义。

　　"绿色防控"是指采取生态调控、生物防治、物理防治和科学用药等环境友好型措施控制农作物病虫危害的植物保护措施。推进绿色防控是贯彻落实"预防为主、综合防治"植保方针，实施绿色植保战略的重要举措。

第二节　绿色防控技术体系

　　在我国植保方针的指导下，贯彻落实绿色植保理念，总结完善，研发创新，经过 10 年的发展，绿色防控技术取得了长足进展，初步形成了技术较为完善，概念普遍认可的技术体系。该技术体系主要包括植物健康、理化诱控、天敌保护利用、生态调控、生物农药和必要的高效低毒化学农药使用等防治技术。

一、植物健康技术

　　植保工作就是植物卫生事业，健康的植物或作物是有效抵抗病虫危害、减轻危害损失的基础。栽培健康的作物，需要良好的土壤、合理的耕作、具有抗性的品种、必要的种子处理、适宜的栽植密度和科学的管理措施。植物健康技术是在农业防治的基础上，配合种子处理和植物免疫、生长调节等植保措施而形成的，是当前国际上较为通行的植物（作物）病害、虫害绿色防控技术之一。

二、理化诱控技术

　　理化诱控技术是指利用害虫的趋光、趋化特性，通过布设灯光、色板、食诱剂和昆虫信息素诱捕器等诱集或驱赶，控制害虫危害的技术。

　　（1）灯光诱控是我国应用较广，控制效果较好的一项绿色防控技术。其诱杀谱广的特点，在多种害虫同时危害的情况下，具有一灯多效的作用，但由于其对中性昆虫以及部分有益昆虫的误伤，限制了其进一步的发展，目前各种改良光谱、智能控制开关灯的新型产品正在完善和应用中。

　　（2）色板诱控是利用害虫对颜色的趋向性，通过在色板上涂抹黏虫胶，起到诱杀作用，是对灯光诱控的一种补充。主要针对对光不敏感的微小害虫，重点应用在设施生产中。

　　（3）昆虫信息素诱控目前应用较广的是性信息素诱控。其特点是专一性好，只对某一种特定害虫有作用，不会误伤中性昆虫和有益昆虫。缺点是对部分重要害虫作用不明显，同时，由于其只诱杀雄虫，以及在害虫发育进度不一、种群密度较大时，不能充分发挥控制作用。

（4）食物引诱控制是利用昆虫对食物特定气味的趋性，引诱害虫并进行诱捕的一项技术，具有同时诱捕雌雄害虫的优点，也有较强的专一性。如糖酒醋液等。

（5）驱避技术是利用物理隔离、颜色负趋性、气味负趋性原理，通过一定装置进行害虫控制的技术。如防虫网、银灰膜以及一些特定害虫的化学驱避剂等。

三、天敌保护利用

是狭义生物防治的核心内容，指通过人工大量繁殖，增加天敌数量和为自然天敌创造栖息、繁衍的生存条件，达到控制害虫、害螨发生发展和保护生产的目的。其中，能够消灭害虫，在一定区域内控制害虫发生与发展的昆虫，统称为天敌昆虫。天敌昆虫包括寄生性和捕食性两大类。寄生性天敌昆虫可将卵产在害虫的幼虫或成虫体内，杀死害虫；捕食性天敌昆虫通过捕食而消灭害虫。我国成功人工饲养的主要有赤眼蜂、平腹小蜂、丽蚜小蜂、肿腿蜂、食蚜瘿蚊、草蛉、七星瓢虫、小花蝽、智利小植绥螨、西方盲走螨、侧沟茧蜂等捕食性或寄生性天敌昆虫。

四、生态控制

主要指通过对害虫种群环境进行合理的调控，使其种群增长速度恢复到较低的半自然状态，逐步丧失对农作物商品性的危害。生产上主要通过利用生物多样性，不同功能动植物的合理搭配，控制害虫为主的危害，包括景观生态设计、功能植物种植、推拉技术、生态自杀技术、作物合理布局、健康作物环境调控技术等。其核心是通过非化学的技术措施，达到害虫等有害生物的可持续治理目的。

五、生物农药

广义的生物农药是指利用生物活体或生物代谢过程中产生的具有生物活性的物质作为防治农作物病虫害的农药。狭义的概念主要包括微生物农药、植物源农药、天敌、生物化学农药（信息素、激素、天然的昆虫生长调节剂或植物生长调节剂、驱避剂以及酶类物质）和转基因植物。本书中的生物农药特指除天敌外的狭义生物农药。

第三节　绿色防控应用情况统计

植物保护统计是经国家统计局备案批准的植保专业统计。按照农业农村部规定，其统计内容主要包括农作物有害生物发生面积、防治面积、挽回损失、实际损失及发生程度；主要防治措施；农药、药械使用情况等；农药中毒情况；植物检疫工作情况；植物保护机构、人员及植保专业化防治情况以及其他有关植保工作的重要方面。其主要作用是及时准确地反映农作物有害生物发生危害，为制定植保政策和编制工作计划提供科学依据。十八大以来，加强生态文明建设，强调绿色发展。在"公共植保、绿色植保"理念指引下，绿色防控与统防统治并行，成了植保工作的重要内容。绿色防控技术的应用情况统计也势在必行。

一、现有植保统计中有关绿色防控技术的内容及其统计方法

《农业植保专业统计规范》中，规定了涉及绿色防控的生物防治及物理防治统计内容和应用面积的统计方法。

化学防治面积指田间使用化学农药及植物源农药防治病虫的面积，包括种子处理和土壤处理面积。

生物防治面积指人工释放天敌、施用微生物制剂防治病虫的面积，不包括天敌保护利用的面积。

物理防治面积指通过各种物理器械、诱捕和人工等物理方法防治害虫的面积。

从目前最新的绿色防控定义和技术体系可以看出，原植保统计中涉及绿色防控的内容分别在化学防治、生物防治和物理防治中，主要存在两方面的问题。一是统计涉及的内容比现行的绿色防控内容少；二是绿色防控内容穿插在不同的指标中，如植物源农药在化学农药中统计，信息素在物理防治中统计。不能完全反映绿色防控工作情况，也不能为制定相关促进绿色发展政策提供充分的决策依据，有必要进行补充和修订，重新设计合理的报表进行统计。

二、对绿色防控应用情况统计指标的建议

（1）将植物源农药从化学防治中剥离出来，作为绿色防控的一项重要生物防治指标，归入生物防治中，进行单独统计。

（2）把信息素从物理防治中剥离出来，归入生物防治中，以便与国际上生物防治的定义接轨。明确物理防治主要指通过灯光、色板、食物等诱捕和驱避以及隔离等内容。

（3）增加生物农药中免疫诱抗剂、昆虫和植物生长调节剂应用统计，暂不包括生物菌肥的应用面积。

（4）增加生态控制应用面积统计，主要指在一定范围内，通过生物多样性，不同功能动植物的合理布局，控制病虫害的面积。

（5）转基因技术在我国目前仅用于棉花和木瓜，可进行应用面积的统计。

（6）高效低毒化学农药应用统计，其面积应是指农药登记为低毒及以下的，使用符合农药安全间隔期要求的面积。

三、相应的统计方法规定

调整和增加内容后，绿色防控统计内容与定义可得到统一。为保证植保统计的连续性

和统计结果的科学性，仍应遵循现行植保统计规范的统计方法，即用亩次法进行面积统计。在绿色防控技术应用成效统计方面，绿色防控技术应用所占比例，就是上述各面积之和与防治总面积的比值。

第四节 绿色防控技术统计中需注意的问题

（1）近年来，随着绿色防控技术应用的普及，各类绿色防控技术措施在同一地块的叠加使用比较普遍，按照各自作用的不同，针对靶标的不一，和化学农药多次使用作用相当，可以各计各次，以亩次表达绿色防控的目标是为了减少化学农药使用，保护环境和生产合格的农产品，但植保统计主要统计的是不同植保技术的应用情况，不是农产品的质量，不应混淆。

（2）《到 2020 年农药使用量零增长行动方案》的实施，对促进绿色防控技术的推广应用起到了积极的推动作用，绿色防控为实现农药零增长具有重要的支撑作用。但在部分考核指标上，统计和计算方法可能不一致，应按不同要求分别进行。

（3）绿色防控技术应用在各地发展还不平衡，掌握尺度也因人而异，应尽量保持统计人员的稳定，编制更详细便捷的培训资料，加强培训，以提高统计结果的准确性和科学性。

第五节 绿色防控覆盖率的计算方法

农作物病虫害绿色防控是农业绿色发展的重要内容，也是农业高质量发展的重要标志。为科学评价和推进农作物病虫害绿色防控工作，2019 年农业农村部种植业管理司会同全国农业技术推广服务中心，组织专家研究制定了《农作物病虫害绿色防控评价指标与统计方法（试行）》。当地应结合当地实际，认真组织做好农作物病虫害绿色防控评价工作，科学测算绿色防控覆盖率，并将绿色防控实施面积纳入全国植保统计内容，组织做好统计上报工作。

一、基本定义

病虫害绿色防控覆盖率是指农作物生长过程中，实施病虫害绿色防控面积占该作物种植面积的百分比。

二、评价指标与评分标准

农作物病虫绿色防控评价指标包括技术先进性、综合防控效果、安全性评价、综合管理措施、负面清单等五项。其中，前四项采取评分制，总分为 100 分；第五项为否决项，实行一票否决制（表 8-1）。具体权重和评分标准如下。

表 8 - 1　农作物病虫害绿色防控评价指标与评分标准

一级指标	评分标准	评分
1. 技术先进性（40分）	先进（35～40分） 绿色防控技术集成度高。生物防治、生态控制、理化诱控等非化学措施控害作用占全程综合防治效果比重在 50% 以上；使用的化学农药品种属于高效低风险农药，农药科学合理使用水平高，其中化学农药用量比非绿色防控区减少 30% 以上	
	较先进（25～34分） 绿色防控技术集成度较高。生物防治、生态控制、理化诱控等非化学措施控害作用占全程综合防治效果比重在 30% 以上；使用的化学农药品种属于高效低风险农药，农药科学合理使用水平较高，其中化学农药用量比非绿色防控区减少 15% 以上	
	一般（0～24分） 绿色防控技术集成度较低。生物防治、生态控制、理化诱控等非化学控害措施作用占全程综合防治比例 30% 以下；使用的化学农药品种属于高效低风险农药，农药科学合理使用水平一般，不遵守农药使用安全间隔期，其中化学农药用量比非绿色防控区减少 15% 以下	
2. 综合防控效果（25分）	好（21～25分） 病虫害综合防控效果达到 80% 以上，投入产出比增加（或预期增加）20% 以上	
	较好（16～20分） 病虫害综合防控效果达到 60% 以上，投入产出比增加（或预期增加）10% 以上	
	一般（0～15分） 病虫害综合防控效果达到 60% 以下，投入产出比增加（或预期增加）10% 以下	
3. 安全性评价（20分）	安全（17～20分） 施药过程安全防控措施严格，田间农药包装废弃物回收 90% 以上，对蜜蜂、天敌等有益生物和生态环境无明显的不良影响	
	较安全（13～16分） 施药过程安全防控措施较好，田间农药包装废弃物回收率达到 80% 以上，对蜜蜂、天敌等有益生物和生态环境无明显的不良影响	
	一般（0～12分） 施药过程安全防控措施较差，田间农药包装废弃物回收率达到 80% 以下，对蜜蜂、天敌等有益生物和生态环境有明显的不良影响	

（续）

一级指标	评分标准	评分
4. 综合管理措施（15分）	好（13～15分） 当地政府扶持力度大，农业部门组织指导到位，生产档案记录完整，统防统治等服务方式有创新	
	良（10～12分） 当地政府有一定扶持，农业部门组织指导基本到位，生产档案有一定记录，统防统治等服务方式有一定创新	
	一般（0～9分） 当地政府缺少扶持，农业部门组织指导不足，生产档案无记录，统防统治等服务方式不足	
5. 负面清单	（1）违规使用禁限用农药和高毒农药；（2）农产品农药检测未达到国家相关标准；（3）在防治过程中发生人畜中毒伤亡事故；（4）造成重大的环境污染事件；（5）使用农药造成严重药害事故	一票否决

1. 技术先进性评价指标　总分40分，重点评判采用的防控技术先进程度。根据绿色防控技术集成度、非化学防控措施使用比例、选用农药种类、化学农药科学合理使用水平及减量控害效果等五个方面综合评分。分先进、较先进、一般三个等级，先进为35～40分，较先进为25～34分，一般为0～24分。

2. 综合防控效果评价指标　总分25分，重点评判采用的绿色防控技术和措施应用效果。根据农作物病虫害防控效果、防控投入产出比增加（或预期增加）幅度等综合打分。分好、较好、一般三个等级，好为21～25分，较好为16～20分，一般为0～15分。

3. 安全性评价指标　总分20分，重点评判采用的防控技术和措施对生态环境、有益生物以及作业人员健康的影响程度。根据施药过程安全防护、农药包装废弃物回收率以及对蜜蜂和天敌等有益生物和生态环境的保护利用情况综合打分。分安全、较安全、一般三个等级，安全为17～20分，较安全为13～16分，一般为0～12分。

4. 综合管理措施评价指标　总分15分，重点评判当地政府、农业部门对绿色防控的重视、支持程度和管理、指导水平。根据当地政府扶持力度、农业部门组织指导、生产档案记录和专业化统防统治服务方式创新等综合打分。分好、较好、一般三个等级，好为13～15分，较好为10～12分，一般为0～9分。

5. 负面清单（一票否决指标）　包括违规使用禁限用农药和高毒农药、农产品农药检测未达到国家相关标准、在防治过程中发生人畜中毒伤亡事故、造成重大的环境污染事件、使用农药造成严重药害事故等五项。负面清单项为一票否决项，即只要发生其中任何一项，无论前四项评分多少，均判定为非绿色防控技术和措施。

总得分60分以下的为不合格，相关面积不计入绿色防控技术和措施应用面积；总得分60分及以上的为合格，相关面积计入绿色防控技术和措施应用面积，其中总得分85分及以上的为优秀，表明绿色防控达到较高水平（表8-2）。

表 8-2　主要农作物病虫害绿色防控实施面积统计表

作物名称		播种面积（万亩）	绿色防控实施面积（万亩）	绿色防控平均覆盖率（%）	备注
蔬菜作物					
果树作物	柑橘				
	苹果				
	梨				
	……				
	小计				
茶叶					
粮食作物	水稻				
	玉米				
	小麦				
	……				
	小计				
油料作物	油菜				
	向日葵				
	……				
	小计				
糖料作物					
棉花					
中药材					
其他作物					
合计					

注：各地根据具体实施绿色防控的作物种类进行填报。

三、调查统计方法

1. 绿色防控评价调查方法　由县级及以上农业部门和植保机构统一组织（也可委托第三方机构），在行政辖区内分作物评价统计。评价时以当地种植的主要农作物为对象，采取相同作物、相似技术的区域为评价单元，根据每种评价单元面积的大小，确定抽样比例和样点数，具体方法由组织评价单位确定。按照农作物病虫害绿色防控评价指标与评分标准，调查评估各种作物病虫害绿色防控技术和措施应用情况，并分别记载评价总面积，以及绿色防控面积和非绿色防控面积。

2. 绿色防控覆盖率统计测算方法　根据抽样调查评价结果，统计测算各种作物病虫害绿色防控覆盖率。

某种作物病虫害绿色防控覆盖率

＝（某种作物调查点绿色防控面积之和/各调查点该作物地块总面积之和）×100%

根据本县（市、区）某种作物病虫害绿色防控覆盖率、某种作物种植面积、各种作物种植总面积，测算农作物病虫害绿色防控覆盖率。

农作物病虫害绿色防控覆盖率

$= \sum$ [某种作物绿色防控覆盖率×某种作物种植面积]/各种作物种植面积总和×100%

第九章
农药、药械使用及农药中毒情况统计

第一节　农药统计

一、农药统计的意义与任务

农药是确保农产品增产、农民增收、保证粮食安全的重要生产资料，它对有效地防治农作物病虫草鼠害及其他有害生物，提高农作物的产量和质量，发展绿色植保事业，促进农林牧业生产，提高人民生活水平等方面，都有着十分重要的作用。农药的应用效益，在发达国家的投资比为1：（6～8）以上，我国一般在1：2.5以上。

我国处于季风气候区，气温、雨量变化大，农作物病虫害不仅发生重，且主要病虫害每年发生情况不尽一致，特别是发生和防治面积变化比较大，而每年需要投入的农药种类和数量都有变化。近十年来，农作物病虫草鼠害年均发生70.3亿亩次，防治83.9亿亩次，最高年份发生面积76亿亩次，最低年份发生面积62亿亩次，年均化学防治面积73亿亩次，使用农药29.4万吨（折百量），占比为86.8%。农药的化学防治，作为"预防为主，综合防治"植保工作方针中的重要措施，在防治和抵御病虫草害中，以最为快速、最为有效、最为经济的重要手段，在我国农业领域得到了广泛的大面积应用。搞好农药统计工作，掌握我国农药的实际使用量，对于应对我国病虫草鼠害频繁发生，以持有足够农药满足病虫草鼠害防治需求的同时，努力减少不必要的过量生产、盲目生产，对节约资金、保护环境、保障粮食安全和人畜安全都具有十分重要的意义。

自从农药市场放开后，针对某一个农药品种，准确地统计出该品种在该地区的用药量变得越来越困难。面对多渠道、混乱的农药市场，各级植保部门需要不断研究统计方法，使农药使用量的统计更加科学合理。

二、农药使用情况统计

农药是一种特殊商品。除特殊的毒性外，不同的农药有不同的理化性质；同一种农药也有多种不同的加工剂型。所以在开展农药使用情况统计时，必须做到系统性和全面性相结合。

（一）统计品种

农药商品的种类很多，截至 2018 年 12 月 31 日，全国农药登记产品 41 514 个，涉及 2 129 家企业（其中境外企业 119 家），681 个有效成分。其中，2018 年度农药登记产品 4 515个，登记新有效成分 11 个。为了便于进行农药统计和分析，必须对农药分类。

按照其防治对象，可将其分为杀虫剂、杀菌剂、除草剂、植物生长调节剂、杀鼠剂五大类。其中，杀虫剂又分为有机磷类、氨基甲酸酯类、拟除虫菊酯类、新烟碱类、双酰胺类及其他类杀虫剂、杀螨类。

我国农药品种有效成分 600 多个，在农户用药调查的数据库中有过应用的 500 多个，常用的农药品种 300 多个。在这些常用品种中，全国农业技术推广服务中心根据 2015—2019 年基于终端的农户用药调查结果，将使用频率较高的近 300 种农药确定为常年的农药有效成分统计品种。

（二）使用量的统计

农药使用量的统计，通常需要统计农药的商品用量和折百用量。

1. 单剂商品量的统计方法　农药的商品量即包装规格标识量，比如 40％氧乐果乳油 500 毫升，这 500 毫升即为氧乐果的商品量。

例如，在统计江苏省某年全省三唑酮使用数量时，作为商品量的统计，包括 25％的三唑酮可湿性粉剂 60 吨、20％的三唑酮乳油 450 吨、15％的三唑酮可湿性粉剂 80 吨，这三种剂型的使用数量的总和即：60 吨＋450 吨＋80 吨＝590 吨，这 590 吨即为三唑酮的商品量。

2. 折百量的统计方法　折百量是指折合成 100％纯度的意思。

折百量的计算方法是：折百量＝商品量×含量

而作为三唑酮有效成分的统计，则应是各种剂型的有效成分含量之和，即：60 吨×25％＋450 吨×20％＋80 吨×15％＝117 吨。

3. 复配制剂中商品量和折百量计算方法　在目前市场上销售的农药品种中有很大一部分是混剂。混剂中各个农药成分商品量的计算可按浙江大学唐启义教授提出的比数比法。该方法以混剂中单剂百分位数×75 的浓度为"标准"的比数比方法，该方法首先根据历年农药登记证号，查找里面的单剂，列出每个单剂历年农药登记的有效成分浓度，将其从小到大排列，取其百分位数为 75 时的该单剂的有效成分含量浓度。以此作为标准，然后按下述公式计算复配剂中每个单剂占商品用量的比例。

$$某单剂商品量的比例 = \frac{某单剂有效成分（\%）/ 该单剂标准浓度（\%）}{\sum 各单剂有效成分（\%）/ 各单剂标准浓度（\%）} \times 100\%$$

例如，登记证号为 PD20181438 的二元复配剂阿维·稻丰散，阿维菌素含量为 0.5％，稻丰散含量为 44.5％。复配剂阿维·稻丰散中，先计算制剂浓度和单剂标准浓度之比：阿维菌素跟它的单剂标准浓度为 0.5/3＝16.67（％），稻丰散为 44.5/60＝74.17（％），然后按混剂里面各个单剂的比率，计算各个单剂的比例。这里两者比例是 16.67∶74.17，即阿维菌素在混剂中的商品量占比是 16.67/（16.67＋74.17）＝18.35％，稻丰散在商品量中占比是 74.17/（16.67＋74.17）＝81.65％。

4. 生物农药折百量计算方法（试行）　生物农药（折百量）按三种类型折算。

（1）含生物化学、植物源、微生物源等非活体生物农药（折百量）＝生物农药实物量×某种生物农药有效成分含量的百分比。

（2）病毒、真菌和细菌类活体生物农药（折百量）按每克制剂含 10 000 亿活体数为100％折算。

（3）苏云金杆菌（折百量）按 1 000 000 国际单位/毫克为 100％折算。

活体类生物农药的折百对于我们来说算是一种探索，是否合理有待研究，目前为了规范暂且统一计算方法。

A. 多角体病毒等制剂用"亿多角体/克"表示。如斜纹夜蛾核型多角体病毒、甜菜夜蛾核型多角体病毒、菜青虫颗粒体病毒、苜蓿银纹夜蛾核型多角体病毒、棉铃虫核型多角体病毒、茶尺蠖核型多角体病毒、松毛虫质型多角体病毒、油尺蠖核型多角体病毒等。

计算公式：

$$折算含量＝\frac{制剂实际量（亿多角体/克或毫升）}{10\ 000（亿多角体/克或毫升）}×100\%$$

计算方法举例：假设其 100％商品量为 10 000 亿多角体/克，则棉铃虫核角型多角体病毒悬浮剂 20 亿多角体/毫升，相当于 0.2％；甘蓝夜蛾核型多角体病毒 200 亿多角体/克，相当于 2％；苜蓿银纹夜蛾核型多角体病毒悬浮剂 10 亿多角体/毫升，相当于 0.1％。

B. 细菌群落、活孢子等用"亿菌落形成单位/克"表示。如球形芽孢菌、地衣芽孢杆菌、枯草芽孢杆菌、蜡质芽孢杆菌、荧光假单胞菌、哈茨木霉菌等。

计算公式：

$$折算含量＝\frac{制剂实际量（亿菌落形成单位/克）}{10\ 000（亿菌落形成单位/克）}×100\%$$

计算方法举例：假设其 100％商品量为 10 000 亿菌落形成单位/克，则枯草芽孢杆菌杀菌剂可湿性粉剂 100 亿菌落形成单位/克，相当于 1％；哈茨木霉菌杀菌剂可湿性粉剂 3亿菌落形成单位/克，相当于 0.03％；多黏类芽孢杆菌杀菌剂母药 50 亿菌落形成单位/克，相当于 0.5％。

C. 苏云菌杆菌用"国际单位/毫克"表示。

计算公式：

$$折算含量＝\frac{制剂实际量（国际单位/毫克）}{1\ 000\ 000（国际单位/毫克）}×100\%$$

计算方法举例：假设苏云菌杆菌 100％商品量为 1 000 000 国际单位/毫克，则苏云金杆菌杀虫剂可湿性粉剂 16 000 国际单位/毫克，相当于 1.6％；苏云金杆菌杀虫剂可湿性粉剂 50 000 国际单位/毫克，相当于 5％。

D. 微生物制剂用"亿孢子/克"表示。如白僵菌、绿僵菌、淡紫拟青霉、蜡蚧轮枝菌、木霉菌、枯草芽孢杆菌等。

计算公式：

$$折算含量＝\frac{制剂实际量（亿孢子/克）}{10\ 000（亿孢子/克）}×100\%$$

计算方法举例：假设其 100％商品量为 10 000 亿孢子/克，则球孢白僵菌杀虫剂可分散油悬浮剂 300 亿孢子/克，相当于 3%；金龟子绿僵菌 CQMa421 杀虫剂可分散油悬浮剂 80 亿孢子/毫升，相当于 0.8%；淡紫拟青霉杀菌剂粉剂 2 亿孢子/克，相当于 0.02%。

5. "其他"类农药折百量计算方法

（1）系统中涉及的"其他"类农药主要包括：杀虫剂中其他有机磷类、其他氨基甲酸酯类、其他拟除虫菊酯类、其他新烟碱类、其他双酰胺类和其他类杀虫剂、其他杀螨类，其他杀菌剂，以上其他项均统一按照 25% 进行折算。

（2）除草剂的其他按 30% 折算。

（3）植物生长调剂及杀鼠剂的其他农药折百计算方法：

由于植物生长调节剂和杀鼠剂产品较少，该折百量按照实际含量进行折算。

（4）杀菌剂、除草剂、植物生长调节剂中的其他生物农药折百计算方法：

由于三级上报的原因，我们无法对其他的生物农药逐一给出折百的方法，暂且规定杀菌剂、除草剂、植物生长调节剂中的其他类生物农药折百量按 5% 计算。

（三）调查的品种

目前，统计报表中的农药品种是在全国范围内用药量较大或具有应用前景的农药，由于种类繁多，不可能全部列入，每年都会对统计表中涉及的农药品种进行调整。目前列入统计的农药品种分为 5 大类，分别是杀虫剂（含杀螨剂）、杀菌剂、除草剂、植物生长调节剂、杀鼠剂，统计涉及的有效成分 270 多个，调查品种如下。

1. 杀虫剂

（1）有机磷类。敌敌畏、敌百虫、氧乐果（禁止在甘蓝、柑橘上使用）、乐果（禁止在蔬菜、瓜果、茶叶、菌类和中药材作物上使用）、辛硫磷、杀螟硫磷、甲基异柳磷（禁止在蔬菜、果树、茶叶、中草药材和甘蔗上使用）、甲拌磷（禁止在蔬菜、果树、茶叶、中草药材和甘蔗上使用）、马拉硫磷、水胺硫磷（禁止在柑橘上使用）、乙酰甲胺磷（禁止在蔬菜、瓜果、茶叶、菌类和中草药材作物上使用）、三唑磷（禁止在蔬菜上使用）、哒嗪硫磷、丙溴磷、喹硫磷、毒死蜱（禁止在蔬菜上使用）、甲基毒死蜱、倍硫磷、灭线磷（禁止在蔬菜、果树、茶叶和中草药材上使用）、二嗪磷、稻丰散、其他有机磷类。

（2）氨基甲酸酯类。抗蚜威、灭多威（禁止在柑橘树、苹果树、茶树和十字花科蔬菜上使用）、硫双威、异丙威、甲萘威、克百威（禁止在蔬菜、果树、茶叶、中草药材和甘蔗上使用）、丁硫克百威（禁止在蔬菜、瓜果、茶叶、菌类和中草药材作物上使用）、涕灭威（禁止在蔬菜、果树、茶叶和中草药材上使用）、速灭威、混灭威、茚虫威、其他氨基甲酸酯类。

（3）拟除虫菊酯类。高效氯氰菊酯、联苯菊酯、氰戊菊酯（禁止在茶叶上使用）、溴氰菊酯、氯氰菊酯、高效氯氟氰菊酯、高效氟氯氰菊酯、甲氰菊酯、氟氯氰菊酯、S-氰戊菊酯、醚菊酯、其他拟除虫菊酯类。

（4）新烟碱类。噻虫嗪、噻虫胺、吡虫啉、呋虫胺、啶虫脒、烯啶虫胺、噻虫啉、氯噻啉、其他新烟碱类。

（5）双酰胺类。氯虫苯甲酰胺、氟苯虫酰胺（禁止在水稻上使用）、四氯虫酰胺、溴氰虫酰胺、其他双酰胺类。

（6）其他类杀虫剂。杀虫双、杀虫单、杀螟丹、抑食肼、硫丹（全面禁用）、灭幼脲、噻嗪酮、苏云金杆菌、氟啶脲、氟虫脲、氟铃脲、丁醚脲、除虫脲、阿维菌素、甲氨基阿维菌素苯甲酸盐、虫酰肼、虫螨腈、四聚乙醛、吡蚜酮、甲氧虫酰肼、氰氟虫腙、多杀霉素、乙基多杀菌素、浏阳霉素、杀螺胺、鱼藤酮、苦参碱、印楝素、除虫菊素、藜芦碱、核型多角体病毒、绿僵菌、白僵菌、杀螺胺乙醇胺盐、氟啶虫胺腈、丁烯氟虫腈、哌虫啶、其他生物杀虫剂、其他杀虫剂。

（7）杀螨剂。三氯杀螨醇（全面禁用）、炔螨特、噻螨酮、双甲脒、单甲脒、苯丁锡、四螨嗪、哒螨灵、三唑锡、唑螨酯、石硫合剂、矿物油、乙唑螨腈、其他生物杀螨剂、其他杀螨剂。

2. 杀菌剂 硫酸铜、氢氧化铜、多菌灵、三唑酮、三环唑、稻瘟灵、腈菌唑、异稻瘟净、丙硫多菌灵、叶枯唑、甲基硫菌灵、拌种灵、百菌清、敌磺钠、辛菌胺、代森类、甲霜灵类、噁霜灵、敌瘟磷、腐霉利、福美类、乙霉威、五氯硝基苯、三乙膦酸铝、菌核净、烯唑醇、异菌脲、霜脲氰、霜霉威盐酸盐、甲基立枯磷、井冈霉素、春雷霉素、申嗪霉素、宁南霉素、多抗霉素、中生菌素、嘧啶核苷类抗菌素、硫酸链霉素、武夷菌素、盐酸吗啉胍、乙烯菌核利、三唑醇、噻菌灵、噻呋酰胺、咪鲜胺、嘧霉胺、丙环唑、戊唑醇、己唑醇、丙森锌、嘧菌酯、醚菌酯、吡唑醚菌酯、丁香菌酯、氰烯菌酯、肟菌酯、烯肟菌酯、烯肟菌胺、苯醚甲环唑、烯酰吗啉、咯菌腈、毒氟磷、氟环唑、木霉菌、蛇床子素、极细链格孢激活蛋白、氨基寡糖素、香菇多糖、枯草芽孢杆菌、蜡质芽孢杆菌、其他生物杀菌剂、其他杀菌剂。

3. 除草剂 丁草胺、乙草胺、甲草胺、异丙甲草胺、精异丙甲草胺、丙草胺、异丙草胺、莠灭净、2甲4氯、2，4-滴丁酯（全面禁用）、绿麦隆、精吡氟禾草灵、高效氟吡甲禾灵、莎稗磷、仲丁灵、氯氟吡啶酯、禾草丹、禾草敌、苄嘧磺隆、西草净、野麦畏、扑草净、莠去津、灭草松、百草枯（全面禁用）、氟唑磺隆、氟磺胺草醚、精噁唑禾草灵、乙羧氟草醚、五氟磺草胺、氯氟吡氧乙酸、嗪草酮、烯禾啶、草甘膦（含量低于30％的农业上禁用）、敌草快、苯磺隆、氟乐灵、吡嘧磺隆、氯吡嘧磺隆、敌草胺、麦草畏、噁草酮、甲磺隆（全面禁用）、异丙隆、氯嘧磺隆、甲氧咪草烟、异噁草酮、乙氧氟草醚、胺苯磺隆（全面禁用）、二氯喹啉酸、喹禾灵、精喹禾灵、敌稗、二甲戊灵、烯草酮、丙炔氟草胺、氟噻草胺、砜嘧磺隆、烟嘧磺隆、草除灵、炔草酯、氰氟草酯、咪唑乙烟酸、唑草酮、苯噻酰草胺、噁唑酰草胺、硝磺草酮、苯唑草酮、草铵膦、炔草酸、其他除草剂。

4. 植物生长调节剂 多效唑、甲哌鎓、烯效唑、乙烯利、缩节胺、芸薹素内酯、S-诱抗素、复硝酚钠、矮壮素、氯吡脲、胺鲜酯、噻苯隆、单氰胺、其他生物生长调节剂、其他生长调节剂。

5. 杀鼠剂 敌鼠钠盐、溴敌隆、氯敌鼠钠盐、杀鼠灵、杀鼠醚、溴鼠灵、其他杀鼠剂。

三、生物农药品种登记情况

生物农药种类繁多，在实际统计过程中常常分辨不清，为此我们从农业农村部农药检定所网站整理出截至2017年年底生物农药的登记情况，供统计人员参考使用（表9-1）。

表 9 - 1　2017 年生物农药品种登记情况（供参考）

类别	序号	有效成分名称	2017产品数量	母药	混剂	登记范围	防治对象
1. 真菌微生物农药	1	假丝酵母	1			专供检验检疫用	地中海实蝇
	2	耳霉菌	2			小麦、黄瓜、水稻	蚜虫、白粉虱、稻飞虱
	3	金龟子绿僵菌 CQMa128	2			甘蓝、花生	小菜蛾、蛴螬
	4	金龟子绿僵菌 CQMa421	2	1		水稻	稻飞虱、稻纵卷叶螟
	5	金龟子绿僵菌	8	3		滩涂、卫生、大白菜、豇豆	飞蝗、蝗蟓、甜菜夜蛾、蓟马
	6	大孢绿僵菌	2			甘蓝、甘蔗	菜青虫、土天牛幼虫
	7	寡雄腐霉	2	1		番茄、苹果树、水稻、烟草	晚疫病、腐烂病、立枯病、黑胫病
	8	盾壳霉 ZS - 1SB	1			油菜	菌核病
	9	小盾壳霉 CGMCC8325	1			向日葵、油菜	菌核病
	10	木霉菌	12	1		番茄、黄瓜、小麦、葡萄	灰霉病、霜霉病、纹枯病、灰霉病
	11	哈茨木霉	3	1		番茄、观赏百合（温室）、人参	灰霉病、立枯病、猝倒病、根腐病
	12	厚孢轮枝菌	3	1		烟草	根结线虫
	13	淡紫拟青霉	8	3		番茄、草坪	线虫
	14	球孢白僵菌	19	6		马尾松、杨树、甘蓝、草原、马铃薯、水稻、韭菜、玉米、番茄	松褐天牛、光肩星天牛、小菜蛾、蝗虫、甲虫、二化螟、稻纵卷叶螟、韭蛆、玉米螟、烟粉虱
	15	金龟子绿僵菌 CQMa421	2	1		水稻	稻飞虱、稻纵卷叶螟
2. 细菌微生物农药	1	短稳杆菌	2	1		水稻、棉花、十字花科蔬菜、茶树、烟草	稻纵卷叶螟、棉铃虫、小菜蛾、斜纹夜蛾、茶尺蠖、烟青虫
	2	苏云金杆菌	223		63	水稻、甘蓝、林木、玉米	稻纵卷叶螟、小菜蛾、菜青虫、松毛虫、玉米螟
	3	苏云金杆菌（以色列亚种）	15	4		卫生、室外	孑孓
	4	球形芽孢杆菌	4	1		卫生	孑孓

（续）

类别	序号	有效成分名称	2017产品数量	母药	混剂	登记范围	防治对象
2. 细菌微生物农药	5	蜡质芽孢杆菌	26	1	17	水稻、茄子	稻瘟病、稻曲病、纹枯病、青枯病
	6	枯草芽孢杆菌	71	9	6	黄瓜、水稻、草莓	白粉病、稻瘟病、稻曲病、纹枯病、灰霉病
	7	解淀粉芽孢杆菌 B7900	3	1		水稻、黄瓜、西瓜、烟草、棉花	稻瘟病、稻曲病、纹枯病、角斑病、枯萎病、青枯病、黄萎病
	8	坚强芽孢杆菌	1	1			
	9	海洋芽孢杆菌	2	1		番茄、黄瓜	青枯病、灰霉病
	10	多黏类芽孢杆菌	9	2	1	番茄、黄瓜、西瓜、小麦、姜、水稻、辣椒、茄子、烟草	青枯病、细菌性角斑病、枯萎病、炭疽病、赤霉病、纹枯病
	11	荧光假单胞菌	5	1		番茄、烟草、小麦、黄瓜、水稻	青枯病、全蚀病、灰霉病、靶斑病、稻瘟病
	12	地衣芽孢杆菌	2			黄瓜（保护地）、西瓜、小麦	霜霉病、枯萎病、全蚀病
	13	甲基营养型芽孢杆菌 LW-6	0				
	14	苏云金杆菌 G033A	0				
	15	解淀粉芽孢杆菌 B1619	2	1		番茄（保护地）	枯萎病
	16	解淀粉芽孢杆菌 PQ21	2	1		烟草	青枯病
	17	甲基营养型芽孢杆菌 9912	0				
3. 病毒微生物农药	1	斜纹夜蛾核型多角体病毒	9	1	2	十字花科蔬菜	斜纹夜蛾
	2	小菜蛾颗粒体病毒	1			十字花科蔬菜	小菜蛾
	3	甜菜夜蛾核型多角体病毒	9	2	1	十字花科蔬菜	甜菜夜蛾
	4	蟑螂病毒	2	1		卫生	蜚蠊
	5	松毛虫质型多角体病毒	4	2	2	森林、松树	松毛虫
	6	苜蓿银纹夜蛾核型多角体病毒	7			十字花科蔬菜	甜菜夜蛾
	7	棉铃虫核型多角体病毒	26	3	4	棉花	棉铃虫
	8	甘蓝夜蛾核型多角体病毒	5	1		水稻、玉米、棉花、甘蓝、茶树、烟草	稻纵卷叶螟、玉米螟、棉铃虫、小菜蛾、茶尺蠖、烟青虫

（续）

类别	序号	有效成分名称	2017产品数量	母药	混剂	登记范围	防治对象
3. 病毒微生物农药	9	菜青虫颗粒体病毒	3	1	2	十字花科蔬菜	菜青虫
	10	茶尺蠖核型多角体病毒	3	1	2	茶树	茶尺蠖
	11	黏虫颗粒体病毒	1		1	十字花科蔬菜	小菜蛾
4. 原生动物	1	蝗虫微孢子虫	1			草地	蝗虫
5. 植物生长调节剂	1	苄氨基嘌呤	29	6	15	柑橘、枣树	调节生长
	2	三十烷醇	16	2	6	小麦、棉花、烟草、花生	调节生长
	3	羟烯腺嘌呤	19	3	16	水稻、玉米、大豆、甘蔗	调节生长
	4	烯腺嘌呤	20	4	16	水稻、柑橘、番茄	调节生长
	5	萘乙酸	47	8	19	小麦、苹果树、葡萄、番茄	调节生长
	6	混合脂肪酸	4		3	烟草	花叶病毒病
	7	复硝酚钠（4）	20	3	3	番茄、黄瓜、茄子	调节生长
	8	复硝酚钾（3）	0				
	9	赤霉酸（A3，A4，A7）	116			芹菜、梨树、柑橘树、葡萄	调节生长
	10	吲哚乙酸	6	3	3	大豆、番茄、黄瓜、水稻、小麦、玉米	调节生长
	11	吲哚丁酸	21	8	11	水稻	调节生长
	12	抗坏血酸	1			烟草	调节生长
	13	S-诱抗素	20	4	3	葡萄、番茄、柑橘树、烟草	调节生长
	14	芸薹素	47			水稻、棉花、柑橘树、小麦	调节生长
	15	表芸薹素内酯	9	3		草莓、芒果树	调节生长
	16	14-羟基芸薹素甾醇	7	2	1	水稻、棉花、柑橘树、小麦	调节生长
	17	14-羟基芸薹素甾醇·烯效唑	1		1	棉花	调节生长

（续）

类别	序号	有效成分名称	2017产品数量	母药	混剂	登记范围	防治对象
6. 化学信息素	1	地中海实蝇引诱剂	1			专供检验检疫用	地中海实蝇
	2	避蚊胺	75	8		卫生	蚊
	3	诱虫烯	4	2		卫生	蝇
	4	梨小性迷向素	1	1			
7. 植物诱抗剂	1	香菇多糖	34	3		水稻、番茄、辣椒、西葫芦、烟草	黑条矮缩病、条纹叶枯病、病毒病
	2	葡聚烯糖	5	1		番茄	病毒病
	3	几丁聚糖	18		5	苹果树、黄瓜、柑橘、水稻、番茄	斑点落叶病、霜霉病、炭疽病、稻瘟病、晚疫病
	4	低聚糖素	11		1	水稻、番茄、西瓜、小麦	纹枯病、病毒病、细菌性角斑病、赤霉病
	5	氨基寡糖素	64	2	19	番茄、烟草、黄瓜	晚疫病、病毒病、根结线虫
	6	超敏蛋白	2			番茄、辣椒、水稻、烟草	调节生长、增产、抗病
	7	寡糖·链蛋白	1			番茄、烟草	病毒病
8. 植物源农药	1	香芹酚	5	1	1	茶树、番茄、苹果树、烟草	茶小绿叶蝉、灰霉病、红蜘蛛、病毒病
	2	苦参碱	113	5	12	十字花科蔬菜、小麦、梨树、松树	菜青虫、小菜蛾、蚜虫、黑星病、松毛虫
	3	蛇床子素	17	2	3	水稻、十字花科蔬菜、小麦、黄瓜	稻曲病、菜青虫、白粉病
	4	鱼藤酮	23	2	6	十字花科蔬菜	蚜虫、小菜蛾、黄条跳甲
	5	右旋樟脑	3	1		卫生	黑皮蠹
	6	印楝素	21	3	3	甘蓝、茶树	小菜蛾、斜纹夜蛾、菜青虫、茶小绿叶蝉
	7	烟碱	8	1	5	棉花、烟草	蚜虫、烟青虫
	8	藜芦碱	8	1	1	柑橘树、甘蓝、棉花、小麦	红蜘蛛、菜青虫、棉铃虫、蚜虫
	9	狼毒素	2	1		十字花科蔬菜	菜青虫
	10	苦皮藤素	5	1		十字花科蔬菜、水稻	菜青虫、甜菜夜蛾、稻纵卷叶螟

（续）

类别	序号	有效成分名称	2017产品数量	母药	混剂	登记范围	防治对象
8. 植物源农药	11	除虫菊素	26	4	3	卫生、十字花科蔬菜	蚊、蝇、蜚蠊、蚜虫
	12	茶皂素	0				
	13	桉油精	2	1		十字花科蔬菜	蚜虫
	14	八角茴香油	1		1	仓储原粮	仓储害虫
	15	苦豆子生物碱	0				
	16	大蒜素	2	1		甘蓝、黄瓜	软腐病、细菌性角斑病
	17	d-柠檬烯	2	1		番茄	烟粉虱
	18	甾烯醇	2	1		水稻、番茄、辣椒、小麦、烟草	条纹叶枯病、黑条矮缩病、花叶病毒病
	19	小檗碱	6	1		黄瓜、番茄、黄瓜、辣椒	角斑病、灰霉病、叶霉病、霜霉病、白粉病、疫霉病
	20	丁子香酚	7		1	番茄、马铃薯、葡萄	灰霉病、病毒病、晚疫病、霜霉病
	21	大黄素甲醚	3	1		番茄、黄瓜、小麦	病毒病、白粉病
	22	螺威	2	1		滩涂	钉螺
	23	雷公藤甲素	2	1		草原、农田、森林、室内	害鼠、田鼠、家鼠
	24	莪术醇	2	1		农田、森林	田鼠、害鼠
	25	萜烯醇	0				
	26	异硫氰酸烯丙酯	0				
9. 天敌生物	1	松毛虫赤眼蜂	4		1	松树、林业苗圃、玉米	松毛虫、玉米螟
	2	平腹小蜂	1			荔枝、龙眼	荔枝椿象
	3	松质·赤眼蜂			1	松树	松毛虫

第二节　农药中毒情况统计

一、农药中毒的概念

世界各国的农药毒性分级通常是以世界卫生组织推荐的农药危害分级标准为模板，结合本国实际情况制定。因此，各国对农药产品的毒性分级及标识的管理不完全相同。如美国的农药毒性分级，是在世界卫生组织（WHO）推荐的农药危害分级标准基础上，增加了依据农药产品对眼刺激、皮肤刺激试验结果，将剧毒和高毒两级合并为一级，并明确提出了微毒级农药参考国际上的做法。

欧洲的农药毒性分级标准也是参照 WHO 推荐的分级标准制定的，并考虑产品存在的形态，但仅分为 3 个级别，即剧毒、有毒及有害。

我国的农药毒性分级也是以世界卫生组织（WHO）推荐的农药危害分级标准为模板，并考虑以往毒性分级的有关规定，结合我国农药生产、使用和管理的实际情况制定的。我国将农药毒性分为 5 级，即剧毒、高毒、中等毒、低毒、微毒五类，见表 9-2。

表 9-2　我国农药毒性分级标准

毒性分级	经口半数致死量 （毫克/千克）	经皮半数致死量 （毫克/千克）	吸入半数致死浓度（毫克/米³）
剧毒	≤5	≤20	≤20
高毒	>5~50	>20~200	>20~200
中等毒	>50~500	>200~2 000	>200~2 000
低毒	>500~5 000	>2 000~5 000	>2 000~5 000
微毒	>5 000	>5 000	>5 000

农药中毒，按临床表现，有急性中毒和慢性中毒两种。急性中毒，指人体在短时间内接触大量或高浓度的毒物，迅速产生一系列的病理生理变化，极速出现症状，甚至危及生命。慢性中毒，指毒物量少，持续地进入人体积蓄起来，并积累到一定量时所引起的中毒。

二、农药中毒统计

农药是一类有毒的化学物质。农药在造福于人类的同时，对人类本身也构成了潜在的威胁，农药中毒，就是其中之一。多年来，全国每年生产季节都有人发生农药中毒，甚至死亡。开展农药中毒情况的统计，有助于掌握农药中毒情况的第一手资料，分析产生中毒的原因，控制农药使用，调整农药品种结构，开展安全用药知识宣传，努力控制中毒事故的发生，保障人民群众的生命安全和健康。

农药中毒统计的内容有五个方面，即生产性中毒人数、生产性中毒死亡人数、非生产性中毒人数、非生产性中毒死亡人数、记载重要中毒事故等。

生产性中毒人数是指在生产活动中，因违章施用农药而引起中毒的人数。

生产性中毒死亡人数是指在生产活动中因违章施用农药引起中毒死亡的人数。

非生产性中毒人数是指在非生产性环节中，食用农药和带有农药残留的农产品而引起的中毒人数。

非生产性中毒死亡人数是指在非生产性环节中，食用农药和带有农药残留的农产品而引起死亡的人数。

重要中毒事故举例，要求对当地重大的农药中毒事故的详细情况作一记载，以供分析时参考。

此外，农药中毒统计还包括中毒农药品种的统计，中毒分布时段的统计，在重大农药中毒事故举例时，应注明农药中毒的品种及主要原因。

三、农药中毒统计资料的收集和利用

农药中毒统计资料的收集，以各级卫生防疫部门提供数字为基础。各级植保部门，在收集同级卫生防疫部门的中毒情况资料时，要认真区分生产性农药中毒和非生产性农药中毒事故，要根据我们各级农业植保部门掌握的情况，进行核实补充，以便得到正确可靠的数据，供各级领导分析决策。

农药中毒统计资料，反映农药生产性和非生产性中毒的动态，分析农药中毒的特点及产生农药中毒的原因，帮助各级有关部门控制农药中毒，努力调整农药品种结构，保障人民生命安全和健康。

农药中毒与植保工作关系密切的是生产性农药中毒。生产性农药中毒分析，有以下几个参数。

$$生产性农药中毒率=\frac{生产性农药中毒人数}{生产性接触农药人数}\times100\%$$

$$死亡率=\frac{死亡人数}{中毒人数}\times100\%$$

$$单位面积中毒（死亡）数=\frac{中毒（死亡）人数}{用药面积（万亩次）}$$

$$单位使用农药中毒（死亡）数=\frac{中毒（死亡）人数}{农药使用数量（万吨）}$$

第三节 农户用药调查

一、现 状

农药使用基础数据调查是一项基础性的工作。从 2009 年开始，全国农业技术推广服务中心在全国 13 个省份（水稻 6 个省份、小麦 5 个省份、蔬菜 2 个省份）率先开展了试验性的基于终端的农户用药调查工作。我们和浙江大学的唐启义教授多次深入基层与省植保站、县植保站、种粮大户、专业化防治组织、经销商和有关专家深入探讨调查方案，最终制定了《农药使用调查监测项目工作方案》，明确了调查内容，并安排部署了相关项目县的调查与监测任务。

经过多年的探索，2015 年以来，在农业农村部种植业管理司的指导和专项经费支持下，全国农业技术推广服务中心和浙江大学合作，组织各省（自治区、直辖市）植保站，对我国农药终端用药水平的各个指标进行全方位统计汇总分析，其分析指标包括各省市各种调查作物农药商品用量、折百用量、用药成本、用药次数、防治面积及用药指数。其中又进一步细化为按农药类型统计，包括化学农药、生物农药（拟生物农药、植物源农药、矿物源农药、微生物农药）；按农药种类统计，包括杀虫剂、杀菌剂、除草剂、植物生长调节剂和杀鼠剂；按农药毒性统计，包括微毒、低毒、中等毒、高毒、剧毒。

经过了 5 年系统调查，农户用药调查县已从 2015 年的 100 个，发展到 2019 年的 563 个，增幅达 463%。调查样点（农户或种植大户）数量从 2015 年的 4 964 个增加到 2019 年的 22 647 个，增幅为 356%。调查样点的耕地面积从 2015 年的 42.25 万亩增加到 2019 年的 285.282 万亩，增幅为 576%。截至 2020 年 12 月，系统中调查数据 200 多万条。

二、取得的成绩

通过基于终端的农户用药调查，目前数据库涉及的主要农作物有水稻、小麦、玉米、大豆、棉花、油菜、马铃薯、茶树、柑橘、苹果、设施蔬菜、露地蔬菜等 30 多种，针对以上作物可以得出如下数据。

（1）以作物为主线的（如水稻）全年总用药量（商品量、折百量）、用药成本、用药强度等。

（2）以作物为主线的（如水稻）亩用药量（商品量、折百量）、用药成本、用药强度等。

（3）以作物为主线的（如水稻）全年杀虫剂、杀菌剂、除草剂、植物生长调节剂用药量（商品量、折百量）、用药成本、用药强度等。

（4）以作物为主线的（如水稻）每亩施用杀虫剂、杀菌剂、除草剂、植物生长调节剂用药量（商品量、折百量）、用药成本、用药强度等。

（5）以作物为主线的（如水稻）全年化学农药、生物农药（微生物农药、植物源农药、生物化学农药）用药量、用药成本、用药强度等。

（6）以作物为主线的在其一个生长季中，共使用了多少种农药，其用药量（商品量、折百量）、用药成本、用药强度等。

（7）针对某一种病虫害（如稻飞虱）使用了哪种农药，其用药量（商品量、折百量）、用药成本、用药强度等。

（8）农药使用与防治对象关系分析。

（9）每种作物调查点分布统计。

第四节 植保机械统计

植保机械是用于防治农业有害生物的各种喷雾、喷撒、土壤消毒、诱杀机械和工具的总称，主要是施药机械。通过提高施药机械质量，改进施药技术，提高农药利用率是解决防治效果差、农药污染严重最经济的重要手段，成为减轻农药负面影响，节本增效，提高防控效果和防控能力，保护农业生态环境，保障农产品质量，提高农业生产能力的重要途径，也是实现现代植保的重要手段，更是实现"农药使用量零增长"的根本出路。开展植保机械的统计，目的是为了掌握施药机械的基本现状以及应用发展情况，为测算我国农药利用率提供依据，同时，也给植保机械的市场开发、新产品的推广应用提供指导。

一、植保机械的种类

植保机械的种类很多，常用的有以下几类。

（1）手动喷雾器（含背负式、压缩式、踏板式、单管式）。

（2）电动喷雾器（含背负式、手持离心式）。

（3）机动喷雾机（含背负式机动喷雾喷粉机、背负式机动喷雾机）。

（4）动力喷枪喷雾机（含担架式、推车式、车载式、背负式、框架式）。

（5）喷杆喷雾机（含自走式、悬挂式、牵引式、遥控式）。

（6）风送喷雾机（含自走式、牵引式、车载式、遥控式）。

（7）航空喷雾机（含固定翼飞机、直升机、动力伞、三角翼）。

（8）植保无人飞机（含油动单旋翼、电动单旋翼、电动多旋翼）。

（9）烟雾机（含常温烟雾机、热烟雾机）。

（10）土壤消毒机。

（11）诱虫灯（含杀虫灯、测报灯）。

（12）其他植保机械。

以上12类，植保专业统计在统计过程中，要分门别类，根据型号，归类汇总。

二、植保机械统计的内容

植保机械的统计内容主要为每一类机械的年底社会保有量和作业面积。我们目前仅统计施药机械。

所谓年底社会保有量，即指当年年底用户手中完好能用的植保机械的拥有量。在统计过程中，要注意药械的使用年限，手动喷雾器，平均寿命一般4年；机动药械，平均寿命一般5~6年。超过使用年限和报废的施药器械不统计在保有量内。

年底社会保有量的统计，关键在于掌握第一手材料，通过基层农业技术部门和农机推广部门，在使用及管理的同时，对机械的档案记录及抽样调查数据，分析汇总出我们所要的资料。年底社会保有量的统计，还必须处理好年度之间的平衡关系。

作业面积，是指使用每一类施药机械防治农作物有害生物的面积。

第十章
农田鼠害发生防控及损失情况统计

　　农业鼠害遍布世界各地，凡是有农事活动的地方都可以见到害鼠踪迹。虽然真正对农业造成危害的鼠类仅约占整个鼠种数的10%，但其造成的危害却很大。仅在亚洲，每年鼠害造成的损失约为水稻总产量的6%，总计近3 600万吨，可供2.15亿人食用12个月。联合国粮食及农业组织（FAO）1975年报告称，世界各国农业因鼠害造成的损失，价值约达几十亿美元之巨，等于全世界所有作物总产值的20%左右，相当于25个最贫困国家一年的国民生产总值之和，多于植物病害造成的12%损失，虫害造成的14%损失，草害造成的9%损失。我国也是一个农业鼠害严重的发展中国家，全国农业技术推广服务中心1987—2018年的统计数据显示，我国每年农田鼠害发生面积0.2亿～0.4亿公顷，由鼠害造成的粮食及蔬菜作物损失达1 500万吨，约占总产量的5%～10%。

　　鼠害不仅在田间发生，对农户储粮造成的损失也相当严重。全世界因鼠害造成的储粮损失约占收获量的5%。发展中国家储藏条件较差，平均损失4.8%～7.9%，最高达15%～20%。2012年对吉林省公主岭市、蛟河市等6个县（市）302户农户鼠害造成储粮损失调查结果显示，农户粮食总产量约744.2万千克，平均每户2.465万千克，害鼠对储粮危害损失总量约8.2万千克，平均每户粮食损失271.1千克，损失率为1.1%。黑龙江省巴彦县张英屯村当年平均每户储粮损失超过500千克。全国每年平均每户因鼠害造成的储粮损失少者10～20千克，多者50～60千克，最高能超过700千克。

　　在鼠害发生过程中，及时监测，客观评估得出鼠害发生的空间范围、危害程度及造成的损失等信息，能为政府管理部门提供相关决策支持，确定防治鼠害措施以及需要投入的人力、物力和财力。为此，全国农业技术推广服务中心组织全国植保部门及科研单位专家共同制定了农区鼠害发生及防控指标评估标准，针对我国农区鼠害监测及防治情况统计中所涉及的各项指标进行了详细定义说明。

第一节　农田鼠害相关的统计指标

　　农田鼠害的统计指标共23项，涉及鼠害发生面积、鼠害严重发生面积及地点、害鼠粮食危害损失量、物联网监测技术应用情况、鼠害防治面积、农田统一灭鼠示范面积、农田毒饵站灭鼠面积、TBS技术辐射保护面积、杀鼠剂投放量、鼠害防控挽回粮食损失量、农田鼠害防控总效果、农户总数、农村鼠害发生户数、户均储粮鼠害损失、农户鼠害防治户数、农户统一灭鼠户数、毒饵站灭鼠户数、农户鼠害防控效果、储粮鼠害损失挽回量、农区鼠害总体发生程度、各级财政经费投入、鼠害防控培训情况、鼠害防控宣传情况等，详细介绍如下。

一、农田鼠害发生面积

（一）调查抽样指标

根据全国各省（自治区、直辖市）面积大小及作物种植分布特点，依小麦、玉米和水稻三大作物区的分布，按每700万亩耕地设置一个监测点，不足700万亩的依作物种类多少酌情增加1～3个的标准，设置全国农区鼠害监测点，全国共设置300个农区鼠情监测点，各省（自治区、直辖市）农区鼠情监测点分布见附件1。每个监测点选择要落实至县，按能代表本省主要作物类型及典型地形特点的原则，确定监测调查任务县（市）。每个监测县根据作物分布特点和地形特点选择5个调查样地（乡镇级），每个样地作物面积不小于1 000亩。

（二）鼠密度调查方法

地面活动鼠采用夹日法（又称夹夜法）调查。使用中型鼠夹，灵敏度控制在4～5克为宜，用花生米作诱饵，傍晚按夹距5米，行距不小于50米或者沿田埂边缘按夹距5米置夹，次日清晨收夹。调查一昼夜时间内捕获鼠的数量。以100夹日作为统计单位，即100个夹子一昼夜所捕获的鼠数（夹捕率）作为鼠类种群密度指标。

$$P（夹日捕获率）=\frac{n（捕鼠数）}{N（鼠夹数）\times D（捕鼠昼夜数）}\times 100\%$$

营地下生活的鼠类，依土丘群挖开洞道，第二天有封洞现象发生时，采用捕尽法统计绝对数量：选取1公顷样方，挖开鼠洞道，安置捕鼠地箭。一般上午（或下午）置地箭，下午（或次日凌晨）检查，至次日凌晨（或次日下午）复查。每隔半日检查1次，计算捕获鼠数。

地箭法捕获率计算公式为：

$$地箭捕获率=\frac{地箭捕获鼠数}{放置的地箭数\times放置的天数}\times 100\%$$

详细调查技术规范见附件2。

鼠害发生情况调查每年春、秋两季各实施1次，每次每个调查样地置夹100夹日，每个监测县5个样地每次共置夹500夹日。有地下鼠分布的监测县，每米次每个调查样地安装地箭20个/公顷，每个监测县每次设置地箭100个。

各省（自治区、直辖市）记录所有监测点（县级）农田鼠密度，得出该省当年最高和最低鼠密度值，并计算其加权平均值作为该省当年农田鼠密度值。

（三）计算发生面积

根据春、秋两季的危害调查结果，地上活动鼠春季夹捕率在1%～10%，秋（冬）季鼠捕获率为2%～10%的调查点为鼠害发生样地；其中，春季夹捕率1%～5%、6%～7%和8%～10%，秋（冬）季鼠捕获率为2%～6%、7%～8%和9%～10%所对应的监测点鼠害发生等级分别为Ⅰ、Ⅱ和Ⅲ级；春季鼠夹捕率低于 1%，秋（冬）季鼠捕获率低于 2%，视为无鼠害样地。

地下活动鼠捕获率，春季捕获率为 1～7 只/公顷，秋（冬）捕获率为 2～8 只/公顷的监测点为鼠害发生样地；其中，春季捕获率为 1～2 只/公顷、3～5 只/公顷和 6～7 只/公顷，秋（冬）捕获率为 2～3 只/公顷、4～6 只/公顷和 7～8 只/公顷所对应的样地鼠害发生等级分别为Ⅰ、Ⅱ和Ⅲ级；春季捕获率低于 1 只/公顷，秋（冬）捕获率低于 2 只/公顷，视为无鼠害样地。

各监测县根据设置的 5 个样地平均鼠密度，确定本监测点鼠害发生与否及发生等级，统计本（县）样地辐射代表的农田面积，由各省统一规划，不高于 700 万亩或根据本省具体作物和地形等情况规划确定。对全省所有监测点辐射面积进行鼠害发生等级或未发生划分，并分别进行加和，即可获得鼠害发生面积，或进一步分类不同发生等级的面积及无鼠害发生面积。

二、农田鼠害严重发生面积及地点

按上述鼠害发生面积调查方法，根据春、秋两季危害调查结果。地上活动鼠夹捕率大于 10%，地下活动鼠捕获率超过 8 只/公顷的调查点，为鼠害严重发生样地。各监测县根据设置的 5 个样地平均鼠密度，确定本监测点鼠害发生严重与否，统计本样地辐射代表农田面积，进而得出全省鼠害严重发生面积，并记录发生地名。

三、农田害鼠粮食危害损失量

鼠类对农作物危害贯穿播种、生长、成熟乃至储存、加工等各阶段。其危害程度不仅受到鼠数量（密度）的影响，而且与季节和管理水平密切相关。作物成熟期产量调查是估算农田害鼠粮食危害损失量最直接和准确的途径。

以农田鼠害发生监测点为依托，根据作物类型与品种、成熟期早迟、鼠害发生程度，将监测县农田划分为 5 个危害等级类型（未发生为 0 级，发生Ⅰ～Ⅲ级，严重发生Ⅳ级），每鼠害发生等级农田调查 2～3 块样地，采取平行式、棋盘式或 Z 形等方式取样。在受害地和对照地（防治地）各选一定面积，单收单打，统计危害产量损失及防控挽回粮食损失量。

再根据各类农作物产量损失，计算平均产量损失率，统计某一季或全年农作物的产量损失和经济损失。

$$受害损失率 = \frac{对照样地产量 - 受害样地产量}{对照样地产量} \times 100\%$$

$$平均受害损失率 = \frac{\sum[各级损失率 \times 面积]}{总面积}$$

四、物联网监测技术应用情况

各省（自治区、直辖市）统计当年由中央财政及省、市、县财政或私人购买的农区害鼠物联网监测终端台数。

五、农田鼠害防治面积

各省（自治区、直辖市）统计当年包括省、市、县及乡镇和农户实施农田灭鼠活动覆盖的农田总面积（万亩），其中药物防治面积按实际投药面积计算；地箭、夹捕、笼捕等物理防治按一个样点辐射保护 15 公顷的面积计算；TBS 技术按一个 60 米封闭式矩形 TBS 围栏或开放式直线 TBS 围栏生态防控 15 公顷农田害鼠的标准计算面积。

六、农田统一灭鼠示范面积

各省（自治区、直辖市）统计全年由省、市、县财政支付，在计划时间内，大面积（县级及以上面积）统一实施农田灭鼠活动覆盖的农田面积（万亩）。各防治方法实施面积统计参考农田鼠害防治面积。

七、农田毒饵站灭鼠面积

各省（自治区、直辖市）统计全年实施毒饵站灭鼠措施覆盖的农田面积（万亩）。按每亩放置毒饵站 1 个，内置毒饵 20～30 克，至少放置 3 天以上的标准统计实施面积（万亩）。

八、TBS 技术辐射保护面积

各省（自治区、直辖市）各地设置的 TBS 个数及地点，按一个 60 米封闭式矩形 TBS 围栏或开放式直线 TBS 围栏生态防控 15 公顷农田害鼠的标准计算实施面积（万亩）。

九、杀鼠剂投放量

各省（自治区、直辖市）统计全年在国家农药管理部门登记，且在有效期内的杀鼠剂毒饵投放量（吨）。统计应包括各级政府投入和农户自己投入购买的母液、成品毒饵。按标注浓度折算成毒饵量（吨），并记录杀鼠剂名称、生产企业名。

十、鼠害防控挽回粮食损失量

在实施农田鼠害防治措施后，按不同作物类型在作物成熟期对防治区和对照区（不防治）的农作物危害损失进行 1 次调查。计算挽回粮食损失。

$$挽回损失率 = \frac{防治样地产量 - 对照样地产量}{对照样地产量} \times 100\%$$

$$挽回粮食损失量 = 挽回损失率 \times 产量 \times 总防治面积$$

十一、农田鼠害防控总效果

（一）农田鼠害防控效果调查方法

防治效果一般采用防治前后害鼠相对数量的变化率来表示，称为防治率，其反映了害鼠在一定时间和空间内数量下降的程度。为使调查符合实际，在防治前后各种条件应保持一致，如调查地点及时间、食饵种类、捕捉方法、气候条件等都要求一致。农田一般采用鼠夹法和地箭法进行调查。

在防治区域和非防治区域各选择一个样方，防治前 5～10 天按夹捕法要求调查 2 个样方的鼠密度，即为防治前鼠密度；化学防治时一般急性杀鼠剂在投药后 5～7 天，慢性杀鼠剂在投药后 10～15 天，在防治区和对照区再次夹捕调查，得到各防治区防治后鼠密度。其他防治方法按相关操作方法和防治期要求在防治措施实施前一周和结束后一周内夹捕调查，得到各防治区防治前后鼠密度。按下述方法计算各防治区样地防治率。防治效果调查详见附件 3。

夹捕法夹捕率和地箭法捕获率计算参照鼠密度调查方法。

获得防治前后鼠密度之后，考虑自然因素影响，先计算防治效果校正率，然后计算防治率。

$$校正率 = \frac{防治后对照组鼠密度}{防治前对照组鼠密度} \times 100\%$$

$$防治率 = \frac{防治前鼠密度 - 防治后鼠密度}{防治前鼠密度} \times 校正率 \times 100\%$$

（二）农田鼠害防控总效果计算

按全省设置的监测点获得各防治实施地样地测得的防治率和实施防治面积，计算全省所有防治率的加权平均数，即为本省农田鼠害防控总效果。

$$农田鼠害防控总效果 = \sum 防治率 \times \frac{抽样地区防治面积}{全省防治面积}$$

十二、农户总数

省级行政辖区内农村家庭户数（万户）。

十三、农村鼠害发生户数

（一）调查抽样指标

根据自身人口、经济和社会特点，按每 100 万农村人口 1 个调查样点的标准，设定其所代表的户数，选择能代表本省农村经济和社会发展水平的县作为样点，每个样点选择一个典型的乡镇，挑选 5 个能反映经济和社会发展水平的自然村作为样本村，实施鼠害监测调查。

（二）鼠密度调查方法

每年春、秋两季，在选定的样本地农舍区分别调查 1 次，调查以房间为单位，15 米² 以下房间置夹 1 个，15 米² 以上每增加 10 米² 增加鼠夹 1 个。共置夹 50 户以上。使用中型鼠夹，灵敏度控制在 4～5 克为宜，用花生米作诱饵，傍晚置夹，次日清晨收夹。调查一昼夜时间内捕获鼠的数量。以 100 夹日作为统计单位，即 100 个夹子一昼夜所捕获的鼠数（夹捕率）作为调查样地鼠类种群密度指标。

$$P（夹日捕获率）=\frac{n（捕鼠数）}{N（鼠夹数）\times D（捕鼠昼夜数）}\times100\%$$

各省记录各监测点（县级）农户鼠密度，得出该省当年最高和最低农户鼠密度值，并计算其加权平均值作为该省当年农村鼠密度值。

（三）鼠害发生户数

计算调查样点 5 个样本村调查的春、秋两季鼠密度平均值，即为该样点所代表设定数目农户家的鼠密度。其中，密度不高于 1%，视为无鼠害发生。高于 1% 的，视为鼠害发生户。统计本省当年所有样点代表的鼠害高于 1% 的总户数，即为该年鼠害发生户数（万户）。

十四、户均储粮鼠害损失

储粮鼠害损失调查，根据调查抽样指标原则，选定粮食生产主要县。调查范围为每个省（自治区、直辖市）5～10 个县，每个县 2～3 个乡镇，每个乡镇 1～2 个自然村，每个村调查 5～10 户。县、乡镇、村及农户的选择均为在当地粮食生产主要县、乡镇，随机抽样当地的粮食生产大户。记录调查县、乡镇、自然村名称及被调查农户户主姓名、家庭人口数、粮食产量、粮食储仓方式（堆放、简易粮仓、专用粮仓、其他方式），家中害鼠发生情况（多或少）、粮仓中害鼠发生情况（多或少），害鼠对储粮的经验损失值，及家中每年是否灭鼠、灭鼠花费等信息。该调查县平均每户储粮鼠害损失值，即为该县的户均储粮鼠害损失（千克）。各省（自治区、直辖市）统计样本县的平均值，作为该省当年的户均储粮鼠害损失（千克）。

十五、农户鼠害防治户数

各省（自治区、直辖市）统计当年包括省、市、县及乡镇和农户实施农村各种灭鼠措施覆盖的农户数量（万户）。

十六、农户统一灭鼠户数

各省（自治区、直辖市）统计全年由省、市、县财政支付，在计划时间内，大面积

（县级及以上面积）统一实施农村灭鼠活动覆盖的农户数量，记录县名及覆盖的农户数量（万户）。

十七、毒饵站灭鼠户数

各省（自治区、直辖市）统计当年包括省、市、县、乡镇和农户实施农村毒饵站灭鼠活动覆盖的农户数量（万户）。

十八、农户鼠害防控效果

全省各监测县，在实施农村灭鼠活动的村镇和邻近的非防治对照村镇各选择一个自然村。于防治前5~10天按夹捕法，调查50户农家鼠密度，即为防治前鼠密度；化学防治时一般急性杀鼠剂在投药后5~7天，慢性杀鼠剂在投药后10~15天，在防治村和对照村再次夹捕调查，得到防治后鼠密度。按下述方法计算农户鼠害防控效果。

夹捕法夹捕率计算参照鼠密度调查方法。

获得防治前后鼠密度之后，考虑自然因素影响，先计算防治效果校正率，然后计算防治率，即为样地农户鼠害防控效果。

$$校正率 = \frac{防治期后对照组鼠密度}{防治前对照组鼠密度} \times 100\%$$

$$防治率 = \frac{防治前鼠密度 - 防治后鼠密度}{防治前鼠密度} \times 校正率 \times 100\%$$

按全省设置农村鼠害防控点获得的各防治实施地测得的防治率和实施防治的户数，计算全省所有防治农户鼠害防控防治率加权平均数，即为本省农户鼠害防控效果。

$$农户鼠害防控效果 = \sum 防治率 \times \frac{抽样地区防治户数}{全省防治总户数}$$

十九、储粮鼠害损失挽回量

全省各监测县，在实施农村灭鼠活动村镇和邻近非防治对照村镇各选择一个自然村。按不同储粮方式选择有代表性的农户各20户，按"户均储粮鼠害损失"调查方法调查获取灭鼠村镇和非灭鼠村镇户均储粮鼠害损失量，按下列公式计算该县储粮鼠害损失挽回量（千克）。

储粮鼠害损失挽回量（千克）=（非灭鼠村镇户均储粮损失量-灭鼠村镇户均储粮损失量）×农村鼠害防治户数

全省各农村鼠害防治县储粮鼠害损失挽回量之和即为该省当年储粮鼠害损失挽回量（千克）。

二十、农区鼠害总体发生程度

根据农田鼠害及农户鼠害调查数据，将鼠害总体发生程度分为6种。

农田鼠害重度发生：鼠害发生面积超过耕地面积的 50%，严重发生面积超过 25%以上。

农田鼠害中度发生：鼠害发生面积占耕地面积的 25%～50%，严重发生面积5%～25%。

农田鼠害轻度发生：鼠害发生面积占耕地面积的 10%～25%，严重发生面积不超过 5%。

农户鼠害重度发生：鼠害发生农户超过总户数的 50%，夹捕率大于 5%的占总户数的 25%。

农户鼠害中度发生：鼠害发生农户占总户数的 30～50%，夹捕率大于 5%的占总户数的 10%～25%。

农户鼠害轻度发生：鼠害发生农户不超过总户数的 30%，夹捕率大于 5%的占总户数的 10%以下。

二十一、各级财政经费投入

各省（自治区、直辖市）统计当年中央财政及省、市、县、乡镇等各级政府财政为农田和农村鼠害防治所列支的款项以及农民自筹的防鼠经费，包括农区鼠害监测与防治相关的各项活动投入。

二十二、鼠害防控培训情况

全国各省（自治区、直辖市）统计由省、市县级财政支出，由专业技术部门组织的基于农区鼠害监测防控相关的知识传授、技术培训、业务管理、政策宣传等方面对不同层级专业技术人员进行的培训活动。应详细记录培训时间、培训级别、培训规模（人数）、培训内容等信息。

还需统计基层技术部门为鼠害防控技术的有效推广和实施对农民进行的培训，即农民田间学校举办情况。应详细记录农民田间学校的举办时间、地点、培训人数、培训方式及内容、培训效果等信息。

二十三、鼠害防控宣传情况

各省（自治区、直辖市）统计与农区鼠害防控相关知识、技术等宣传情况。统计制作灭鼠知识和技术宣传材料，如发放的知识和技术宣传手册、海报，制作宣传板；通过录像、广播、电视网络等宣传次数和农民受益人数等信息。

第二节　灭鼠经济效益计算方法

各省（自治区、直辖市）按照上述相关方法测定不同作物类型样地 5 个以上鼠密度与鼠类危害损失率，建立本省的鼠害损失与鼠密度（夹捕率）之间的线性关系公式，根据该公式分别计算出防治前、防治后产量损失率（%）及产量损失（千克）。用防治前产量损失减去防治后产量损失，即为单位面积（每亩）挽回粮食损失（千克）。如贵州省根据水稻孕穗期、玉米播种期、玉米乳熟期、小麦乳熟期鼠密度与鼠害损失率之间的关系，建立了混合鼠害损失率测定公式为：$Y=0.8818X-0.48$，式中，X 为鼠密度（%），Y 为产量损失率（%）。同时引入保收系数和缩值系数（具体计算方法见附件 4）。

第三节　统计表填报与上报

各省（自治区、直辖市）于每年 12 月严格按照《农区鼠情监测主要害鼠密度及鼠种组成汇总表》（附件 5）、《TBS 捕鼠调查鼠种组成汇总表》（附件 6）、《农区鼠害监测及防治情况统计表》（附件 7）相关内容按时填报，作为正式档案资料长期保存，并及时报送至全国农业技术推广服务中心。

全国植保专业统计报表中需要的农田鼠害发生、防治及损失数据从以上各种报表中提取并填报。

第四节　农田鼠害统计有关规范性标准

各省（自治区、直辖市）植保部门在填报农田鼠害报表时要参考以下有关规范性技术规程和统一表格进行，确保数据的科学准确。有关附件如下。

　　附件 1：全国农区鼠情监测点分布
　　附件 2：农区鼠害监测技术规范
　　附件 3：农区鼠害控制技术规程
　　附件 4：灭鼠经济效益计算方法
　　附件 5：农区鼠情监测主要害鼠密度及鼠种组成汇总表
　　附件 6：TBS 捕鼠调查鼠种组成汇总表
　　附件 7：农区鼠害监测及防治情况统计表

附件 1：全国农区鼠情监测点分布

监测点分布图可通过省级植保部门获得。

附件 2：农区鼠害监测技术规范

1　范围

本标准规定了农区（农田和农舍）鼠害调查方法、监测内容及预测预报技术。
本标准适用于农区鼠害监测活动。

2 术语和定义

下列术语和定义适用于本标准。

2.1 鼠密度 rodent density

单位面积或空间内鼠类数量的相对值。本标准的害鼠密度以捕获率（或有效洞密度）表示。

2.2 夹夜（日）法 night trapping method

使用相同型号的若干数量鼠夹，在一定范围内放置一夜（或一昼夜）捕获鼠的数量，用于鼠类相对数量调查的方法，一般用捕获率表示。

2.3 捕获率 rate of capture

若干数量的鼠夹放置一夜（或一昼夜）捕鼠数量折合的百分率。

2.4 鼠种组成 rodent composition

在同一时间地点捕获的所有鼠中某种鼠的捕获数占总捕获鼠数的百分率。

2.5 怀孕率 pregnant rate

捕获的怀孕雌鼠数占总捕获雌鼠数的百分率。

2.6 性比 sex ratio

捕获的种群中雌性与雄性个体数的比例。

2.7 年龄结构 age composition

种群内不同年龄组的个体数占总捕鼠数的百分率。

2.8 体重 body weight

活体或剥制前的鼠体自然重量。

2.9 胴体重 body weight without viscera

去掉全部内脏后的重量。

2.10 体长 body length

吻端至肛门的直线距离。

2.11 尾长 tail length

肛门至尾尖（不包括尾毛）的直线距离。

2.12 后足长 hind foor length

后足蹠跟关节至最长趾的末端（不包括爪）的直线距离。

2.13 耳长 ear length

耳孔下缘至耳壳顶端（不包括耳毛）的直线距离。

3 调查方法

3.1 监测区要求

监测点由专业技术人员监测。选择具有代表性的农舍、农田两种生境类型进行调查。农田监测范围不小于60公顷；农舍不少于50户。

3.2 监测时间

系统监测点南方（淮河秦岭以南，不包括青海西藏；以下称为南方）各省（自治区、直辖市）每月调查1次，北方（淮河秦岭以北，包括青海、西藏；以下称为北方）省（自治区、直辖市）3—10 月每月调查 1 次。季节监测点在 3 月、6 月、9 月、12 月各调查 1 次，其他观测点在春、秋两季灭鼠前各调查 1 次。

3.3 夹夜（日）法

3.3.1 调查工具：规格为 150 毫米×80 毫米或 120 毫米×65 毫米大型或中型木板夹或铁板夹。

3.3.2 调查饵料：生花生仁或葵花籽。

3.3.3 置夹时间：每月 5—15 日，选择晴朗天气，傍晚放置清晨收回（夹日法为清晨放置 24 小时后收回），雨天顺延。

3.3.4 置夹数量：每月在各生境类型地分别置夹 200 个以上。

3.3.5 置夹方法：农舍以房间为单位，15 米² 以下房间置夹 1 个，15 米² 以上每增加 10 米² 增加鼠夹 1 个，置夹重点位置是墙角、房前屋后、畜禽栏（圈）、粮仓、厨房及鼠类经常活动的地方。农田采用直线或曲线排列，夹距 5 米×行距 50 米或夹距 10 米×行距 20 米，特殊地形可适当调整夹距。置夹重点位置是田埂、地埂、土坎、沟渠、路旁及鼠类经常活动的地方，鼠夹应与鼠道方向垂直。

3.3.6 测量用具：游标卡尺或常规直尺、普通天平或电子天平、弹簧秤或克秤。

3.3.7 解剖用具：医用解剖刀或解剖剪，消毒剂及医用手套等防护用品。

3.3.8 对捕获鼠的处理：对捕获鼠用乙醚熏蒸 5 分钟，以杀死附着在其上的寄生虫，鼠解剖后，深埋处理；捕鼠后鼠夹和解剖工具用医用酒精、新洁尔灭等浸泡、清洗。

3.4 有效洞法

3.4.1 堵洞法：适用于洞居习性强并有明显洞口的鼠类。每月 5—15 日调查 1 次，选择具有代表性的鼠害发生环境，取 3 个样方，每个样方面积 1 公顷，用小块土或纸团将每个样方内的所有鼠洞轻轻堵住，24 小时后观察，堵塞物被推开的洞口为有效鼠洞。

3.4.2 挖洞法（掏洞法）：适用于长期在地下生活，具有堵洞习性的鼠类（如鼢鼠等）。每月 5—15 日调查 1 次，取 3 个样方，每个样方面积 1 公顷，将样方内每个洞系的主洞道挖开 1 个口，第 2 天观察，被鼠推土堵住洞口的为有效洞系。在有效洞密度低于 5.0 个/公顷的地区，应增加样方数或样方面积进行再次调查。

3.5 安全防护

3.5.1 配备鼠情监测防护用具：各鼠情监测点应为鼠情监测人员提供必要的防护用具，如口罩、手套、雨鞋、防蚤袜和消毒、防毒药品等，保障鼠情监测人员的生命安全。

3.5.2 严格鼠情监测操作程序：鼠情监测人员在操作过程中必须穿长袖衣、长裤和鞋袜，戴防毒口罩，禁止吸烟、饮酒、吃东西，操作结束后必须用肥皂洗手、洗脸、清水漱口，及时清洗防护用品。鼠情监测人员应以身体健康的中青年为宜。

4 监测内容

4.1 鼠种种类

在一个县（市、区），选择具有代表性的生境类型进行调查，对各生境类型捕获的鼠类标本分别进行编号，鉴定鼠种及性别，外部形态指标测量和解剖观察，调查结果填入附录 A 表 A.1。

4.2　鼠密度及鼠种组成

将各月不同生境类型鼠密度（捕获率）及各鼠种组成率调查数据填入附录 A 表 A.2。按公式（1）至公式（3）分别计算总捕获率、各鼠种分捕获率及鼠种组成率。

$$R=\frac{M}{N}\times100\%$$ (1)

式中：

R——总捕获率，单位为百分数（%）；

M——捕鼠总数，单位为只；

N——有效置夹数，单位为个。

$$R_i=\frac{M_i}{N}\times100\%$$ (2)

式中：

R_i——某鼠种分捕获率，单位为百分数（%）；

M_i——该鼠种捕获数，单位为只；

N——有效置夹数，单位为个。

$$R_2=\frac{M_i}{M}\times100\%$$ (3)

式中：

R_2——某鼠种组成率，单位为百分数（%）；

M_i——该鼠种捕获数，单位为只；

M——捕鼠总数，单位为只。

4.3　有效洞密度（有效洞口数/公顷）

将各月有效洞密度调查数据填入附录 A 表 A.3。

4.4　年龄结构

4.4.1　年龄划分：年龄鉴定采用体重法或胴体重法，主要害鼠年龄划分标准见附录 B 表 B.1。

4.4.2　年龄结构：每月采集鼠类数量 30 只以上，调查数据填入附录 A 表 A.4。按公式（4）计算各鼠种的年龄比例。

$$L=\frac{L_i}{M_i}\times100\%$$ (4)

式中：

L——某鼠种中某年龄段鼠所占比例，单位为百分数（%）；

L_i——该鼠种该年龄段鼠数，单位为只；

M_i——该鼠种捕获数，单位为只。

4.5　繁殖特征

雌鼠繁殖特征通过解剖观察胎仔数；雄鼠繁殖特征可根据睾丸是否下降来确定。调查数据填入附 A 录表 A.5。按公式（5）至公式（9）计算各鼠种的雌鼠比例、怀孕率、平均胎仔数、睾丸下降率和种群性比。

$$C=\frac{C_i}{M_i}\times100\%$$ (5)

式中：

C——某鼠种雌鼠比例，单位为百分数（％）；

C_i——该鼠种雌鼠数，单位为只；

M_i——该鼠种捕获数，单位为只。

$$V=\frac{V_i}{C_i}\times100\%\qquad(6)$$

式中：

V——某鼠种怀孕率，单位为百分数（％）；

V_i——该鼠种怀孕雌鼠数，单位为只；

C_i——该鼠种雌鼠数，单位为只。

$$T=\frac{T_i}{V_i}\qquad(7)$$

式中：

T——某鼠种平均胎仔数，单位为只；

T_i——该鼠种总胎仔数，单位为只；

V_i——该鼠种怀孕雌鼠数，单位为只。

$$G=\frac{G_i}{C_i}\times100\%\qquad(8)$$

式中：

G——某鼠种睾丸下降率，单位为百分数（％）；

G_i——该鼠种睾丸下降鼠数，单位为只；

C_i——该鼠种雄鼠数，单位为只。

$$X=\frac{X_1}{X_2}\qquad(9)$$

式中：

X——种群性比；

X_1——雌鼠数，单位为只；

X_2——雄鼠数，单位为只。

4.6 危害损失

4.6.1 受害株（穴、蔸）率：在作物生长期内，根据作物选择3～6公顷的样方，采用平行线跳跃式取样，调查作物受害情况，将调查数据填入附录A表A.6，按公式（10）计算受害株（穴、蔸）率。

$$W=\frac{W_1}{W_2}\times100\%\qquad(10)$$

式中：

W——受害株（穴、蔸）率，单位为百分数（％）；

W_1——受害株（穴、蔸）数，单位为株；

W_2——调查株（穴、蔸）数，单位为株。

4.6.2 损失率：按4.6.1取样方法用目测法判断作物的单株（穴、蔸）危害损失（损失率划分为损失0、损失1％～25％、损失26％～50％、损失51％～75％、损失76％～

100%五个级别），将调查数据填入附录 A 表 A.6，按公式（11）计算损失率。

$$S = \frac{\sum (S_i \times W_i)}{W_2} \times 100\%　(11)$$

式中：

S——损失率，单位为百分数（%）；

S_i——各级损失率，单位为百分数（%）；

W_i——各级受害株（穴、蔸）数，单位为株；

W_2——调查株（穴、蔸）数，单位为株。

5 预测预报

5.1 预报时期

每年春季、秋季分别发布 1 次鼠情预报。

5.2 预报依据

主要依据包括发生基数、繁殖状况、年龄结构和环境因子。

5.2.1 发生基数：见附录 C。

5.2.2 繁殖状况：将鼠类种群繁殖始期、种群中雌鼠比例、怀孕率、平均胎仔数、睾丸下降率与历年资料比较，以确定害鼠种群数量发生趋势。

5.2.3 年龄结构：将鼠类不同年龄组比例与历年同期资料比较，以确定种群年龄结构（附录 B 表 B.1）。

5.2.4 环境因子：高温、洪灾和暴雨对害鼠发生不利；作物播种期、成熟期是鼠害严重危害期。

5.3 发生高峰期预测

根据害鼠繁殖的早晚、年龄结构，结合气候条件、食物条件等因素综合分析，预测害鼠发生高峰期。

5.4 发生量预测

根据鼠类越冬基数、冬后密度、繁殖状况、年龄结构以及气候、食物条件等因素综合分析，预测害鼠的发生量。

5.5 发生程度预测

参照附录 B 表 B.2，做出鼠害发生程度的预测。

附录 A

（规范性附录）

农区（农田和农舍）鼠情监测月报表

表 A.1 鼠种种类特征表

调查地点： 省（自治区、直辖市） 县（市、区） 调查人：

编号	调查日期	生境类型	鼠种名称	性别	体重（克）	胴体重（克）	体长（毫米）	尾长（毫米）	后足长（毫米）	耳长（毫米）	胎仔数（只）	睾丸下降情况

表 A.2 鼠种组成调查表

调查地点： 省（自治区、直辖市） 县（市、区） 调查人：

调查 日期	调查 生境	置夹数 （个）	捕鼠数 （只）	捕获率 （%）	鼠种组成									
					只	%	只	%	只	%	只	%	只	%

表 A.3 有效洞密度调查表

调查地点： 省（自治区、直辖市） 县（市、区） 调查人：

调查 日期	作物 名称	生育期	调查面积 （公顷）	堵洞数 （个）	有效洞数 （个）	有效洞密度 （个/公顷）	发生面积 （万公顷）

表 A.4 优势鼠种种群年龄结构调查表

调查地点： 省（自治区、直辖市） 县（市、区） 调查人：

调查日期	第一、二优势 鼠种名称	捕获数 （只）	幼年组		亚成年组		成年Ⅰ组		成年Ⅱ组		老年组	
			只	%	只	%	只	%	只	%	只	%

表 A.5 优势鼠种种群繁殖特征调查表

调查地点： 省（自治区、直辖市） 县（市、区） 调查人：

调查 日期	第一、二优势 鼠种名称	捕鼠数 （只）	雌鼠数 （只）	雌鼠 比例 （%）	孕鼠数 （只）	怀孕率 （%）	平均 胎仔数 （只）	雄鼠数 （只）	睾丸下 降鼠数 （只）	睾丸下 降率 （%）	种群 性比 （雌/雄）

表 A.6 鼠类危害损失调查表

调查地点： 省（自治区、直辖市） 县（市、区） 调查人：

调查 日期	作物 名称	调查株 （穴、蔸）数	受害株（穴、蔸）数					受害株 （穴、蔸）率 （%）	损失率 （%）	发生面 积（万 公顷）
			损失 0	损失 1%～25%	损失 26%～50%	损失 51%～75%	损失 76%～100%			

附录 B

（资料性附录）

主要害鼠种群年龄划分标准及农区鼠害发生程度划分标准

表 B.1　主要害鼠种群年龄划分标准

单位：克

鼠种名称	年龄鉴定指标（克）	年龄组				
		幼年组	亚成年组	成年Ⅰ组	成年Ⅱ组	老年组
褐家鼠	体重	≤80.0	80.1～130.0	130.1～185.0	185.1～245.0	>245.0
	胴体重	≤60.0	60.1～99.0	100.0～139.0	140.0～189.0	≥190.0
黄胸鼠	体重	≤40.0	40.1～75.0	75.1～115.0	115.1～150.0	>150.0
	胴体重	≤35.0	36.0～65.0	66.0～100.0	101.00～135.0	>135.0
小家鼠	体重	≤8.0	8.1～14.0	14.1～20.0		>20.0
	胴体重	≤6.9	7.0～8.9	9.0～12.9		≥13.0
黑线姬鼠	体重	≤16.0	16.1～23.0	23.1～29.0	29.1～37.0	>37.0
	胴体重	≤12.9	13.0～16.9	17.0～20.9	21.0～25.9	≥26.0
高山姬鼠	体重	≤18.0	18.1～22.0	22.1～27.0	27.1～32.0	>32.0
	胴体重	≤10.0	10.1～15.90	16.0～21.9	22.0～28.9	≥29.0
黄毛鼠	体重	≤35.0	35.1～51.0	51.1～63.0	63.1～81.0	>81.0
东方田鼠	胴体重（雄鼠）	<18.0	18.1～32.0	32.1～46.0	46.1～60.0	>60.0
	胴体重（雌鼠）	<18.0	18.1～28.0	28.1～38.0	38.1～48.0	>48.0
布氏田鼠	体重	≤20.0	21.0～30.0	31.0～40.0	41.0～50.0	>50.0
大仓鼠	体重	≤40.0	40.1～80.0	80.1～120.0	120.1～160.0	>160.0
黑线仓鼠	胴体重	≤11.0	11.1～15.0	15.1～19.0	19.1～23.0	>23.0
高原鼢鼠	体重（雄鼠）	≤226.0	227.0～312.0	313.0～398.0	399.0～484.0	>484.0
	体重（雌鼠）	≤195.0	196.0～268.0	269.0～341.0	342.0～414.0	>414.0
中华鼢鼠	体重（雄鼠）	≤200.0	201.0～320.0	321.0～430.0	431.0～560.0	>560.0
	体重（雌鼠）	≤180.0	181.0～240.0	241.0～300.0	301.0～370.0	>370.0
甘肃鼢鼠	胴体重（雄鼠）	≤100.0	101.0～150.0	151.0～220.0	221.0～290.0	>290.0
	胴体重（雌鼠）	≤80.0	81.0～120.0	121.0～160.0	161.0～200.0	>200.0

注：以幼年组、亚成年组、成年组（成年Ⅰ组、成年Ⅱ组）、老年组比例各占25％的鼠类种群其数量相对稳定；种群中成年组、老年组比例占优势，（成年组＋老年组）/（幼年组＋亚成年组）比例在80％以上，有利于种群数量增长；种群亚成年组、幼年组比例占优势，（成年组＋老年组）/（幼年组＋亚成年组）比例在40％以下，不利于种群数量增长。

表 B.2　农区鼠害发生程度划分标准

发生程度	鼠密度指标（捕获率或鼠洞密度）		占播种面积（％）	作物产量损失率指标（％）
	捕获率（％）	有效洞（个/公顷）		
轻发生	<3.0	<5.0	≥80	<0.5

（续）

发生程度	鼠密度指标（捕获率或鼠洞密度）		占播种面积（%）	作物产量损失率指标（%）
	捕获率（%）	有效洞（个/公顷）		
偏轻发生	3.0～5.0	5.0～10.0	≥20	0.5～1.0
中等发生	5.1～10.0	10.1～15.0	≥20	1.1～3.0
偏重发生	10.1～15.0	15.1～20.0	≥20	3.1～5.0
大发生	>15.0	>20.0	≥20	>5.0

注：本表以粮食作物为主，其他作物参照。

附录 C
（资料性附录）

农区鼠害发生基数参考资料

C1 北方省份 3 月农田捕获率 3% 以上，10 月农田捕获率 5% 以上，南方省份上一年 12 月或当年 1 月捕获率达 3% 以上，具备中等以上发生条件。

C2 湖南洞庭湖稻作区褐家鼠在 3 月进入繁殖盛期，随着温度的上升，农田水稻的生长，鼠类的食物越来越丰富，褐家鼠在 3 月后就开始向农田迁移。3 月农房的褐家鼠数量多少将影响以后月份农田的褐家鼠数量。

C3 贵州在黑线姬鼠为优势种地区，3 月捕获率 8% 以上为大发生，3 月捕获率不足 2% 为轻发生，预测方程为：$Y=2.4460X+0.54$，X 为 3 月种群密度，Y 为 6 月数量高峰期种群数量。

C4 山东黑线仓鼠当年 3 月鼠密度可导致 11 月鼠密度上升。大仓鼠 4 月鼠密度基数与秋季 9—11 月最高密度密切相关，当 4 月大仓鼠密度大于 2.33% 时，种群增长具有明显的负反馈调节现象，预测方程为：$Y=18.43-2.14X$，X 为 4 月种群密度，Y 为 9—11 月种群密度。

C5 河南棕色田鼠 4 月开春基数高的年份，当年 10 月的种群密度也较大，开春基数低的年龄 10 月的密度较低，预测方程为：$Y=0.573X+58.143$，X 为 4 月开春基数，Y 为 10 月种群密度。

C6 山西达乌尔黄鼠 4 月开春基数与当年最高种群数量之间呈极显著正相关关系，预测方程为：$Y=2.93X+3.91$，X 为 4 月开春基数，Y 为当年最高种群数量。

C7 青海高原鼢鼠 5 月种群数量与当年 10 月高峰期种群数量存在显著的正相关关系，预测方程为：$Y=5.823+0.910X$，X 为 5 月种群数量，Y 为 10 月高峰期种群数量。

附件 3：农区鼠害控制技术规程

1 范围

本标准规定了农区（农田和农舍区）鼠害控制指标、控制适期、控制措施及控制效果调查方法。本标准适用于农区鼠害控制活动；也可作为其他环境控制鼠害技术的参考。

2　规范性引用文件

下列文件对于本文件的应用是必不可少的。凡是注日期的引用文件，仅注日期的版本适用于本文件，其最新版本（包括所有的修改单）适用于本文件。

NY/T 1276《农药安全使用规范总则》，NY/T 1481《农区鼠害监测技术规范》。

3　术语和定义

下列术语和定义适用于本标准。

3.1　控制指标 control index
为防止鼠害损失超过经济阈值而设立的需采取控制措施的鼠密度指标。

3.2　毒饵站 bait station
鼠类能够进入，家禽、家畜等不能进入取食、盛放毒饵的装置，也称毒饵盒。

3.3　粉迹法 powder‐trace method
在一定时间内采用规定大小的滑石粉块调查室内鼠类数量的方法。

3.4　阳性率 positive rate
采用粉迹法调查鼠密度，有鼠迹粉块数（阳性粉块数）占总有效粉块数的百分率。

3.5　弓箭（地箭）法 bow and arrows method
使用相同型号的若干弓箭，在鼠洞口安放一夜（或一昼夜）捕获鼠的数量，用于鼢鼠等地下鼠相对数量的调查方法。

4　控制指标

4.1　农舍区
鼠密度为 2%。

4.2　农田区
春季鼠密度为 3%；秋（冬）季鼠密度为 5%。

4.3　农区鼠传疾病发生区
鼠传疾病流行地区执行卫生部门对相关病种防疫的控制指标。

5　农田控制适期

春季：害鼠繁殖高峰期前或农作物播种前。

秋（冬）季：害鼠种群数量高峰期前或农作物成熟收获期前。

6　控制措施

根据鼠密度调查，鼠密度超过控制指标的农区，应用农业防治、生物防治、物理防治和化学防治等措施，控制农区鼠害。

6.1　化学防治
6.1.1　应选用在农药管理部门登记，并在有效期内的杀鼠剂。

6.1.2　选择当地鼠类喜食的新鲜食物，如稻谷（或大米）、玉米、小麦、甘薯等或其他易于被鼠类采食的物质作为毒饵的基饵。

6.1.3 配制毒饵执行 NY/T 1276。常用杀鼠剂品种及毒饵配制浓度见附录 A 表 A。

6.1.4 投饵方法

6.1.4.1 无遮盖投饵

6.1.4.1.1 农田：将毒饵投放在田埂、沟渠边、鼠洞等鼠类经常活动的场所，每 10 米投饵 1 堆，每堆 5 克～10 克，每 667 米^2 投饵量 150 克～200 克。在鼠密度高的地方增加投饵堆数和投饵量。

6.1.4.1.2 农舍：将毒饵投放在居室、厨房、粮仓及畜禽圈旁等鼠类经常活动的角落或隐蔽处，每 15 米^2 投饵 2 堆，每堆 5 克～10 克。

6.1.4.2 毒饵站投饵

6.1.4.2.1 选材：选用竹筒、PVC 管、饮料瓶、花盆、瓦筒等材料，口径≥5 厘米。

6.1.4.2.2 制作：毒饵站制作方法及适用范围见附录 B。

6.1.4.2.3 使用：农田每 667 米^2 放置毒饵站 1 个，将毒饵站固定于田埂或沟渠边，离地面 3 厘米左右。农舍每户投放毒饵站 2 个，重点放置在房前屋后、厨房、粮仓、畜禽圈等鼠类经常活动的地方，将其固定。每个毒饵站内放置毒饵 20 克～30 克，放置 3 天后根据害鼠取食情况补充毒饵。毒饵站可长期放置。

6.1.5 安全措施

6.1.5.1 杀鼠剂及毒饵应由经过专业培训的人员负责保管、发放，与其他物品分开存放，所用灭鼠工具、容器及投药器材均注明"有毒"字样，使用后及时清洗，投饵后剩余的毒饵应及时回收。

6.1.5.2 投放毒饵后，应设立警示标志，5～10 天内禁止放养禽畜。投饵后及时搜寻、清理死鼠，作无害化处理。

6.1.5.3 使用抗凝血类杀鼠剂投饵期间应配备解毒药剂，如发现误食中毒，就近送医。抗凝血杀鼠剂配备维生素 K$_1$。

6.2 农业防治

结合农田基本建设、调整耕作制度、灌溉、整治农舍环境卫生和其他农事活动等措施，恶化害鼠生存环境，以达到降低鼠密度的目的。大规模开展此类防治应取得当地相关管理部门同意。

6.3 物理防治

采用捕鼠夹、捕鼠笼、粘鼠板、弓箭（地箭）等装置或人工设置陷阱捕杀害鼠。捕杀工具应避免造成对人、畜的严重伤害。

电捕鼠器应经过农业植保器械管理部门登记。使用者应经过技术与安全操作培训。在使用范围应有显著的标志。

6.4 生物防治

利用猫、猛禽、蛇类、鼬类等鼠类天敌降低鼠类数量，或应用对人、畜安全而对害鼠有致病力的生物制剂控制害鼠数量。应鼓励实施保护天敌的措施。可通过营建天敌窝巢、栖息地等措施招引天敌。

引入天敌或生物制剂前应经过专家论证，并建立应急预案。实施过程一旦发现对人、畜或环境有害应立即停止。

7　防治效果调查

7.1　夹夜法

适用于农田或农舍区鼠害防治效果调查，在投放毒饵前 1 天及投放毒饵后 15 天～30 天，采用夹夜法调查鼠密度（捕获率），调查方法及计算方法见《农区鼠害监测技术规范》（NY/T 1481—2007），根据投放毒饵前和投放毒饵后鼠密度，按公式（1）计算防治效果，结果填入附录 C 表 C.1。

$$C = \frac{B - A}{B} \times 100\% \qquad (1)$$

式中：

C——防治效果，单位为百分数（%）；

B——投放毒饵前鼠密度，单位为百分数（%）；

A——投放毒饵后鼠密度，单位为百分数（%）。

7.2　粉迹法

适用于农舍区鼠害防治效果调查，采用 20 厘米×20 厘米滑石粉块，厚度 1 毫米，沿墙基、楼道等鼠类经常活动的地方布放，每 15 米² 房间布放 2 块，共布放粉块 100 块以上，晚放早查，统计有鼠迹粉块数（阳性粉块数）和有效粉块数，按公式（2）和公式（3）计算粉块阳性率和防治效果，结果填入附录 C 表 C.2。

$$I = \frac{N}{M} \times 100\% \qquad (2)$$

式中：

I——粉块阳性率，单位为百分数（%）；

N——阳性粉块数，单位为块；

M——有效粉块数，单位为块。

$$C_1 = \frac{I_1 - I_2}{I_1} \times 100\% \qquad (3)$$

式中：

C_1——防治效果，单位为百分数（%）；

I_1——投放毒饵前粉块阳性率，单位为百分数（%）；

I_2——投放毒饵后粉块阳性率，单位为百分数（%）。

7.3　弓箭（地箭）法

适用于鼢鼠等地下生活鼠种的防治效果调查。

在新土堆（鼠丘）附近挖开鼠道，安装弓箭（地箭），次日统计捕获鼠数量，按公式（4）和公式（5）计算鼠密度（捕获率）和计算防治效果，结果填入附录 C 表 C.3。

$$R = \frac{M}{N} \times 100\% \qquad (4)$$

式中：

R——鼠密度（捕获率），单位为百分数（%）；

M——捕获鼠数，单位为只；

N——安放弓箭数，单位为个。

$$C_2 = \frac{R_1 - R_2}{R_1} \times 100\%$$ （5）

式中：

C_2——防治效果，单位为百分数（%）；

R_1——投放毒饵前鼠密度，单位为百分数（%）；

R_2——投放毒饵后鼠密度，单位为百分数（%）。

附录 A
（资料性附录）

表 A　常用杀鼠剂毒饵配制浓度

杀鼠剂（通用名）	毒饵配制浓度
杀鼠醚	0.037 5%
敌鼠钠盐	0.02%～0.05%
杀鼠灵	0.025%
氯鼠酮	0.02%～0.05%
溴鼠灵	0.005%
溴敌隆	0.005%
氟鼠灵	0.005%

附录 B
（资料性附录）

表 B　毒饵站制作方法及适用范围

毒饵站类型	制作方法	适用范围
竹筒毒饵站	将竹子锯成40厘米长的竹筒，把竹节中间打通，竹筒两头各留5厘米长防雨檐，用铁丝做两个固定脚作支架，将铁丝脚架插入田埂，离地面3厘米（见图 B.1）	农田
竹筒毒饵站	将竹子锯成30厘米长的竹筒，打通竹节即可（见图 B.2）	农舍
PVC管毒饵站	形状与竹筒相同（见图 B.1、图 B.2），材料为 PVC 管	农田、农舍
饮料瓶毒饵站	用矿泉水、可口可乐等饮料瓶把两端去掉，用铁丝把两端固定，铁丝留15厘米插于地下，饮料瓶距地面3厘米	农田、农舍
花钵毒饵站	将口径为20厘米左右各种花钵的上端开一个缺口，缺口口径在5～6厘米，翻过来扣在地面即可（见图 B.3）	农舍
简瓦毒饵站	用普通瓦片或筒瓦二片合起来用铁丝扎紧即可	农舍
瓦筒毒饵站	用黏土制成长度40厘米、内径10厘米、内呈圆柱形，经窑高温烧制而成	农田、农舍

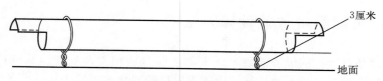

图 B.1　农田区竹筒（PVC 管）毒饵站示意图

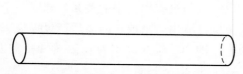

图 B.2　农舍区竹筒（PVC 管）毒饵站示意图

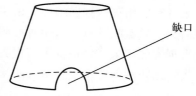

图 B.3　农舍区花钵毒饵站示意图

附录 C

（规范性附录）
防治效果调查表

表 C.1　夹夜法防治效果调查表

调查时间	调查地点	调查面积或户数	毒饵名称	投放毒饵前			投放毒饵后			防治效果（%）
				置夹数（个）	捕鼠数（只）	捕获率（%）	置夹数（个）	捕鼠数（只）	捕获率（%）	

表 C.2　粉迹法防治效果调查表

调查时间	调查地点	调查户数	毒饵名称	投放毒饵前			投放毒饵后			防治效果（%）
				有效粉块数	阳性粉块数	阳性率（%）	有效粉块数	阳性粉块数	阳性率（%）	

表 C.3　弓箭（地箭）法防治效果调查表

调查时间	调查地点	调查面积	弓箭数（个）	捕鼠数（只）	捕获率（%）	防治效果（%）

附件4：灭鼠经济效益计算方法

如何正确地估计取得的经济效益？过去曾按联合国粮食及农业组织（FAO）公布的每只老鼠每年盗食粮食9千克来计算，由于灭鼠后死鼠数难以准确统计，计算出来的经济效益存在很大的差异，代表性不强。目前国内多数地区对农田灭鼠经济效益的计算，通过田间作物测产，以防治区和对照区（不防治）的防治前、防治后密度和危害损失率的下降情况来计算农田灭鼠挽回损失，由于田间测产难度较大，准确性也不高。为了更好地搞好灭鼠后经济效益的计算，贵州省按照不同作物鼠密度与鼠害损失率的关系，建立一个统一的鼠害损失测定公式，根据鼠害损失测定公式分别计算出防治前、防治后产量损失率及产量损失，用防治前产量损失减去防治后产量损失，即为单位（每667米^2）挽回粮食损失。

1 农田鼠害危害损失测定

1.1 不同作物鼠害损失测定公式

1.1.1 水稻孕穗期：$Y=1.159\,1X-2.94$，式中，X 为鼠密度（%），Y 为产量损失（%）。

1.1.2 玉米播种期：$Y=0.518\,6X+1.054\,2$，式中，X 为鼠密度（%），Y 为产量损失率（%）。

1.1.3 玉米乳熟期：$Y=0.918\,5X-0.54$，式中，X 为鼠密度（%），Y 为产量损失率（%）。

1.1.4 小麦乳熟期：$Y=0.735\,6X-1.63$，式中，X 为鼠密度（%），Y 为产量损失率（%）。

1.2 混合鼠害损失测定公式

$Y=0.881\,8X-0.48$，式中，X 为鼠密度（%），Y 为产量损失率（%）。

2 灭鼠经济效益计算方法

2.1 有效规模

有效规模（万公顷）＝综合防治面积×保收系数（0.90）

2.2 推广成效（覆盖）率

推广成效（覆盖）率＝［有效规模÷应推广面积（发生面积）］×100%

2.3 防治效果

防治效果＝［（防治前鼠密度－防治后鼠密度）÷防治前鼠密度］×100%

2.4 鼠害损失率

防治前鼠害损失率＝（0.881 8×防治前鼠密度－0.48）×100%

防治后鼠害损失率＝（0.881 8×防治后鼠密度－0.48）×100%

防治后鼠害减少损失率＝防治前鼠害损失率－防治后鼠害损失率

2.5 挽回粮食损失

单位（亩）挽回粮食损失（千克）＝（防治前鼠害损失率－防治后鼠害损失率）×当年作物平均单产（千克/亩）

缩值后单位（亩）挽回粮食损失（千克）＝单位（亩）挽回粮食损失×缩值系数（0.70）

累计挽回粮食损失（万千克）＝有效规模×缩值后单位（亩）挽回粮食损失

累计挽回产值（万元）＝累计挽回粮食损失×平均粮食单价

2.6 防治成本

单位（亩）防治成本（元）＝毒饵费＋投药工资＋毒饵站费用＋宣传培训＋试验示范推广费

累计防治成本（万元）＝单位（亩）防治成本×有效规模

2.7 新增纯收益

新增纯收益（万元）＝累计挽回产值－累计防治成本

2.8 投入产出比

投入产出比（1：?）＝累计防治成本：新增纯收益

3 主要解决问题

3.1 解决了一个过去"拍脑袋"的问题：将过去对灭鼠经济效益的统计加以估计，转变为一个简单、准确的量化计算过程。

3.2 解决了灭鼠面积统计难的问题：将过去统计不同作物灭鼠面积转变为统计混合防治面积。

3.3 解决了鼠密度与鼠害损失率之间的关系问题：根据过去研究成果组建一个统一的鼠害损失测定公式。

3.4 解决了一个与现行"农业科研成果经济效益计算方法"接轨的问题：增加了保收系数、缩值系数等数据，使得计算出的灭鼠经济效益更加合理，更具有代表性。

4 需要调查的数据

4.1 灭鼠面积：指各种作物鼠害混合防治面积。

4.2 鼠密度：指灭鼠前、灭鼠后鼠密度。

4.3 作物平均单产、单价：指当地作物（主要是水稻、玉米、小麦）平均单产、单价。

4.4 防治成本：单位（每亩）防治成本，主要包括毒饵费、投药工资、毒饵站费用以及宣传培训、试验示范推广费等费用。

5 农田灭鼠经济效益计算模板

贵州省制定了农田灭鼠经济效益计算模板，可通过此模板计算相关数据。

农田灭鼠经济效益计算模板

序号	项 目	计算结果
1	农田鼠害发生面积（万亩）	
2	完成鼠害综合面积（万亩）	

（续）

序号	项　　目	计算结果
3	保收系数	0.90
4	有效规模（万亩）	
5	推广成效（覆盖）率（%）	
6	防治前鼠密度（%）	
7	防治后鼠密度（%）	
8	防治效果（%）	
9	当年作物平均单产（千克/亩）	
10	防治前鼠害损失率（%）	
11	防治后鼠害损失率（%）	
12	防治后减少鼠害损失率（%）	
13	单位（亩）挽回损失（千克）	
14	缩值系数	0.70
15	缩值后单位（亩）挽回损失（千克）	
16	累计挽回损失（万千克）	
17	平均粮食单价（元/千克）	
18	累计挽回产值（万元）	
19	单位（每亩）防治成本（元）	
20	累计防治成本（万元）	
21	新增纯收益（万元）	
22	投入产出比（1∶?）	

注：电子表格计算模板表中，在阴影格加入当年调查统计数据，即得到有关数据。

附件5：农区鼠情监测主要害鼠密度及鼠种组成汇总表

填报单位：　　　　　　填报时间：　　　　　　填报人：

省份	调查生境	监测点数量（个）	置夹数（个）	捕鼠数（只）	捕获率（%）	鼠种组成（只）						
	住宅区											
	稻田区											
	旱作区											
	合计											

附件6：TBS捕鼠调查鼠种组成汇总表

填报单位： 填报时间： 填报人：

省份	TBS围栏安装类型	安装个数（个）	捕鼠总数（只）	平均捕鼠数（只）	鼠种组成（只）							
	封闭式矩形TBS围栏											
	开放式直线TBS围栏											
	合计											

附件7：农区鼠害监测及防治情况统计表

省份			
农田发生面积（万亩）		农田防治面积（万亩）	
农户发生户数（万户）		农户防治户数（万户）	
农村鼠害总体发生程度			
统一灭鼠示范面积	农田（万亩）	农户（万户）	
毒饵站灭鼠面积	农田（万亩）	农户（万户）	
统一灭鼠示范县名称（面积、户数）			
鼠密度范围及平均值			
重发区域（密度＞10%）的地点及发生面积			
TBS技术应用地点、面积			
物联网监测技术应用地点			
各级财政经费投入（万元）	国家级	省级	
	市级、县级	乡级、镇级	
	农民自筹	总计	
防治总体效果（%）		折合杀鼠剂毒饵数量（吨）	
杀鼠剂名称及生产企业		造成粮食损失（万千克）	
挽回粮食损失（万千克）		平均每户储粮损失（千克）	
宣传培训情况：			
举办农民田间学校（个）及培训人数			
培训班、现场会（场次）及培训人数			
发技术资料（份）			
其他			

第十一章
农作物病虫害专业化防治
组织情况统计

为全面掌握全国农作物病虫害专业化统防统治的基础数据和发展动态,有针对性地提供指导和服务,根据《农药管理条例》《农作物病虫害专业化统防统治管理办法》(农业农村部第1571号公告)以及植保专业统计工作要求,从2019年开始,各地需要填报《农作物病虫害专业化防治组织情况统计表》。为此全国农业技术推广服务中心专门开发了独立的专业化防治组织信息管理系统,用于全国各地专业化统防统治组织的统计填报,要求各地植保部门组织所属的地、县级植保站认真开展此项工作,确保本地所有的防治组织都能纳入此信息管理系统,并开展系统调查监测和统计分析工作。

第一节　专业化统防统治组织的概念

专业化统防统治组织是指在所属地工商管理部门登记或在所属地民政部门注册的,包含从事农作物病虫害防治服务的所有农业综合服务组织,由所在地植保站归口管理。

开展跨区服务的防治组织,归口登记注册地植保站管理。

对已经开展农作物病虫害防治服务但尚未登记或注册的防治服务组织,督促鼓励其前往工商或民政部门办理相关手续,逐步纳入此信息管理系统,便于全面掌握全国专业化防治组织开展服务情况。

第二节　专业化统防统治组织统计内容和统计方法

一、统计内容

(1)防治服务组织基本情况,包括防治服务组织名称、法人、邮箱、电话、从业人数、日作业能力等。

(2)防治组织年度服务情况。

(3)防治组织年度使用药械情况。

以上信息每年填报一次。防治组织农药使用情况,需在每次防治任务完成后及时填写,以免过后遗忘。

二、统计方法

（一）做好填报系统使用培训

各级植保站要把防治组织的调查监测和统计分析工作作为植保基础性工作，安排专人负责。做好分级培训，确保植保站具体负责人员能够熟练掌握本系统。县植保站可以采取集中培训或上门培训的方式，确保所属地的专业化防治组织都能学会本系统的登录和录入方法，并按要求及时填报。

统计填报系统可在网站 http：//www.acmis.cn，下载"农药械信息管理系统软件"（ACMIS），安装到本地电脑，然后在桌面上打开"专业化统防统治信息管理"图标，进入专业化防治组织的调查监测信息管理系统。

填报系统分为两个版本，一是专业化防治组织版，二是各级植保机构版，分别承担不同功能。

（二）做好审核备案

县植保站负责对所属地的专业化防治组织登录系统录入的信息进行审核，并赋予其备案号。

备案号的编码方法：编码的前6位为当地县（市）的行政区划码，第7—10位为调查数据所在年份，第11位为防治组织登记注册情况，D表示防治组织已在当地工商部门登记或者已在当地民政部门注册，W表示尚未登记注册的防治组织，第12—14位为该防治组织在当地序号（001—999）。县植保站可建立一个工作表，将每个防治组织的基本信息与备案号一一对应，避免在分配备案号时出现差错。

（三）做好数据统计分析

各级植保站可登录农药使用调查监测管理系统，根据不同权限，调取所属地的全部数据，随时掌握全面情况并对数据进行汇总分析和总结上报。

第三节　专业化防治组织版使用说明

一、专业化防治组织信息管理系统使用的软件环境

目前的专业化防治组织信息管理系统是第二版，新版本可在当前主流浏览器（IE9以上、Chrome、火狐等）运行。

二、系统的注册、登录

在浏览器内，键入网址 http：//www.acmis.cn，按 Enter 键后进入农药械信息管理

官网。在网页中找到"专业化防治信息管理（专业化组织填报数据专用）"按钮，鼠标点击即可进入专业化防治信息管理系统的登录界面（图 11-1）。

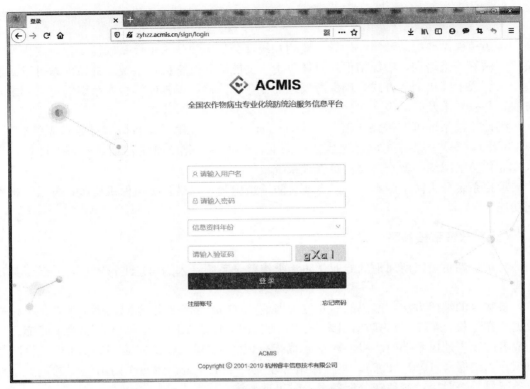

图 11-1　专业化防治组织信息管理系统登录界面

新用户请点击图 11-1 所示专业化防治组织信息管理系统登录界面中的"注册账号"按钮，在专业化防治组织信息管理系统中注册一个新账号。新账号注册用户界面如图 11-2 所示。

注意事项：①用户名可以使用中文、数字、英文字符或数字（最好使用英文字母），用户名长度应为 6～16 个字符；②密码长度不少于 8 个字符，支持数字、英文字母和特殊符号，密码已经加密传输，可放心输入；③系统可通过手机接收验证码登录系统、修改密码，新用户在注册时务必填写正确的手机号，方便之后使用。

以上内容输入完成后，点击注册即可以注册一个新账号，账号注册成功后可以使用用户名和密码登录。邮箱不可用于登录，除非用户名和邮箱一致。

三、忘记用户名或密码恢复

如果在使用过程中，忘记用户名或密码，可以在专业化防治组织信息管理系统登录界面（图 11-1）的下部点击"忘记密码"按钮，然后点击手机号验证。这时系统出现如图 11-3 所示用户界面，可以通过手机完成密码重置。

图 11-2 专业化防治组织信息管理系统用户注册界面

图 11-3 用户忘记密码时重置密码的手机号验证界面

四、专业化防治组织信息管理系统用户操作主界面

在专业化防治组织信息管理系统登录界面（图 11-1）中输入用户名和密码、点击"登录"后可以登录系统。

登录成功之后，进入专业化防治组织信息管理系统数据录入界面（图 11 - 4）。左边是信息平台需要填报的报表类型。点击后可以进入相关报表的填写、录入界面。

图 11 - 4　专业化防治组织信息管理系统数据录入界面

在标题处，显示了当前资料处理的年份，注意录入数据要与年份相对应。年份只能在系统登录时指定，如果需要更换年份请用鼠标左键点击右上角的用户名，选择出现下拉菜单中的退出登录选项，重新登录时可以重新选择年份。

五、备案表填写

使用专业化防治组织信息管理系统进行数据填报时，建议先填写专业化组织备案表（图 11 - 5），然后再填写其他 3 个表格的数据。

六、农药使用记录表

在专业化防治组织信息管理系统数据录入界面图 11 - 4 中单击"农药使用记录"可以进行数据上报，显示的用户界面如图 11 - 6 所示。

点击界面左上部的"新增用药"可以增加一次录入防治用药记录。界面右边有"删除""编辑"和"服务区县"三个选项。"增加服务区县"应用于一次在几个区县施用了同种农药的情形。点击后仅需要填写该次用药的服务区县，及每个区县的用药面积。

点击"新增用药"后，系统显示新增农药记录填写界面（图 11 - 7）。

填写过程中，施药起止日期、服务省份、服务区县、作物种类、类型。类型处无须输入、只需要选择。输入登记证号之后，点击键盘中的"Enter"键，如果数据库中有该农药品种，则会自动填入农药通用名。填报后，点击"保存"进行保存输入。

备案信息编辑

默认情况下会复制上一年备案信息，如果没有，请重新填写

* 组织名称	浙江大学昆虫所
* 年份	2016
* 省份	浙江省
* 区县	淳安县
* 法人代表	唐其
* 邮箱	qytang@zju.edu.cn
* 联系电话	123-12345678
* 从业人数	15　人
* 日作业能力	5000　亩

取消　保存

图 11-5　专业化防治组织信息管理系统备案表填写界面

图 11-6　农药使用记录填写界面

注意事项：①农药用量，默认以每亩多少毫升（克）为单位，输入数据时只输入数字，不要输入单位，如用量 85 毫升/亩，只需要输入数字"85"即可；②一种农药，如一次性防治几种对象，在防治对象一栏将几种防治对象放在一起，并用逗号分隔。

新增用药之后，保存农药使用记录（图 11-6），在其记录左边有一个"增加服务区县"选项。点击后，系统显示如图 11-8 所示的增加服务区县界面。在该界面中，用户可选择服务省份、服务区县，并填写防治面积。而其他项都不允许用户修改。

图 11-7 新增农药记录填写界面

图 11-8 新增服务区县记录填写界面

七、药械使用情况表及年度服务情况表

在图 11-9 中单击"新增"选项，数据填写完成之后（图 11-10），点击"保存"按钮，可增加一条新的药械配置记录。年度服务情况表（图 11-11）填写方式相同，不再赘述。

图 11-9　药械使用情况界面

图 11-10　新增药械记录界面

八、删除和编辑操作

可对多行记录进行删除和编辑操作。点击右边的"删除"或"编辑"选项完成。如年度服务情况填写界面（图 11-11）中红框内所示。

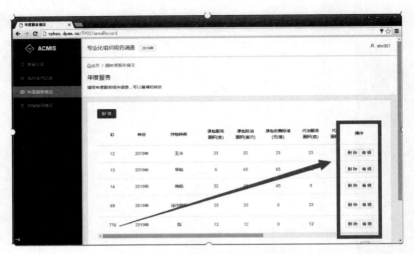

图 11-11　年度服务情况填写界面

九、专业化防治信息平台在手机上的应用

首先在手机上键入网址 http://www.acmis.cn，然后回车后即可进入专业化防治信息管理系统的登录页面，登录界面如图 11-12 所示。

图 11-12　手机版专业化防治组织农药械信息管理系统登录界面

使用过程中的有关情况，请联系技术人员（郭老师，联系电话：18757180865）。或加入专业化组织农药械信息管理 QQ 群，在群里会及时回答用户在使用中存在的问题。QQ群二维码及群号如图 11 - 13。

群名称：专业化组织农药械信息管理
群　号：976759878

图 11 - 13　专业化组织农药械信息管理 QQ 群二维码及群号

第四节　各级植保机构版使用说明

一、下载安装专用信息管理系统

省、地、县植保机构负责对所属地的专业化防治组织调查监测工作，在专业软件支持下对专业化防治组织的调查监测进行管理。专业软件可进入农药械信息管理系统网站（网址：http：//www.acmis.cn），下载安装农药械信息管理系统软件（ACMIS），将 ACMIS 农药信息管理软件安装到当地（图 11 - 14）。

按照图 11 - 14 所示流程，下载、安装全国农药械信息管理系统软件，安装成功后在电脑桌面上显示"专业化统防统治信息管理""需求预测与实际用量""农药使用调查监测"三个图标，点击"专业化统防统治信息管理"图标即可登录。

登录方式：输入正确的用户名和密码，并选择要处理的资料年份之后，点击"确定"选项。

注意：用户名是全国统一的各地行政区划代码，区县、地州市的登录用户名及初始密码由省级植保站药械科派发。

各级植保机构可以在系统支持下，随时汇总统计当地专业化防治组织的调查监测信息。县级植保机构在该系统支持下，对当地专业化组织的登录系统录入的信息进行审核，并赋予其备案号。具体工作人员每周至少登录一次系统，及时审核、赋号，并对尚未注册、登录、填报调查监测资料的防治组织进行督查指导。

进入农药械信息管理系统下载网址：http://www.acmis.cn

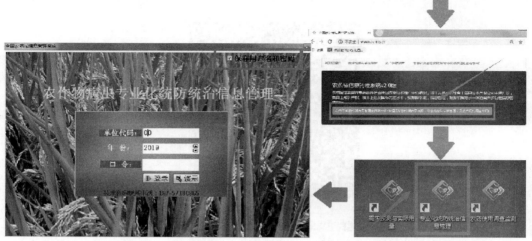

图 11-14　农药使用调查监测管理软件下载、安装及使用示意图

二、各级植保部门对专业化防治服务组织信息的管理

登录后，系统显示主界面如图 11-15 所示。

农作物病虫害专业化统防统治情况调查表			
专业化防治服务组织发展情况	数量		
	当年	上年	比上年增减（%）
防治服务组织数量（个）			
其中：经工商、民政注册登记且在农业部门备案数量（个）			
从业人员总数（人）			
其中：经农业部门专业技术培训人员数量（人）			
背负式机动弥雾机、背负式喷杆喷雾机、（台套）			
各类（担架式、推车式、车载式）液泵喷枪喷雾机（台套）			
无人航空喷雾机（载药量在5升以上，架）			
自走式喷杆喷雾机			
其他（悬挂式喷杆喷雾机、牵引式喷杆喷雾机、大型风送式弥雾机、直升机、动力伞、三角翼等）			
施药机械合计			
日作业能力（万亩）			
无人机防治病虫作业总面积（万亩次）			

主要作物用药防治情况表								
病虫防治项目	当年			上年			比上年增减（%）		
	水稻（包括早稻、中稻及一晚、连）	小麦	玉米	水稻（包括早稻、中稻及一晚）	小麦	玉米	水稻（包括早稻、中稻及一晚）	小麦	玉米

图 11-15　农户病虫专业化统防统治信息管理子系统用户主界面

在图 11-15 所示的主界面中，点击顶部"专业化防治组织信息管理"菜单，出现 4 个下拉式子菜单，即"汇总全部数据""汇总已审核的数据""汇总未审核的数据""注销（未使用的）用户账号"。

执行"汇总全部数据"子菜单，即可看到本辖区内所有的专业化防治组织开展病虫防治的相关数据填报汇总表格（图11-16）；执行"汇总已审核的数据"子菜单，即可看到本辖区内已经审核通过的专业化防治组织开展病虫防治的相关数据填报汇总表格；执行"汇总未审核的数据"子菜单，即可看到本辖区内尚未通过审核的专业化防治组织开展病虫防治的相关数据填报汇总表格。

汇总表格可以通过点击菜单"系统登录与管理"下"保存当前表格为Excel文件"子菜单，弹出对话框后输入一个文件名，将当前的汇总表格另存为Excel格式的数据文件。

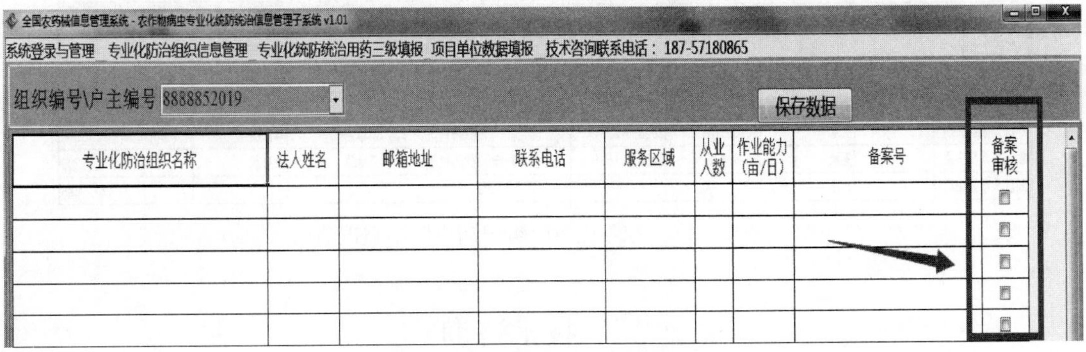

图11-16　专业化组织基本情况及备案操作

对未审核的专业化组织，第一个表页（图11-16）是当地专业化组织备案信息。在"专业化组织基本情况"表页里，区县用户可以对表格进行处理的唯一操作是审核各个专业化防治组织，加上各个组织的备案号。

备案号的编码方法：编码的前6位为当地县（市）的行政区划码（即区县登录本系统时的用户名），第7-10位为调查数据所在年份，第11位为防治组织登记注册情况，D表示防治组织已在当地工商部门登记或者已在当地民政部门注册，W表示尚未登记注册的防治组织，第12-14位为该防治组织在当地序号（001~999）。区县植保机构可先输出Excel文件，在Excel文件里将每个防治组织的基本信息与备案号一一对应，避免在分配备案号时出现差错。

符合填报要求的专业化组织，按规则填写备案号后，在图11-16相对应的红框内的"备案审核"内选择"√"，点击"保存数据"，保存成功即对该专业化组织审核通过。

图11-17显示的是其余的3个表页，各个页面表格分别对应专业化防治组织开展病虫防治情况的3个表。

注意：这里的数据只是汇总，区县植保机构不能在这里填报、上报数据。植保站用户在软件端登录时，只能在图11-16所示的表格内进行数据审核和备案号填报，不能修改各专业化组织填报的信息；若发现某专业化组织填报信息有误，请联系该组织相关负责人，用该组织注册的账号，在网页版系统上进行修改。图11-17所示的三个表格，只能用来查看各专业化组织填报的汇总信息，植保机构不能用软件版进行数据修改和填报。

专业化组织	作物种类	承包服务		代防代治		绿色防控面积(万亩次)					资金来源
		面积(万亩)	防治面积(万亩次)	面积(万亩)	防治面积(万亩次)	生态调控	理化诱控	天敌昆虫	生物制剂	合计	
我们的工作	早稻	23	8	98	9898	23	23	23	23	92	
我们的工作	小麦	32	23	43	43	43	23	23	2	91	农户
我们的工作	合计	55	31	141	9941	66	46	46	25	183	
浙江大学昆虫所	玉米	23	32	23	23	23	13	23	13	72	服务组织
浙江大学昆虫所	早稻	6	65	65	65	56	65	65	65	251	
浙江大学昆虫所	晚稻	32	43	5	65	23	343	23	43	432	农户
浙江大学昆虫所	合计	61	140	93	153	102	421	111	121	755	

专业化组织	合计	1.作业能力小于10亩/日/人的小型施药机械(台套)				2.作业能力小于50亩/日/人的中型施药机械(台套)									3.作业能力大于100亩/日/人的大型施药机械(台套)					
		小计	背负式手动	电动喷雾器	其他(小型)	小计	背负式机动弥雾机	背负式喷杆	背负式液泵	框架式液泵	拖拉式液泵	担架式液泵	车载式液泵	其他(中型)	小计	三轮自走式	四轮自走式	悬挂式喷杆	牵引式喷杆	大型
我们的工作	26	22	22															4		2
浙江大学昆虫所	13	4				8	3	3						3	3				3	

专业化组织	服务区县	作物种类	开始用药	用药结束	防治面积(万亩)	服务类型	防治对象	农药品种	用量(克、毫升/亩)
浙江大学		玉米	2018-5-31	2018-6-22	2.5500	代防代治	杂草	草甘膦	300
浙江大学		玉米	2018-6-2	2018-6-15	1.8500	代防代治	玉米螟	杀虫双	200
浙江大学		合计			4.4000				257.9545
浙江大学昆虫所		玉米	2018-5-31	2018-6-22	2.5500	代防代治	杂草	草甘膦	300
浙江大学昆虫所		玉米	2018-6-2	2018-6-15	1.8500	代防代治	玉米螟	杀虫双	200
浙江大学昆虫所		合计			4.4000				257.9545

图 11-17　专业化防治组织病虫防治概况表

三、技术咨询

使用过程中的有关情况,可联系技术人员(郭老师,联系电话:18757180865)。或加入专业化组织农药械信息管理 QQ 群,在群里及时回答用户在使用中存在的问题。QQ 群二维码及群号见图 11-18。

群名称:专业化组织农药械信息管理
群　号:976759878

图 11-18　专业化组织农药械信息管理 QQ 群二维码及群号

第十二章
植物保护机构人员和工作情况统计

第一节　植物保护工作情况统计的意义与任务

植物保护系统的机构和人员是进行植物保护技术开发、推广和培训等活动的主体，植物保护系统机构的设置、分布及人员的数量、素质等情况，对植物保护工作的开展有着极其重要的影响。因此，机构、人员情况的统计，是植物保护统计中重要的组成部分，做好这项工作，对于研究植物保护系统机构的体制改革，优化系统内部人员的比例结构，调动各类植保人员的积极性等，都有着十分重要的意义。

植物保护工作情况统计的主要任务有三个方面。

（1）反映县及县以上专业植物保护机构的数量和构成情况，反映各级植物保护机构尤其是镇、乡（村）兴办植保社会化服务实体的单位数量和发展情况。

（2）反映植物保护系统专业人员数量的多少，各类人员之间的比例关系以及人员变化情况。

（3）反映植物保护系统人员素质的变化和培训情况。

第二节　植物保护系统机构统计

一、统计范围

凡农业系统内部各级从事植物保护（国内植物检疫、病虫测报、生物防治等）管理、技术推广等工作的单位都是植物保护机构统计范围。参公管理单位也统计在内。

二、县及县以上植物保护机构统计

县及县以上植物保护机构指由国家行政事业费开支，从事植物保护管理、技术开发、技术推广、培训等工作，并经编委批准或政府、农业行政部门认可的植物保护机构。在具体统计工作中，按照业务分工，统计归属农业主管部门领导的植物保护单位。包括农业农村部全国农业技术推广服务中心；各省、自治区、直辖市植物保护（总）站、植物保护植物检疫站、植物检疫站、植物保护科以及最新改革后的农业绿色发展中心等；地（市、盟、州）、县（市、旗、区）植物保护站、植物保护科、植物保护股、植物保护植物检疫站、植物检疫站、农作物病虫测报站、生物防治站以及最新改革后的农业绿色发展中心等。农业部门统一领导的植物保护教学、科研、对外植物检疫等单位不予统计。

在各级植物保护机构设置中，一些是一套机构、一块牌子、一套人马，但有的植物保护工作虽然是由一套机构、一套人马承担，但对外却挂两块或更多块牌子，如××省植物保护总站，对外又挂××省植物检疫站、××省农作物病虫测报站、××省生物防治站等，都隶属该省植物保护总站领导，在这种情况下，应该作为一个机构统计；而有的是两套机构、两块牌子、两套人马，同归农业农村部门统一领导，属平行单位，如××省植物保护站、××省植物检疫站，同归该省农业农村厅领导，应该按两个机构统计。

在隶属关系中，应填植物保护机构直接归哪一个部门领导。隶属行政部门指政府、农业行政领导部门，如农业农村厅（局）等；隶属农业事业单位是指归农业技术推广（总）站（中心）等事业单位领导。

第三节　植物保护系统人员统计

一、统计范围和方法

植物保护系统人员指各级植物保护（植物检疫）站及乡（镇）农技部门负责植保工作的在职技术干部、行政干部、其他人员，如工人和长期临时工等。参公单位应将从事植保工作的人员按技术干部统计。

年末实有人数是指报告期最后一天实际拥有的人员数量。为了避免计算时重复或遗漏，人数统计以谁发工资谁统计为原则，据此，在统计时应注意以下几点：

① 虽在本单位工作，但其工资不在本单位支付的人不统计；

② 人员正常调动时，期末工资在哪领，人员数就在哪反映；

③ 自然减员，如退休、死亡等，无论期末工资领取否，期末人数均不予以反映；

④ 新增固定职工，即使当时工资未给发，也应包括在期末数中。

二、植物保护系统人员统计

（一）人员总数统计

指植保系统内在职技术干部、行政干部和其他人员，如工人以及长期临时工人数的总和。

1. 技术干部　是指担负植物保护技术工作并具有植物保护技术能力的国家干部，包括已取得技术职务，并担负植物保护技术工作的干部；无技术职务，但系大学、中专毕业，已担负植物保护技术工作的干部；无技术职务和学历，但实际担负植物保护技术工作，具有中专以上水平并能处理技术工作的干部。虽然已取得职称或大、中专毕业，但未担负任何技术工作的干部不在此计算。

2. 行政干部　专门从事行政事务、党务工作、不担负技术工作的干部，无论有无技术职称或是否大、中专毕业。

3. 工人　是指经国家劳动部门或组织部门正式分配、安排或招收为固定职工，并由本单位支付工资的人员。包括出勤的、因故未出勤的、编制内的、编制外的、在国外工作的、试用期间的及临时借调到其他单位工作但仍由原单位支付工资的人员。1986 年以来，国家劳动用工制度改革中试行的在国家劳动计划内，通过鉴定劳动合同，考核录用的合同制职工也包括在内。

但下列人员不包括在内：

① 虽然是根据国家计划、经有关劳动部门批准临时使用的，但到期可以辞退的临时工；

② 在国家劳动计划以外，主管部门直接组织安排使用，并由主管部门支付工资的人员；

③ 经批准停薪留职、自费上电大、出国探亲及离单位自谋职业，保留全民所有制单位职工身份的人员；

④ 已正式办理离退休、退职手续，因工作需要经主管部门批准留用或聘用的人员；

⑤ 从农村聘用的农民。

4. 长期临时工　指在非正式职工中连续工作 1 年以上，按月发给工资并继续留用的临时人员，包括农民技术人员。

（二）学历和技术职务统计

1. 学历　统计具初中以上文化程度的在职干部和工人。

（1）研究生以上学历，指获得硕士、博士研究生学历和取得硕士学位、博士学位的在职人员，含推广硕士学位获得者。

（2）本科学历，指具有大学本科以上学历的在职人员。

（3）大专学历，具有大专学历或相当于这一学历的在职人员。

（4）中专学历，具有中专学历或相当于这一学历的在职人员。

（5）其他，指具有初中、高中学历的在职人员。

2. 技术职务　指具有推广研究员、高级农艺师、农艺师、助理农艺师及技术员等技术职务的人员数量；其他技术职务指农业系统以外的技术职务，如会计师、工程师等。

（三）业务分工统计

指从事植物保护技术工作人员的业务分工。

1. 专职测报（防治、药械）**人员**　指专门或主要从事病虫测报（大田防治和农药、药械）工作的人员，如在病虫观测圃中主要从事病虫调查、发布预报的人员就应在专职测报人员中计算。

2. 兼职测报（防治、药械）**人员**　指兼代从事测报（防治、药械）工作，而主要从事另一项工作的人员。

3. 检疫人员　指持农业农村部颁发《植物检疫员证》，并专门或主要从事检疫工作的人员。

以上各类专职人员之间不能重复统计，各工种专职人员数量之和应等于从事植保技术业务工作人员的总数。

(四) 乡 (镇) 植保人员统计

指在乡 (镇) 农业技术推广组织中主要从事植保技术工作的人员数量。

三、植物保护技术培训统计

指利用各种形式，有组织地对各级植物保护技术人员或农民进行植物保护技术培训次数、人员数量的统计，特指本级组织对下级的培训。包括各级定期培训、现场培训，大中专院校代培、委培 (正规院校毕业生不属于培训人员数量)。

附录一

农田杂草发生危害调查技术规范（参考使用）

1 范围

本规范规定了农田杂草发生危害调查的技术方法，其中包括调查作物及主要杂草种类、调查地点、种类与分布、危害情况以及调查资料整理和汇报。

本规范适用于农田杂草的发生危害情况调查。

2 规范性引用文件

下列文件中的内容通过文中的规范性引用而构成本文件必不可少的条款。其中，注日期的引用文件，仅该日期对应的版本适用于本文件；不注日期的引用文件，其最新版本（包括所有的修改单）适用于本文件。

3 术语和定义

下列术语和定义适用于本技术规范。

3.1

杂草密度 weed density

单位面积内某一种杂草的株数。单位面积内所有杂草密度之和表示杂草总密度。

3.2

频度 frequency

某一种杂草出现的田块数占总调查田块数的百分比。

3.3

多度 abundance

某一种杂草总株数占调查各种杂草总株数的百分比。

4 调查作物及杂草种类

4.1 调查作物对象及杂草种类

本技术规范调查农田发生的所有杂草，但注重监测主要杂草。重点关注的农田主要杂草如下：

水稻田主要杂草：稗草、千金子、马唐、杂草稻、鸭舌草、丁香蓼、野慈姑、雨久花、异型莎草、扁秆藨草。

小麦、油菜田主要杂草：野燕麦、看麦娘、节节麦、多花黑麦草、菵草、日本看麦娘、播娘蒿、猪殃殃、荠菜、藜、牛繁缕。

玉米、大豆、马铃薯、棉花、花生田主要杂草：马唐、稗草、牛筋草、狗尾草、藜、反枝苋、鸭跖草、铁苋菜、鳢肠。

4.2 信息记载

将作物种类、杂草名称记载于调查表格相应栏目。

5 调查地点

5.1 调查地区

在作物主要种植区开展相应的调查。水稻田杂草应重点考虑在东北、长江中下游、华南、西南地区开展杂草调查，麦田则重点考虑在黄淮、江淮地区开展，玉米和大豆田则重点考虑在东北、黄淮、江淮地区，马铃薯田重点在西北、西南地区开展，油菜田重点在长江中下游、西南地区开展，棉花田重点在新疆开展，花生田重点在东北、黄淮地区。

5.2 信息记载

记载县（市、区）、乡镇（街道）、村或组名称，并记录经纬度。

6 调查时间

6.1 苗期

在作物播种后 1～2 周内，禾本科杂草 3 叶期之前、阔叶类杂草 2～4 叶期之前，调查杂草密度、种类与分布。

6.2 生长期

在作物开花结实期，调查杂草实际危害情况。

7 调查方法

7.1 样方法

样框取样的方法，可在苗期实施取样。

7.1.1 调查设计

根据不同调查目的和用途，设置的调查样点的数量和密度有所不同，用于全国层面的杂草草害监测和评估，最低的设置是以县（市、区）为单位，每个县（市、区）针对水稻、小麦、玉米、大豆、马铃薯、油菜、棉花、花生选择 3 个有代表性的乡镇（街道），每个乡镇（街道）选择 3 个自然村，每个自然村调查 1 个样点，每个样点选择生态条件基本一致的 10 块田，进行样方调查。

7.1.2 双对角线五点取样法

在每个田块采取双对角线五点取样法（取样点布置如图 1 所示），调查的样方框统一为 0.25 m² 或 1 m²，即边长为 0.5 m 或 1 m 正方形框。

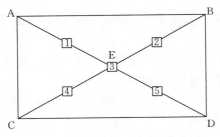

图 1 双对角线五点取样法示意图

其中 A、B、C 和 D 代表调查田块 4 个角，E 为对角线交叉点。1，2，3，4，5 代表 5 个取样点。取样点分布如图 1 所示，其中 E 为取样点 3，取样点 1、2、4 和 5 位于 A 到 E、B 到 E、C 到 E 和 D 到 E 的中点。

记载样框内全部杂草的种类及数量（禾本科以杂草株数或茎秆数为单位，其他科以杂草株数为单位计算田间杂草数量），并将其填入田间记载表（附表 1），计算样点杂草的平均密度、频度和多度，再汇总填写调查统计表（附表 2）。对不确定或不认识的杂草需要编号，并要用数码相机拍摄其主要特征（叶片、叶舌、叶耳、托叶等）和整株照片，并采集整株标本，带回辨识。

7.2　目测法

以田块为样方单位，采取目测观察杂草的投影覆盖度为主要依据评判级别的方法，可在生长期实施取样。

7.2.1　调查设计

根据不同调查目的和用途，设置的调查样点的数量和密度有所不同，用于全国层面的杂草草害监测和评估，最低的设置是以县（市、区）为单位，每个县（市、区）针对水稻、小麦、玉米、大豆、马铃薯、油菜、棉花、花生选择 3 个有代表性的乡镇（街道），每个乡镇（街道）选择 3 个自然村，每个自然村调查 3 个样点，每个样点选择生态条件基本一致的 10 块田，进行目测调查。

7.2.2　三层三级目测调查法

采用"三层三级"目测调查法（表 1）对已经防治过的农田进行主要杂草种类的危害等级调查，并填写杂草危害严重度调查表（附表 3 和附表 4）。

表 1　"三层三级"目测调查法

盖度 层次　　　危害程度	Ⅰ级（轻）	Ⅱ级（中）	Ⅲ级（重）
杂草与作物高度相当或高于作物	＜10％	10％～20％	＞20％
杂草高度占作物高度的 1/2 以上，但不及作物高度	＜15％	15％～30％	＞30％
杂草高度不及作物高度的 1/2	＜20％	20％～40％	＞40％

7.2.3　七级目测调查法

调查时，环绕一周，目视观察杂草的投影相对盖度，再参考相对于作物的高度、多度，判断杂草的优势度级别（危害度级别）。杂草危害度级别从高到低依次为 5、4、3、2、1、T、0，共 7 个级别。杂草相对于作物的高度可分为上层、中层和下层三种，不同的杂草相对高度要分别对应于不同的盖度、多度来确定危害度级别的分级，具体分级参见表 2。优势度共分为 7 个级别 5、4、3、2、1、T、0，从高到低依次赋值 5、4、3、2、1、0.5、0.1，记载于农田杂草七级目测法调查表中（附表 5）。

表 2 杂草群落优势度七级目测分级标准

杂草密度	优势度级别（危害度级别）	赋值	相对盖度（%）	多度	相对高度
高密度	5	5	>25	多至很多	上层
			>50	很多	中层
			>95	很多	下层
	4	4	10～25	较多	上层
			25～50	多	中层
			50～95	很多	下层
中密度	3	3	5～10	较少	上层
			10～25	较多	中层
			25～50	多	下层
	2	2	2～5	少	上层
			5～10	较少	中层
			10～25	较少	下层
低密度	1	1	1～2	很少	上层
			2～5	少	中层
			5～10	较少	下层
	T	0.5	<1	偶见	上层
			1～2	很少	中层
			2～5	少	下层
极低密度	0	0.1	<0.1	1～3 株	上层
			<1	偶见	中层
			<2	很少	下层

7.3 统计方法

上述取样调查的结果，按照取样方法的不同，采用下列相应的统计方法。

7.3.1 样方法

密度（D）：

$$D = \frac{N}{A}$$

式中：

D——密度（株/m^2）；

N——杂草株数（株）；

A——调查面积（m^2）。

频度（F）：

$$F = \frac{\sum_{i=1}^{n} Y_i}{n} \times 100\%$$

式中：

F——频度（%）；

n——调查田块数；

Y_i——某一种杂草在调查田块 i 中出现与否，出现记为 1，未出现则记为 0。

多度（%）：

$$多度（\%） = \frac{N}{\sum_{i=1}^{s} N_i}$$

式中：

N——某种杂草总株数（株）；

N_i——第 i 种杂草的总株数（株）；

S——杂草种类数；

7.3.2 目测法

草情优势度（V）：

$$V = \frac{\sum_{i=1}^{7} (DV \times N_{DV})}{T \times 5} \times 100\%$$

式中：

V——草情优势度（%）；

DV——优势度级别值；

N_{DV}——级别 DV 出现的次数；

T——一个样点调查田块的总数。

综合草情优势度（SV）：

$$SV = \sum_{i=1}^{s} V_i$$

式中：

SV——综合草情优势度（%）；

V_i——第 i 种杂草的草情优势度（%）；

S——杂草种类数。

8 杂草危害发生评判

根据调查样点的总杂草密度或优势度，按照重度危害、中度危害、轻度危害三级评判杂草危害发生情况，以指导制定和采取相应的杂草防治策略。

8.1 苗期

根据杂草生长期的样方法调查数据信息，制定出杂草危害的重度危害、中度危害、轻度危害评判标准，见表 3。

表3 杂草幼苗期危害性评判

杂草危害性	杂草发生量定性	杂草密度（株/m²）	草情优势度（目测）（%）
重度	高密度	＞200	75～100
中度	中密度	100～200	50～75
轻度	低密度	50～100	25～50

8.2 生长期

根据杂草生长期的目测法调查数据信息，制定出杂草危害的重度危害、中度危害、轻度危害评判标准，见表4。

表4 杂草生长期危害性评判

杂草危害性	杂草发生量定性	杂草密度（株/m²）	综合草情优势度（目测）（%）
重度	高密度	＞125	＞200
中度	中密度	50～125	100～200
轻度	低密度	20～50	40～100

9 预报方法

根据农田杂草群落状况、土壤种子数量、当年除草剂防除效果、耕作栽培制度、轮作方式及气候条件等综合因素分析，预测第二年杂草发生演替趋势。

9.1 出草始期预测

利用各地气温预报值的高低，预报当年杂草出草始期的早晚。

9.2 出草高峰期预测

在分析杂草出草高峰期与降水期的密切关系，通常在降水量10～30 mm以上，降水日后5～15天出现杂草出草高峰期。

10 调查资料整理和汇报

根据当年农田杂草发生与危害情况，整理数据资料，将农田杂草不同种类调查统计表、危害严重度调查汇总表，12月20日前报上级业务主管部门。

附表 1　农田杂草密度田间记载表（双对角线五点取样法）

调查地点：＿＿＿＿＿＿＿＿＿县（市）＿＿＿＿＿＿镇（乡）＿＿＿＿＿＿村

经纬度：＿＿＿＿＿＿＿＿＿　调查人：＿＿＿＿＿　调查日期：＿＿＿＿年＿＿＿月＿＿日

作物名称：＿＿＿＿＿＿＿　作物栽培方式：＿＿＿＿＿＿　作物生育期：＿＿＿＿＿

田块序号	取样点号	不同杂草数量（每 0.25 m² 株数或每 1 m² 株数）									备注
		杂草 1	杂草 2	杂草 3	杂草 4	杂草 5	杂草 6	杂草 7	杂草 8	…	
1	1										
	2										
	3										
	4										
	5										
2	1										
	2										
	3										
	4										
	5										
3	1										
	2										
	3										
	4										
	5										
…	1										
	2										
	3										
	4										
	5										

附表 2　农田杂草不同种类统计汇总表

调查地点：＿＿＿＿＿＿＿＿县（市）＿＿＿＿＿镇（乡）＿＿＿＿＿村

经纬度：＿＿＿＿＿＿＿＿＿　　调查人：＿＿＿＿＿　调查日期：＿＿＿年＿＿月＿＿日

作物名称：＿＿＿＿＿＿＿　作物栽培方式：＿＿＿＿＿＿　作物生育期：＿＿＿＿＿＿

杂草名称	平均密度（株/m²）	频度（%）	多度（%）	备注

附表 3　＿＿＿＿＿乡（镇）农田杂草危害严重度调查记录表

调查地点：＿＿＿＿县＿＿＿乡（镇）　调查人：＿＿＿＿＿　调查日期：＿＿＿年＿＿月＿＿日

作物名称：＿＿＿＿＿＿　　作物栽培方式：＿＿＿＿＿＿　作物生育期：＿＿＿＿＿＿

乡镇	调查田块（定位）	不同危害等级田块数量			备注（主要杂草种类）
		轻（Ⅰ级）	中（Ⅱ级）	重（Ⅲ级）	

附表 4　_____农田杂草危害严重度调查统计表

调查地点：_____县_____乡（镇）　调查人：_____　调查日期：_____年____月____日

作物名称：_____　作物栽培方式：_____　作物生育期：_____

省（县）	调查田块数	不同危害等级田块比例（%）			备注（主要杂草种类）
		轻（Ⅰ级）	中（Ⅱ级）	重（Ⅲ级）	

附表 5　农田杂草七级目测法调查汇总表

调查地点：_____县（市）_____镇（乡）_____村　经纬度：_____

作物：_____　生长期：_____　土壤：_____

地貌：_____　前茬：_____　耕作历史：_____

除草剂使用情况：_____　调查人：_____　调查日期：_____年____月____日

序号	杂草种类名称	优势度（危害度）级别										草情优势度 V
		田块 1	田块 2	田块 3	田块 4	田块 5	田块 6	田块 7	田块 8	田块 9	田块 10	

备注：

$$V = \frac{\sum_{i=1}^{7}(DV \times N_{DV})}{T \times 5} \times 100\%$$

其中，V：草情优势度；DV：危害度级别赋值；N_{DV}：级别 DV 出现的次数；T：样点数（调查的田块数，此处 $T=10$）；上表中的危害度级别填写时填入对应危害度级别的赋值，危害度共分为 7 个级别，7 个级别从高到低依次赋值 5、4、3、2、1、0.5、0.1

附录二

全国植保专业统计调查制度[①]

《中华人民共和国统计法》第七条规定：国家机关、企业事业单位和其他组织以及个体工商户和个人等统计调查对象，必须依照本法和国家有关规定，真实、准确、完整、及时地提供统计调查所需的资料，不得提供不真实或者不完整的统计资料，不得迟报、拒报统计资料。

《中华人民共和国统计法》第九条规定：统计机构和统计人员对在统计工作中知悉的国家秘密、商业秘密和个人信息，应当予以保密。

一、总说明

（一）统计目的

为了适应农业和农村经济形势需要，及时、准确、全面地掌握全国植保行业情况，了解农作物病虫草鼠发生防治动态以及损失情况，为领导决策提供可靠依据，建立全国植保专业统计制度。

（二）统计范围

各省、自治区、直辖市和新疆生产建设兵团所辖区域内的各级植保部门。

（三）统计内容及表式

调查全国主要农作物病虫草鼠发生面积、防治面积、挽回损失、实际损失情况，调查病虫主要防治措施情况，调查病虫成灾情况，调查农药、药械使用情况和农药中毒情况，调查植保系统机构、人员结构情况。

以上各调查表具体内容详见调查表式。

（四）统计报告期及报送时间

本调查制度为年报，报送时间是翌年2月底前。

（五）统计方法和标准

本报表的第一手数据资料，均要按照《植保专业统计数据调查办法》要求，在调查分析基础上取得，执行全国统一的统计指标标准，按照《统计指标解释》的要求填写。没有全国统一标准的，按照各省（自治区、直辖市）制定的标准填写。借用其他部门的数据和资料，以其他部门的数据为准，如农药中毒情况，需要借用卫生防疫部门数据。

（六）数据发布时间、范围、内容、频率、方式

所有采集的植保统计数据经审核后于翌年的5月上报农业农村部种植业管理司，每年一次。农作物病虫草鼠的全国性数据经农业农村部市场信息司同意发布在《中国农业年

[①] 全国植保专业统计调查制度根据《中华人民共和国统计法》的有关规定制定。

鉴》上。

（七）数据的共享

所有采集的数据仅供农业系统内部使用，加工数据可与国家统计局共享。

（八）报表解释

本调查制度由国家统计局、农业农村部负责解释。

二、报表目录

表号	表名	报告期别	统计范围	报送单位	报送日期及方式
农市（农植）1 表	主要农作物病虫草鼠发生防治及损失情况	年报	各省（自治区、直辖市）植保植检站，新疆生产建设兵团农业技术推广总站	各省（自治区、直辖市）植保植检站，新疆生产建设兵团农业技术推广总站	翌年 2 月底前，网络直报
农市（农植）2 表	农作物病虫主要防治措施情况	年报			翌年 2 月底前，网络直报
农市（农植）3 表	农药使用情况	年报			翌年 2 月底前，网络直报
农市（农植）4 表	植保机械使用情况	年报			翌年 2 月底前，网络直报
农市（农植）5 表	农药中毒情况	年报			翌年 2 月底前，网络直报
农市（农植）6 表	植保系统人员情况	年报			翌年 2 月底前，网络直报
农市（农植）7 表	农作物病虫灾害情况	年报			翌年 2 月底前，网络直报

三、调查表式

主要农作物病虫草鼠发生防治及损失情况

表　　号：农市（农植）1表
制定机关：农业农村部
批准机关：国家统计局
批准文号：
有效期至：

行政区划代码：

单位详细名称：

作物名称	病虫草鼠名称	代码	发生面积（万亩次）	防治面积（万亩次）	挽回损失（吨）	实际损失（吨）	发生程度
甲	乙	丙	1	2	3	4	5
病虫草鼠总计		01					
水稻	病虫害合计	02					
	病害小计	03					
	稻瘟病	04					
	……	05					
	虫害小计	06					
	二化螟	07					
	……	08					
……		09					
农田草害合计		10					
其中：1. 水田杂草		11					
2. 旱田杂草		12					
其中：麦田杂草		13					
……		14					
飞蝗		15					
农田鼠害合计		16					
农田螺害合计		17					

单位负责人：　　　　　　统计负责人：　　　　　填报人：　　　　　　报出日期：　　年　月　日

指标平衡关系：02＝03＋06，03＝04＋05，06＝07＋08，10＝11＋12，01＝02＋09＋10＋15＋16＋17

农作物病虫主要防治措施情况

表　　　号：农市（农植）2 表
制定机关：农业农村部
批准机关：国家统计局
批准文号：
有效期至：
计量单位：万亩

行政区划代码：

单位详细名称：

作物名称	代码	播种面积	化学防治面积			生物防治面积			物理防治面积			
			化学施药	种子处理	土壤处理	人工饲放	微生物制剂		灯光	黄板	性诱剂	其他
							治病	治虫				
甲	乙	1	2	3	4	5	6	7	8	9	10	11
总计	01											
水稻	02											
小麦	03											
玉米	04											
大豆	05											
棉花	06											
油菜	07											
花生	08											
蔬菜	09											
果树	010											
其他	11											

单位负责人：　　　　　统计负责人：　　　　　填报人：　　　　　报出日期：　　年　　月　　日

指标平衡关系：01＝02＋03＋04＋05＋06＋07＋08＋09＋10＋11

农药使用情况

表　　号：农市（农植）3表
制定机关：农业农村部
批准机关：国家统计局
批准文号：
有效期至：
计量单位：吨

行政区划代码：
单位详细名称：

农药种类	代码	使用量（商品量）	使用量（折百量）	备注
甲	乙	1	2	丙
总计	01			
一、杀虫剂合计	02			
1. 有机磷类	03			
2. 氨基甲酸酯类	04			
3. 拟除虫菊酯类	05			
4. 新烟碱类	06			
5. 双酰胺类	07			
6. 其他类杀虫剂	08			
二、杀螨剂合计	09			
三、杀菌剂合计	10			
四、除草剂合计	11			
五、植物生长调节剂合计	12			
六、杀鼠剂合计	13			

单位负责人：　　　　　统计负责人：　　　　　填报人：　　　　　报出日期：　　年　　月　　日

指标平衡关系：01＝02＋09＋10＋11＋12＋13，02＝03＋04＋05＋06＋07＋08

植保机械使用量

表　　号：农市（农植）4表
制定机关：农业农村部
批准机关：国家统计局
批准文号：
有效期至：
计量单位：台、架、万亩

行政区划代码：
单位详细名称：

药械类别	代码	年底社会保有量	作业面积	备注
甲	乙	1	2	丙
总计	01			
一、小型施药机械	02			
二、中型施药机械	03			
三、大型施药机械	04			
四、无人航空施药机械	05			
五、大型航空施药机械	06			

单位负责人：　　　　　统计负责人：　　　　　填报人：　　　　　报出日期：　　年　月　日

指标平衡关系：01＝02＋03＋04＋05＋06

农药中毒情况

表 号：农市（农植）5表
制定机关：农业农村部
批准机关：国家统计局
批准文号：
有效期至：
计量单位：人次

行政区划代码：

单位详细名称：

类别	代码	合计	生产性	非生产性	备注
甲	乙	1	2	3	丙
中毒人数	01				
其中：死亡人数	02				

单位负责人：　　　　　　统计负责人：　　　　填报人：　　　　报出日期：　　年　　月　　日

指标平衡关系：1＝2＋3，01＞02，4＞5

植保系统人员情况

表　　号：农市（农植）6 表

制定机关：农业农村部

批准机关：国家统计局

批准文号：

有效期至：

计量单位：人

行政区划代码：

单位详细名称：

类别	代码	总人数	其中			学历					职称						专职检疫员	技术培训			
			技术干部	行政干部	其他人员	研究生以上	本科	大专	中专	其他	推广研究员	高级农艺师	农艺师	助理农艺师	技术员	其他		植保人员培训		农民培训	
																		次	人	次	人
甲	乙	1	2	3	4	5	6	7	8	9	10	11	12	13	14	15	16	17	18	19	20
合计	01																				
省级	02																				
地市级	03																				
县级	04																				
乡镇级	05																				

单位负责人：　　　　　　统计负责人：　　　　　　填报人：　　　　　报出日期：　　年　　月　　日

指标平衡关系：01＝02＋03＋04＋05，1＝2＋3＋4＝5＋6＋7＋8＋9＝10＋11＋12＋13＋14＋15

农作物病虫灾害情况

表　　号：农市（农植）7表
制定机关：农业农村部
批准机关：国家统计局
批准文号：
有效期至：

行政区划代码：
单位详细名称：

指标名称	代码	计量单位	数量	备注
甲	乙	丙	1	丁
一、受灾面积	01	万亩		
二、成灾面积	02	万亩		
三、绝收面积	03	万亩		

单位负责人：　　　　　　统计负责人：　　　　　填报人：　　　　　报出日期：　　年　　月　　日

指标平衡关系：01＞02＞03

四、填表说明及指标解释

(一) 主要农作物病虫草鼠发生、防治面积及损失情况 [农市 (农植) 1 表]

1. 全国范围统计的病虫草鼠对象

(1) 农作物病虫害。在全国范围统计的农作物病虫害 (除检疫对象) 共 306 种 (类),这些病虫在本省 (区、市) 有发生的都要统计。其他病虫统计对象由各省 (区、市) 自定。

水稻病虫 28 种:〈1〉水稻稻瘟病,〈2〉水稻纹枯病,〈3〉水稻白叶枯病,〈4〉水稻稻曲病,〈5〉水稻恶苗病,〈6〉水稻病毒病,〈7〉水稻线虫病,〈8〉水稻赤枯病,〈9〉水稻粒黑粉病,〈10〉水稻胡麻叶斑病,〈11〉二化螟,〈12〉三化螟,〈13〉稻纵卷叶螟,〈14〉稻飞虱 (其中:褐飞虱、白背飞虱、灰飞虱),〈15〉大螟,〈16〉稻苞虫,〈17〉稻螨,〈18〉稻叶蝉,〈19〉稻赤斑黑沫蝉,〈20〉稻蓟马,〈21〉稻象甲,〈22〉稻负泥虫,〈23〉稻瘿蚊,〈24〉稻秆潜蝇,〈25〉稻螟蛉,〈26〉稻水蝇,〈27〉稻摇蚊,〈28〉稻蝗。

麦类病虫 16 种:〈1〉小麦锈病 (其中:小麦条锈病、小麦叶锈病),〈2〉小麦赤霉病,〈3〉小麦白粉病,〈4〉小麦纹枯病,〈5〉小麦黑穗病,〈6〉小麦病毒病 (其中:小麦丛矮病、小麦黄矮病),〈7〉小麦根腐病,〈8〉小麦全蚀病,〈9〉小麦霜霉病,〈10〉小麦黑胚病,〈11〉小麦线虫病,〈12〉小麦蚜虫,〈13〉麦蜘蛛,〈14〉小麦吸浆虫,〈15〉麦叶蜂,〈16〉麦秆蝇。

玉米病虫 23 种:〈1〉玉米大斑病,〈2〉玉米小斑病,〈3〉玉米丝黑穗病,〈4〉玉米锈病,〈5〉玉米纹枯病,〈6〉玉米褐斑病,〈7〉玉米灰斑病,〈8〉玉米弯孢菌叶斑病,〈9〉玉米尾孢菌叶斑病,〈10〉玉米青枯病,〈11〉玉米疯顶病,〈12〉玉米瘤黑粉病,〈13〉玉米根腐病,〈14〉玉米干腐病,〈15〉玉米茎腐病,〈16〉玉米顶腐病,〈17〉玉米病毒病 (其中玉米矮花叶病、玉米粗缩病),〈18〉玉米螟,〈19〉玉米蚜虫,〈20〉玉米叶螨 (红蜘蛛),〈21〉玉米铁甲虫,〈22〉玉米蓟马,〈23〉玉米蛀茎夜蛾。

大豆病虫 12 种:〈1〉大豆锈病,〈2〉大豆霜霉病,〈3〉大豆病毒病,〈4〉大豆白粉病,〈5〉大豆菌核病,〈6〉根结线虫病,〈7〉大豆胞囊线虫病,〈8〉大豆蚜虫,〈9〉大豆食心虫,〈10〉豆芫菁,〈11〉豆荚螟,〈12〉豆天蛾。

马铃薯病虫 13 种:〈1〉马铃薯早疫病,〈2〉马铃薯晚疫病,〈3〉马铃薯环腐病,〈4〉马铃薯病毒病,〈5〉马铃薯黑胫病,〈6〉马铃薯青枯病,〈7〉马铃薯干腐病,〈8〉马铃薯疮痂病,〈9〉根结线虫病,〈10〉二十八星瓢虫,〈11〉蚜虫,〈12〉豆芫菁,〈13〉马铃薯块茎蛾。

其他粮食作物病虫 8 种:〈1〉高粱蚜,〈2〉粟灰螟,〈3〉甘薯天蛾,〈4〉甘薯黑斑病,〈5〉甘薯根腐病,〈6〉甘薯茎线虫病,〈7〉谷子黑穗病,〈8〉谷子白发病。

棉花病虫 18 种:〈1〉棉花苗病 (其中棉立枯病、棉猝倒病),〈2〉棉花铃病,〈3〉棉花枯黄病,〈4〉棉花炭疽病,〈5〉棉花角斑病,〈6〉棉花轮纹斑病,〈7〉棉蚜,〈8〉棉铃虫,〈9〉棉红铃虫,〈10〉棉红蜘蛛,〈11〉棉盲蝽,〈12〉棉小造桥虫,〈13〉棉大造桥虫,〈14〉棉花象甲,〈15〉棉花象鼻虫,〈16〉棉蓟马,〈17〉玉米螟,〈18〉烟粉虱。

油菜病虫 7 种:〈1〉油菜菌核病,〈2〉油菜病毒病,〈3〉油菜霜霉病,〈4〉油菜白锈病,〈5〉油菜蚜虫,〈6〉油菜甲虫,〈7〉油菜茎象甲。

花生病虫 7 种：〈1〉花生病毒病，〈2〉花生根结线虫病，〈3〉花生叶斑病，〈4〉花生炭疽病，〈5〉花生青枯病，〈6〉花生锈病，〈7〉花生蚜虫。

其他油料病虫 7 种：〈1〉向日葵菌核病，〈2〉向日葵锈病，〈3〉向日葵黄萎病，〈4〉向日葵列当，〈5〉胡麻枯萎病，〈6〉向日葵螟，〈7〉胡麻漏油虫。

苹果病虫 18 种：〈1〉苹果树腐烂病，〈2〉苹果炭疽病，〈3〉苹果轮纹病，〈4〉苹果白粉病，〈5〉苹果褐斑病，〈6〉苹果斑点落叶病，〈7〉苹果干腐病，〈8〉苹果锈病，〈9〉苹果叶螨，〈10〉山楂叶螨，〈11〉二斑叶螨，〈12〉桃小食心虫，〈13〉苹果小吉丁虫，〈14〉苹小卷夜蛾，〈15〉金纹细蛾，〈16〉苹果黄蚜，〈17〉苹果瘤蚜，〈18〉介壳虫。

柑橘病虫 19 种：〈1〉柑橘疮痂病，〈2〉柑橘炭疽病，〈3〉柑橘黑星病，〈4〉柑橘煤烟病，〈5〉柑橘脚腐病，〈6〉柑橘树脂病，〈7〉柑橘叶螨，〈8〉柑橘锈螨，〈9〉柑橘蚧类，〈10〉柑橘潜叶蛾，〈11〉柑橘叶蛾类，〈12〉柑橘凤蝶类，〈13〉柑橘粉虱类，〈14〉天牛类，〈15〉柑橘蚜虫，〈16〉柑橘木虱，〈17〉柑橘花蕾蛆，〈18〉柑橘蓟马，〈19〉吸果夜蛾类。

其他果树病虫 42 种：〈1〉梨黑星病，〈2〉梨树腐烂病，〈3〉梨轮纹病，〈4〉梨锈病，〈5〉葡萄炭疽病，〈6〉葡萄霜霉病，〈7〉葡萄白粉病，〈8〉葡萄黑痘病，〈9〉葡萄毛毡病，〈10〉葡萄根癌病，〈11〉桃疮痂病，〈12〉桃炭疽病，〈13〉桃树穿孔病，〈14〉龙眼丛枝病，〈15〉荔枝霜疫霉病，〈16〉荔枝毛毡病，〈17〉香蕉细菌性枯萎病，〈18〉香蕉炭疽病，〈19〉香蕉叶斑病，〈20〉香蕉束顶病，〈21〉香蕉花叶心腐病，〈22〉芒果炭疽病，〈23〉芒果白粉病，〈24〉芒果疮痂病，〈25〉月柿炭疽病，〈26〉桃小食心虫，〈27〉梨小食心虫，〈28〉桃蚜，〈29〉梨蚜，〈30〉桃蛀螟，〈31〉梨木虱，〈32〉梨茎蜂，〈33〉梨星毛虫，〈34〉天幕毛虫，〈35〉介壳虫，〈36〉香蕉象甲类，〈37〉荔枝蝽，〈38〉荔枝蛀蒂虫，〈39〉荔枝瘿螨，〈40〉龙眼角颊木虱，〈41〉白蛾蜡蝉，〈42〉芒果扁喙叶蝉。

蔬菜病虫 47 种：〈1〉白菜霜霉病，〈2〉白菜软腐病，〈3〉白菜病毒病，〈4〉白菜灰霉病，〈5〉白菜菌核病，〈6〉番茄早疫病，〈7〉番茄晚疫病，〈8〉番茄灰霉病，〈9〉番茄叶霉病，〈10〉番茄白粉病，〈11〉番茄菌核病，〈12〉番茄青枯病，〈13〉番茄病毒病，〈14〉番茄疫霉根腐病，〈15〉辣椒炭疽病，〈16〉辣椒病毒病，〈17〉辣椒疫病，〈18〉辣椒白粉病，〈19〉辣椒青枯病，〈20〉瓜类白粉病，〈21〉瓜类霜霉病，〈22〉瓜类炭疽病，〈23〉瓜类枯萎病，〈24〉瓜类菌核病，〈25〉瓜类蔓枯病，〈26〉瓜类疫病，〈27〉瓜类细菌性角斑病，〈28〉菜蚜，〈29〉菜青虫，〈30〉小菜蛾，〈31〉黄曲条跳甲，〈32〉斜纹夜蛾，〈33〉甜菜夜蛾，〈34〉甘蓝夜蛾，〈35〉美洲斑潜蝇，〈36〉南美斑潜蝇，〈37〉豌豆潜叶蝇，〈38〉白粉虱，〈39〉烟粉虱，〈40〉瓜蓟马，〈41〉菜蝽，〈42〉瓜绢螟，〈43〉黄守瓜，〈44〉根蛆，〈45〉韭蛆，〈46〉茶黄螨，〈47〉蔬菜红蜘蛛。

其他经济作物病虫 31 种：〈1〉甜菜霜霉病，〈2〉甜菜丛根病，〈3〉甜菜褐斑病，〈4〉甜菜根肿病，〈5〉甜菜病毒病，〈6〉甘蔗梢腐病，〈7〉甘蔗黑穗病，〈8〉甘蔗凤梨病，〈9〉枸杞炭疽病，〈10〉茶云纹叶枯病，〈11〉草莓白粉病，〈12〉烟草黑胫病，〈13〉甘蔗螟虫，〈14〉甘蔗蓟马，〈15〉甘蔗蔗龟，〈16〉甘蔗绵蚜，〈17〉甘蔗蔗根锯天牛，〈18〉蔗蝗，〈19〉枸杞蚜虫，〈20〉枸杞红瘿蚊，〈21〉枸杞木虱，〈22〉枸杞瘿螨，〈23〉茶小绿叶蝉，〈24〉茶黄螨，〈25〉茶毒蛾，〈26〉茶尺蠖，〈27〉茶蚜虫，〈28〉甜菜象甲，〈29〉甜菜藜夜蛾，〈30〉烟蚜，〈31〉烟青虫。

杂食性害虫9种：〈1〉飞蝗（其中：东亚飞蝗、亚洲飞蝗、西藏飞蝗），〈2〉土蝗（包括稻蝗、蔗蝗等），〈3〉黏虫，〈4〉草地螟，〈5〉地下害虫（其中蛴螬、蝼蛄、金针虫），〈6〉斜纹夜蛾，〈7〉双斑萤叶甲，〈8〉棉铃虫，〈9〉烟青虫，统计杂食性害虫时，除飞蝗外，均按作物种类分别统计。

（2）农田草害。不分草害种类，按作物类型分别统计。

（3）农田鼠害。不分鼠种，不分作物，按行政区进行统计。

（4）农田螺害。主要统计福寿螺危害的面积和损失情况。

2. 发生面积 指通过各类有代表性田块的抽样调查，其病虫草鼠发生程度达到防治指标的面积。尚未确定防治指标的病虫，按应该防治的面积计算。对发生明显多代（次）病虫的发生面积，要按代（次）分别统计；一种病（虫）危害多种作物或一种作物同时发生多种病虫时，要按作物和病（虫）种类分别统计。

鼠害的发生面积，不分作物，不分种类，按行政区划统计。

草害发生面积是指达到二级以上的面积。

3. 防治面积 指各种病虫各次化学防治和生物防治及物理防治的累加面积，以次/亩表述。化学防治面积指施用化学药剂的面积，包括有针对性的、且作为主要防治方法的种子药剂处理面积，其中水稻种子处理面积指为防治病虫采用药剂处理的秧田面积加水稻种子处理的直播稻面积。在统计防治面积时，各种病虫不同代（次）的防治面积要分别统计，同一代（次）病虫用药多次的，以各次用药面积累加计算。一次用药兼治多种病虫时，凡针对不同病虫对象而加入相应农药混配防治时，要分别统计防治面积；一种农药（包括工厂生产的复配农药）兼治多种病虫时，只统计主治对象的防治面积。

草害的防治面积只统计化学除草的面积。

鼠害的防治面积按实际投饵面积及有针对性的拌种兼治面积统计。

4. 自然损失 指作物受有害生物危害后不采取任何防治措施情况下的理论损失量。

5. 挽回损失 通过防治有害生物后挽回的损失，即防治区比不防治对照区增加的产量。可表达为：挽回损失＝自然损失－实际损失。

6. 实际损失 通过防治后仍因残存的有害生物危害所造成的损失。

统计实际损失和挽回损失时，应注意一种作物发生多种病虫时的危害损失，不能机械地用这几种病虫各代（次）的危害损失进行累加的方法计算，应采用科学的方法进行综合估算。

7. 发生程度 有害生物防治之前，在自然发生情况下用各种指标来表示其发生的轻重，如虫口密度、病情指数。通用的五级分级方法是：1级轻发生，2级偏轻发生，3级中等发生，4级偏重发生，5级大发生。每级发生程度的标准，有全国统一标准的，按全国标准统计，无全国统一标准的，按照各省（自治区、直辖市）制定的省级标准统计。

（二）农作物病虫主要防治措施情况 ［农市（农植）2表］

1. 播种面积 指当年各种农作物播种的总面积，以统计部门的数据为准。

2. 化学防治面积 指田间施用化学农药及植物源农药防治病虫的面积，包括种子处理和土壤处理面积。井冈霉素等生物农药防治病虫害的面积在生防面积内统计，不在化学防治面积内统计。化学防治面积中的种子处理和土壤处理面积，只统计针对某种或某些病虫进行药剂种子处理和土壤处理的面积。

3. 生物防治面积　指人工释放天敌、施用微生物制剂防治病虫的面积，不包括天敌保护利用的面积。

（1）人工释放面积。人工繁殖释放或移植助迁某种天敌昆虫（螨类）防治害虫的面积。

（2）微生物制剂防治面积。利用微生物农药防治病虫的面积。包括井冈霉素防治水稻纹枯病的面积，并在备注中注明井冈霉素的防治面积。不包括施用增产菌的面积。

4. 物理防治面积　指通过各种物理器械、诱捕和人工等物理方法防治害虫的面积。

5. 农作物有害生物防治总面积＝化学防治面积＋生物防治面积＋物理防治面积。

（三）农药使用情况〔农市（农植）3 表〕

1. 农药种类　按防治对象分为杀虫剂、杀螨剂、杀菌剂、除草剂、植物生长调节剂和杀鼠剂。

2. 农药使用量　指本年度内实际用于农业种植业生产的农药数量（跨年度的作物如冬小麦等，其农药使用量计算到收获年份中），包含商品量和折百量。

商品量：即包装规格标识量，亦农药实物量，一般标记为克、千克、升、毫升。

混剂中某单剂商品量的比例，其计算公式如下：

$$某单剂商品量的比例（\%）= \frac{某单剂有效成分（\%）/ 该单剂标准浓度（\%）}{\sum 各单剂有效成分（\%）/ 各单剂标准浓度（\%）} \times 100\%$$

折百量：化学农药（折百量）和生物农药（折百量）的总和。

化学农药（折百量）＝化学农药实物量×某种化学农药有效成分含量的百分比。

生物农药（折百量）按两种类型折算：

①非活体生物农药（折百量）＝生物农药实物量×某种生物农药有效成分含量的百分比。②活体生物农药（折百量）按当年农药登记中该种生物活体数最高量为 100% 折算。

（四）植保机械使用量〔农市（农植）4 表〕

1. 小型施药机械　背负式手动喷雾器、背负式电动喷雾器等。

2. 中型施药机械　背负式机动弥雾机、背负式喷杆喷雾机、背负式液泵喷雾机、框架式液泵喷枪喷雾机、担架式液泵喷枪喷雾机、推车式液泵喷枪喷雾机、车载式液泵喷枪喷雾机等。

3. 大型施药机械　自走式喷杆喷雾机、悬挂式喷杆喷雾机、牵引式喷杆喷雾机、大型风送式弥雾机等。

4. 无人航空施药机械　<5 升载液量<10 升、载液量≥10 升的各类无人机。

5. 大型航空施药机械　直升机、动力伞飞行器、三角翼飞行器、固定翼飞机等。

6. 年底社会保有量　指当年年底用户手中完好能用的植保药械的拥有量。注意机动药械的平均寿命一般 6 年，手动药械一般 4 年。

7. 作业面积　指每种施药器械一年中田间实际作业的面积。

（五）农药中毒情况〔农市（农植）5 表〕

1. 生产性中毒人数　指在生产活动中因违章施用剧毒农药而引起中毒的人数。

2. 非生产性中毒人数　指在非生产性环节中，食用剧毒农药和带有农药残留的农产品而引起中毒的人数。

3. 生产性死亡人数 指在生产活动中因违章施用剧毒农药引起死亡的人数。

4. 非生产性死亡人数 指在非生产性环节中，食用剧毒农药和带有农药残留的农产品而引起死亡的人数。

以上数字均以卫生防疫站的统计数为准。

(六) 植保系统人员情况 [农市（农植）6 表]

1. 植保系统总人数 指各级植保植检站及区、乡农技部门负责植保工作的在职技术干部、行政干部以及其他人员。

（1）技术干部。指从事植保技术业务工作的干部。

（2）行政干部。主要从事行政事务工作的干部。

（3）其他人员。除技术干部和行政干部以外的人员。合同工和临时工要在单位连续工作一年以上，按月发给工资，并准备继续留用的人员。

2. 学历 只统计中等专业学历及以上学历的在职干部和工人。

（1）研究生以上学历。具有硕士研究生以上学历的在职人员。

（2）本科学历。具有大学本科学历文凭的在职人员。

（3）大专学历。具有大专学历文凭或相当这一学历的在职人员。

（4）中专学历。具有中专学历文凭或相当这一学历的在职人员。

（5）其他。具有初中、高中学历文凭的在职人员。

3. 技术职务 指从事植保工作的在职干部、行政干部的技术职务，只统计已评定技术职务的人员数。

其他项指农业系列以外技术职务如会计师等的在职干部的人数。

4. 检疫人员 指已发检疫员证，并专门或主要从事检疫工作的人员。

5. 技术培训 指对各级植保人员及农民的植保技术培训，包括各级植保培训班和现场培训。其中，植保人员培训指对乡以上从事植保工作人员的培训。

(七) 农作物病虫灾害情况 [农市（农植）7 表]

1. 受灾面积 指因有害生物危害造成减产一成（含）以上的面积。

2. 成灾面积 指因有害生物危害造成减产三成（含）以上的面积。

3. 绝收面积 指因有害生物危害造成减产八成（含）以上的面积。

附录三

全国各地区主要农作物病虫 5 级自然危害损失率汇总表

一、水稻

5级自然损失率 S₅	东北区				华北区								长江流域							
	黑龙江	吉林	辽宁	平均	河南	河北	山东	山西	内蒙古	北京	天津	平均	湖南	湖北	江西	安徽	浙江	江苏	上海	平均
稻瘟病	30.4%	43.4%	29.1%	34.3%	37.4%	25.0%	24.9%		43.0%			32.6%	33.4%	30.7%	39.0%	31.0%	37.0%	37.0%	45.0%	36.2%
水稻纹枯病	28.8%	23.4%	25.1%	25.8%	30.0%		26.9%		15.0%			24.0%	25.6%	22.2%	23.2%	26.7%	36.7%	34.7%	25.0%	27.7%
水稻白叶枯病													30.3%	29.0%	22.4%	32.9%	33.8%			29.7%
水稻稻曲病	22.9%		20.5%	21.7%	33.4%	22.2%	21.6%		15.0%			23.1%	23.1%	20.7%	22.0%	25.7%	20.5%	27.8%	15.0%	22.1%
水稻恶苗病	26.2%			26.2%			30.2%		20.0%			25.1%	30.0%	26.4%	20.3%	24.3%	22.0%	27.4%	30.0%	25.8%
水稻条纹叶枯病																	26.3%	38.1%	35.0%	33.1%
水稻粒黑粉病																				
水稻胡麻叶斑病	22.1%			22.1%									19.9%	25.0%	21.7%	25.0%	25.0%			23.3%
水稻细菌性基腐病																20.0%				20.0%
二化螟	23.4%	20.1%	29.1%	24.2%	26.1%		26.3%		20.0%		14.7%	21.8%	32.0%	28.2%	25.6%	27.4%	31.6%	24.2%		28.2%
三化螟					26.9%							26.9%	33.8%	29.2%	28.6%	31.3%	35.4%	27.2%		30.9%
稻纵卷叶螟			20.0%	20.0%	28.8%	21.7%	29.9%					26.8%	25.5%	24.9%	27.1%	28.3%	33.4%	34.5%	22.5%	28.0%
稻飞虱			22.0%	22.0%	36.9%		32.5%				23.1%	30.8%	43.1%	43.2%	42.2%	37.3%	44.2%	39.4%	40.0%	41.3%
大螟													20.0%		21.8%	22.5%	24.1%			22.1%
稻苞虫					24.1%							24.1%	19.1%			25.0%	15.5%			19.9%
稻叶蝉													24.0%			19.7%	13.4%			19.0%
稻赤斑黑沫蝉														19.7%						19.7%
稻蓟马													21.1%	26.0%	14.6%	20.8%	18.4%			20.2%

（续）

5级自然损失率 $S_{5级}$	东北区				华北区								长江流域							
	黑龙江	吉林	辽宁	平均	河南	河北	山东	山西	内蒙古	北京	天津	平均	湖南	湖北	江西	安徽	浙江	江苏	上海	平均
稻象甲		29.5%	25.0%	27.3%					20.0%			20.0%	23.0%		16.4%	23.4%				20.9%
稻负泥虫	22.9%		18.0%	20.5%					15.0%			15.0%		16.4%						16.4%
稻瘿蚊													38.0%		29.1%					33.6%
稻秆潜蝇													26.3%	26.7%						26.5%
稻水蝇																				
稻蝗	24.9%			24.9%	22.9%	25.0%			20.0%			22.6%	18.5%		11.3%	13.4%				14.4%
黏虫	17.5%		16.7%	17.1%									36.4%	37.0%	35.2%					36.2%
二、小麦																				
小麦条锈病					35.8%	26.7%	32.5%	10.0%	20.0%			25.0%		31.3%		29.2%				30.3%
小麦叶锈病					26.9%	26.4%	26.6%		20.0%			25.0%		27.6%		20.6%				24.1%
小麦赤霉病					31.7%	33.3%	36.1%	20.0%	20.0%			28.2%		35.2%		38.7%	37.7%	38.3%	30.0%	36.0%
小麦白粉病					22.6%	34.4%	25.6%	21.4%	15.0%		14.9%	21.9%		21.5%		26.5%	24.3%	34.5%		26.7%
小麦纹枯病					28.1%	21.2%	26.3%	24.0%		19.2%		24.9%		25.6%		22.9%	18.0%	39.0%		26.4%
小麦黑穗病					12.0%	18.4%	27.1%	28.7%	14.5%			20.1%		25.0%		20.0%	20.0%			22.5%
小麦黄矮病								28.2%				28.2%				23.4%				23.4%
小麦根腐病					32.9%	20.5%	25.9%					26.4%				23.4%				23.4%
小麦全蚀病					32.1%	39.9%	25.0%					32.3%								
小麦蚜虫					35.0%	28.1%	26.7%	24.9%	25.0%	34.6%	18.2%	27.5%		25.3%		31.1%	26.3%	32.7%		28.9%
麦蜘蛛					29.6%	25.7%	27.8%	27.3%				27.6%		14.8%		21.1%				18.0%
小麦吸浆虫					32.8%	39.1%						36.0%								
黏虫					12.5%		15.0%	22.8%	25.0%			18.8%				28.6%	20.4%		22.3%	23.8%
麦叶蜂					9.5%		15.0%	15.0%				13.2%								
麦茎蜂																				

（续）

5级自然损失率 S越	东北区				华北区								长江流域							
	黑龙江	吉林	辽宁	平均	河南	河北	山东	山西	内蒙古	北京	天津	平均	湖南	湖北	江西	安徽	浙江	江苏	上海	平均
蚜螨	18.8%	28.1%	28.8%	25.2%	25.0%		24.6%	22.0%	20.0%			22.9%				25.6%			25.6%	25.6%
蝼蛄		29.2%	29.2%	29.2%	19.2%		24.6%	15.0%	20.0%			19.9%								21.8%
金针虫	19.7%	26.3%	25.0%	23.7%	25.5%		22.8%	23.0%	20.0%			22.8%				20.9%			20.9%	20.9%
三、玉米																				
玉米大斑病				25.2%	18.8%	29.4%	27.0%	31.3%	25.0%			26.3%	20.0%	25.0%	21.5%	21.5%				22.2%
玉米小斑病				29.2%	19.2%	24.7%	25.1%	28.2%				24.3%	23.3%	17.4%		24.6%				21.8%
玉米丝黑穗病		26.3%		26.3%	15.1%	30.8%	28.4%	32.0%	15.0%			26.6%								
玉米锈病		15.0%	15.0%	15.0%	25.1%	25.0%	24.7%					24.9%	20.5%	28.0%		30.0%	27.8%	25.0%		26.3%
玉米纹枯病			20.0%	20.0%	24.0%	23.2%	23.6%					23.6%	20.3%	21.5%		25.0%	18.1%			21.2%
玉米褐斑病		20.0%		20.0%	24.1%	19.4%	23.3%	20.9%				21.9%	21.9%			20.0%				20.0%
玉米灰斑病							23.8%					23.8%		26.7%					26.7%	26.7%
玉米弯孢霉叶斑病			15.0%	15.0%	21.6%		23.8%					22.7%				18.1%			18.1%	18.1%
玉米茎腐病	20.9%				34.5%		40.0%	33.2%				35.9%					35.0%		35.0%	35.0%
玉米青枯病					33.2%	30.4%	30.4%					31.3%								
玉米瘤顶病													23.4%	23.4%						23.4%
玉米瘤黑粉病				23.3%	26.9%	23.8%	24.8%	25.1%	15.0%			23.1%		27.8%		21.7%				24.8%
玉米顶腐病					25.7%	19.0%	26.4%	29.2%	15.0%			23.1%		25.0%		21.7%				23.4%
玉米矮花叶病毒病							40.0%				32.2%	36.1%								
玉米粗缩病					35.0%	35.0%	38.5%	21.9%			14.0%	28.9%	26.0%	25.0%	25.0%	27.1%	25.7%	40.0%		28.8%
玉米螟	22.8%	25.9%	26.1%	24.9%	25.4%	28.4%	27.3%	23.5%	25.0%	14.0%	14.6%	24.0%	30.4%	25.5%	21.0%	28.8%	25.5%	16.0%		24.5%
土蝗					20.6%	24.2%	24.2%	25.2%		13.9%	24.7%	24.7%	21.7%	20.0%	20.0%	20.0%			20.9%	20.9%
棉铃虫					19.0%	16.0%	16.0%	27.9%			13.9%	19.5%	21.7%	27.1%		21.3%			24.2%	21.3%
黏虫	36.3%	30.6%	30.6%	33.5%	27.6%	40.1%	25.2%	32.5%	30.0%	37.0%	32.1%	32.1%	29.5%						25.6%	25.6%

（续）

5级自然损失率 S_5	东北区				华北区								长江流域							
	黑龙江	吉林	辽宁	平均	河南	河北	山东	山西	内蒙古	北京	天津	平均	湖南	湖北	江西	安徽	浙江	江苏	上海	平均
草地螟								18.0%	15.0%			16.5%								
玉米螟虫	24.3%	34.5%		29.4%	23.1%	19.4%	22.2%	21.5%	15.0%			21.6%	18.4%	20.4%		17.1%	28.4%			21.1%
玉米叶螨	37.8%	37.8%		37.8%	27.5%	29.6%	25.0%	38.2%	20.0%			28.1%				17.5%				17.5%
玉米蓟马					32.8%	24.1%	23.7%	26.4%				26.8%								
玉米耕葵粉蚧						22.7%		18.2%				20.5%								
斜纹夜蛾																19.0%	20.5%			19.8%
双斑萤叶甲		16.0%		16.0%	27.1%	15.0%	24.3%	17.4%	15.0%			16.2%								
蚜虫			26.7%	26.7%	13.4%	16.0%	26.4%	23.1%				21.9%					20.0%			20.0%
蝼蛄			27.8%	27.8%	24.5%	21.7%	24.7%	20.4%	15.0%			18.2%	18.3%			17.5%				17.9%
金针虫	19.9%	28.8%	30.9%	26.5%			25.6%	24.9%				22.2%								
地老虎	21.8%		20.0%	20.9%	21.5%	23.4%		30.5%	25.0%		12.0%	23.0%	22.9%							22.9%
四、大豆																				
大豆锈病			20.0%	20.0%				21.4%				21.4%	20.4%			21.7%				21.1%
大豆霜霉病			20.0%	20.0%			31.3%	20.9%				26.1%	18.8%			18.4%	15.5%			17.6%
大豆病毒病		22.5%		22.5%			27.1%					27.1%	25.0%	36.7%		23.4%				28.4%
大豆白粉病							26.7%					26.7%	19.1%			21.7%				20.4%
大豆菌核病	31.1%			31.1%					20.0%			20.0%				21.7%				21.7%
根结线虫病						14.6%						14.6%								
大豆胞囊线虫病	33.3%			33.3%			32.5%		35.0%			28.1%								
大豆蚜	27.9%	26.6%	32.5%	29.0%	16.7%		25.8%	23.0%	15.0%			20.3%				17.5%	20.0%			18.8%
大豆食心虫	21.7%	26.9%	31.7%	26.8%	17.4%		28.3%	27.8%	25.0%			25.3%	20.4%			18.5%				19.5%
豆荚螟							19.7%	22.5%				21.1%				21.7%				21.7%
棉铃虫					23.6%	21.8%	23.3%					22.9%				21.9%				21.9%

（续）

5级自然损失率 S_5	东北区				华北区								长江流域							
	黑龙江	吉林	辽宁	平均	河南	河北	山东	山西	内蒙古	北京	天津	平均	湖南	湖北	江西	安徽	浙江	江苏	上海	平均
草地螟	36.0%			36.0%				21.0%	33.8%			27.4%								
土蝗							26.7%	25.0%				25.9%								
豆荚螟					24.1%	28.6%	24.9%	30.6%				27.1%	28.0%	20.0%	16.0%	22.1%	20.6%			21.3%
豆天蛾					18.9%		20.0%					19.5%				21.1%				21.1%
双斑萤叶甲								17.0%				17.0%								
烟粉虱						17.0%	20.0%					18.5%								
蝼蛄	33.6%		30.0%	31.8%	28.6%		22.1%	25.1%	30.0%			26.5%	20.4%			24.2%				22.3%
蟋蟀			33.4%	33.4%	15.9%	15.3%	25.0%					18.7%								
金针虫			30.6%	30.6%	24.0%		26.1%	24.3%	20.0%			23.6%								
地老虎							23.2%	26.3%	30.0%			26.5%	23.6%			17.4%				20.5%
五、马铃薯																				
马铃薯早疫病	20.6%		27.8%	24.2%		25.0%	23.5%	20.6%	18.2%			21.8%	25.4%	21.0%	26.0%					24.1%
马铃薯晚疫病	28.2%	25.5%	36.1%	29.9%		41.9%	31.7%	42.8%	39.4%			39.0%	40.7%	41.3%	35.7%		35.8%			38.4%
马铃薯环腐病							27.4%	32.6%	20.0%			26.7%	19.5%							19.5%
马铃薯病毒病						37.5%	25.0%	32.7%				31.7%								
马铃薯黑胫病							30.4%	33.3%				31.9%								
马铃薯青枯病							34.2%					34.2%					30.2%			30.2%
马铃薯疮痂病								18.0%	15.0%			16.5%		20.0%						20.0%
马铃薯干腐病								24.2%	25.0%			24.6%								
二十八星瓢虫	16.8%			16.8%			27.5%	30.0%				28.8%	20.5%	14.7%						17.6%
蚜虫							24.9%	12.9%				18.9%	19.5%				16.7%			18.1%
豆芫菁								24.3%				24.3%								
草地螟								21.0%	26.3%			23.7%								

（续）

5级自然损失率 $S_{自5}$	东北区				华北区								长江流域							
	黑龙江	吉林	辽宁	平均	河南	河北	山东	山西	内蒙古	北京	天津	平均	湖南	湖北	江西	安徽	浙江	江苏	上海	平均
双斑萤叶甲	20.0%			20.0%				10.0%				10.0%								
蚜螨						32.3%	27.3%	21.7%	20.0%			25.3%		22.5%			20.8%			21.7%
蝼蛄							23.5%		15.0%			19.3%	20.0%	20.0%			18.0%			19.3%
金针虫									15.0%			15.0%								
地老虎						21.4%	28.8%	21.5%	15.0%			21.7%	21.0%	21.8%						21.4%
六、其他粮食作物																				
甘薯黑斑病					26.3%	35.3%		21.7%				27.5%								
甘薯根腐病					21.9%	23.4%						22.7%								
谷子黑穗病								26.2%	15.0%			20.6%								
谷子白发病						25.9%	15.0%	27.9%	35.0%			26.0%								
高粱蚜虫			25.4%	25.4%			26.9%	26.9%	20.0%			24.6%	17.8%							17.8%
粟灰螟								24.4%	30.0%			27.2%								
七、棉花																				
棉花苗病					18.7%	25.3%	38.4%	27.7%				27.5%	27.5%	36.4%	28.3%					30.6%
棉花铃病					23.6%	26.6%	25.0%	28.9%				26.0%	27.5%	28.1%	27.5%	23.8%				26.7%
棉枯萎病					27.2%	28.9%	26.0%				10.7%	23.2%	36.0%	27.5%	33.8%	28.4%		30.0%		31.1%
棉黄萎病					31.8%	25.5%	26.0%					27.8%	35.0%	33.3%	16.2%	19.6%		35.0%		27.8%
棉花炭疽病					18.5%	18.9%	20.0%					20.7%			22.1%	20.4%				21.3%
棉花角斑病						25.2%						25.0%	22.0%			23.8%				22.9%
棉蚜					33.0%	35.3%	35.0%	33.7%			14.8%	30.4%	27.1%		21.7%	21.1%	18.5%			22.6%
棉铃虫					35.3%	36.0%	30.8%	36.8%			22.6%	32.3%	38.7%	39.0%	35.5%	34.8%		36.3%		36.9%
棉红铃虫													30.0%	27.4%	27.5%	33.8%		27.5%		29.7%
棉红蜘蛛					33.3%	30.9%	30.0%	29.6%				31.0%	28.0%	31.5%	23.8%	24.4%		24.0%		26.3%

（续）

5级自然损失率 $S_{自然}$	东北区				华北区								长江流域							
	黑龙江	吉林	辽宁	平均	河南	河北	山东	山西	内蒙古	北京	天津	平均	湖南	湖北	江西	安徽	浙江	江苏	上海	平均
棉铃虫					32.3%	26.4%	27.2%	32.4%			20.0%	27.7%	30.0%	33.4%	28.9%	37.9%		31.7%		32.4%
棉大造桥虫						31.4%														15.6%
棉花象鼻虫					29.6%			22.9%				28.0%		10.3%		20.9%				20.3%
棉蓟马					10.5%	12.6%	15.0%					12.7%	18.0%			20.4%				19.2%
玉米螟																16.6%				16.6%
烟粉虱					17.1%									20.0%		14.2%				17.1%
斜纹夜蛾							20.0%	20.0%				19.0%	27.2%	25.1%	30.6%	31.4%				28.6%
八、油菜																				
油菜菌核病					28.6%				15.0%			21.8%	30.0%	29.2%	30.5%	33.7%	32.1%	30.7%		31.0%
油菜病毒病					20.0%							20.0%	24.9%	23.1%	20.0%	22.9%	25.0%			23.2%
油菜霜霉病					23.9%							23.9%	20.0%	19.6%	19.7%	22.2%	20.2%			20.3%
油菜根肿病													30.0%	37.3%	25.0%					30.8%
油菜蚜虫					30.0%			31.3%				30.7%	20.0%	25.5%	16.5%	26.9%	22.4%			22.3%
小菜蛾					25.3%			30.6%	35.0%			30.3%	14.2%	20.0%	16.7%	15.0%	28.2%			18.8%
菜青虫													18.0%		15.9%	20.6%	15.0%			17.4%
油菜茎象甲									15.0%											15.0%
油菜露尾甲														25.5%	22.5%				24.3%	24.3%
油菜角野螟																				
九、花生																				
花生病毒病					19.2%		26.0%	13.4%				19.5%	25.0%							25.0%
根结线虫病							25.0%	24.5%				24.8%		15.2%						15.2%
花生叶斑病	33.4%		27.5%	30.5%	19.7%		28.8%	25.0%	30.0%			26.7%	26.0%	16.1%					22.5%	19.3%

（续）

5级自然损失率 S_{55}	东北区 黑龙江	吉林	辽宁	平均	华北区 河南	河北	山东	山西	内蒙古	北京	天津	平均	长江流域 湖南	湖北	江西	安徽	浙江	江苏	上海	平均
花生灰斑病					21.6%	24.2%	24.9%					23.6%	23.6%				30.0%			26.8%
花生青枯病					24.1%		24.9%					24.5%		36.4%			20.0%			28.2%
花生锈病					25.0%		23.6%	25.4%				24.7%	14.4%	27.8%		20.6%				20.9%
花生蚜虫					30.9%	23.6%	27.3%	20.7%				25.6%				15.3%				15.3%
花生叶螨					23.5%	23.7%	27.8%	23.0%				24.5%								
棉铃虫					29.3%	20.4%	20.0%					23.2%				17.5%				17.5%
斜纹夜蛾					25.1%		20.0%					22.6%				21.9%				21.9%
蝼蛄			33.4%	33.4%	37.1%	31.2%	25.0%	22.5%	10.0%			25.2%	29.5%	39.3%		33.6%	27.5%	36.0%		33.2%
蟋蟀						22.2%		21.9%	15.0%			19.7%				25.0%	25.0%			25.0%
金针虫					31.4%	22.2%	20.0%	25.0%	10.0%			21.7%				25.0%				25.0%
地老虎					18.6%	14.8%	26.7%	26.7%	10.0%			19.4%		25.0%		23.8%				24.4%
十、其他油料																				
向日葵菌核病						37.5%		39.5%	35.5%			37.5%								
向日葵锈病						26.7%		30.2%	15.0%			24.0%								
向日葵黄萎病								34.8%	34.8%			34.8%								
向日葵螟				33.4%					38.5%			38.5%								
胡麻枯萎病									15.0%			15.0%								
胡麻漏油虫									20.0%			20.0%								
十一、苹果																				
苹果腐烂病			39.8%	39.8%	28.5%	31.4%	15.0%	39.5%				28.7%								
苹果炭疽病		35.0%	38.2%	36.6%	29.0%	23.4%	25.8%	37.3%				28.9%								
苹果轮纹病		36.5%	36.5%	36.5%	25.7%	28.2%	30.0%	32.6%				29.1%								
苹果白粉病					15.1%	23.9%	25.0%	23.0%				21.8%								

（续）

5级自然损失率 $S_损$	东北区				华北区								长江流域							
	黑龙江	吉林	辽宁	平均	河南	河北	山东	山西	内蒙古	北京	天津	平均	湖南	湖北	江西	安徽	浙江	江苏	上海	平均
苹果褐斑病			30.0%	30.0%	23.4%	23.4%	25.6%	35.0%				26.9%								
苹果斑点落叶病			34.6%	34.6%	20.7%		25.0%	30.2%				25.3%								
苹果干腐病							27.0%	30.2%				28.6%								
苹果锈病			32.2%	32.2%	10.7%	30.6%	26.8%	29.2%				24.3%								
苹果叶螨			28.6%	28.6%	21.5%	25.4%	25.0%	31.4%				25.8%								
山楂叶螨			25.0%	25.0%	21.1%	25.0%	34.2%	37.3%				29.4%								
二斑叶螨			30.0%	30.0%	21.7%	25.0%	25.0%	37.3%				28.0%								
桃小食心虫			37.6%	37.6%	24.4%	26.9%	25.0%	30.1%				26.6%								
梨小食心虫			38.3%	38.3%				10.0%				10.0%								
苹果小卷叶蛾			20.0%	20.0%	16.1%	20.0%	20.0%	27.4%				21.2%								
金纹细蛾			20.0%	20.0%	18.8%	20.0%	20.0%	29.7%				22.8%								
苹果黄蚜			20.0%	20.0%	15.9%	20.0%	20.0%	26.6%				20.6%								
苹果瘤蚜					21.3%	20.0%	25.0%					22.1%								
介壳虫					17.7%		25.0%	27.0%				23.2%								
苹小吉丁虫																				
十二、柑橘																				
柑橘疮痂病													23.8%	29.6%	20.3%	26.1%				25.0%
柑橘炭疽病													34.5%	31.7%	27.5%	27.7%				30.4%
柑橘黑星病													10.0%		10.7%	16.0%				12.2%
柑橘煤烟病													24.9%	31.4%	23.1%	27.4%				26.7%
柑橘脚腐病													18.7%	15.0%	12.4%					15.4%
柑橘树脂病													20.0%	28.5%	21.0%	23.0%				23.1%
柑橘大实蝇													35.0%	35.0%	25.4%					31.8%

（续）

5级自然损失率 S_5	东北区				华北区								长江流域							
	黑龙江	吉林	辽宁	平均	河南	河北	山东	山西	内蒙古	北京	天津	平均	湖南	湖北	江西	安徽	浙江	江苏	上海	平均
柑橘叶螨													26.7%	30.0%	32.3%		26.5%			28.9%
柑橘锈螨													30.1%	20.5%	29.3%		23.9%			26.0%
柑橘蚧类													32.6%	38.7%	35.0%		32.7%			34.8%
柑橘潜叶虫类													20.7%	20.0%	21.3%		26.4%			22.1%
柑橘卷叶虫类													19.0%	22.4%	17.2%		16.3%			18.7%
柑橘凤蝶类													15.0%	10.2%	12.6%		16.8%			13.7%
柑橘粉虱类													17.6%	28.5%	20.0%		21.9%			22.0%
天牛类													27.7%	18.9%	26.4%		22.0%			23.8%
吸果夜蛾类													26.4%				28.9%			25.4%
柑橘蚜虫													21.2%	17.5%	22.5%		21.7%			20.7%
柑橘木虱																				
柑橘花蕾蛆																				
柑橘蓟马													23.5%	25.7%	19.0%		30.0%			24.6%
十三、其他果树																				
梨黑星病			35.7%	35.7%	33.1%	25.9%	34.3%	31.6%				31.2%	25.4%				27.9%			26.7%
梨树腐烂病			20.0%	20.0%	25.9%	32.0%	25.0%	25.0%				27.6%								
梨轮纹病			38.7%	38.7%	29.1%	28.4%	35.0%	28.4%				30.2%	30.0%				28.8%			29.4%
梨锈病			36.0%	36.0%	20.0%		28.9%	20.0%				23.0%	34.9%				39.7%			37.3%
葡萄炭疽病			32.8%	32.8%	20.7%	35.0%	35.0%	38.8%				31.5%	25.0%			31.7%	34.8%			30.5%
葡萄霜霉病			38.6%	38.6%	25.6%	34.5%	38.2%	35.9%	20.0%			30.8%	31.1%			27.1%	37.3%			31.8%
葡萄白粉病					17.1%	30.5%	30.5%	31.4%	25.0%			26.0%	20.0%			25.0%	32.5%			25.8%
葡萄黑痘病			33.2%	33.2%	30.3%	35.0%	35.0%		20.0%			28.4%	27.3%		39.1%		35.5%			34.0%
葡萄根癌病							27.8%					27.8%								

（续）

5级自然损失率 S危	东北区				华北区								长江流域							
	黑龙江	吉林	辽宁	平均	河南	河北	山东	山西	内蒙古	北京	天津	平均	湖南	湖北	江西	安徽	浙江	江苏	上海	平均
桃花腐病			27.0%	27.0%	17.9%		27.2%					22.6%	15.0%				14.5%			14.8%
桃炭疽病			36.0%	36.0%	20.3%		27.4%	28.7%				25.5%	25.0%				21.0%			23.0%
桃树穿孔病			38.0%	38.0%	20.0%		25.4%	23.8%				23.1%	20.0%				21.7%			20.9%
龙眼丛枝病																				
荔枝霜疫霉病																				
荔枝毛毡病																				
香蕉细菌性枯萎病																				
香蕉炭疽病																				
香蕉叶斑病																				
香蕉束顶病																				
香蕉花叶心腐病																				
芒果炭疽病																				
芒果白粉病																				
桃小食心虫			20.0%	20.0%				20.0%					18.0%							18.0%
梨小食心虫			36.2%	36.2%								20.0%	22.0%							22.0%
桃蚜			30.0%	30.0%	22.9%	28.3%	35.2%	32.6%				29.8%	30.6%				30.5%			30.6%
梨蚜			28.4%	28.4%	29.3%		25.0%	36.0%				30.1%	34.7%				30.2%			32.5%
桃蛀螟					25.4%		25.0%	25.0%				25.8%	32.0%							32.0%
梨木虱			26.4%	26.4%	20.0%	30.0%	25.0%	30.0%				26.3%	23.0%				28.0%			25.5%
梨圆蚧							15.0%	15.0%				15.0%	29.5%							
梨星毛虫							29.6%	31.7%				30.7%								29.5%
香蕉象甲类																				
荔枝蝽																				

（续）

5级自然损失率 S_{25}	东北区				华北区								长江流域							
	黑龙江	吉林	辽宁	平均	河南	河北	山东	山西	内蒙古	北京	天津	平均	湖南	湖北	江西	安徽	浙江	江苏	上海	平均
荔枝蛀蒂虫																				
荔枝蝽螨																				
龙眼角颊木虱																				
十四、蔬菜																				
白菜霜霉病	29.0%			29.0%	30.1%	39.7%	35.5%	31.3%	33.7%		27.7%	33.0%	22.7%	31.3%	27.9%		23.3%	23.0%	39.7%	28.0%
白菜软腐病	40.0%	31.2%	35.5%	35.6%	33.3%	25.6%	35.0%	36.3%	38.3%		29.5%	33.0%	30.6%	35.3%	25.0%	27.1%	35.2%	25.3%	30.6%	30.6%
白菜毒病	25.5%			25.5%	25.9%	36.7%	31.3%	26.0%	31.2%			30.2%	26.0%		17.4%	31.9%	12.8%	25.3%	18.9%	22.1%
白菜灰霉病					18.9%		27.5%	25.0%				23.8%	22.0%	25.5%	15.3%		21.5%	20.5%	21.0%	21.0%
白菜菌核病							25.2%					25.2%	25.0%		20.3%	32.1%	31.5%	30.0%	36.1%	29.2%
番茄早疫病	22.5%		29.7%	26.1%	21.1%	33.9%	37.9%	34.6%	38.7%	42.0%	27.9%	33.7%	27.8%	30.5%	30.0%		28.8%		31.0%	29.6%
番茄晚疫病	29.9%		39.8%	34.9%	28.9%	37.0%	35.0%	38.6%	39.4%		28.4%	34.6%	34.4%	35.1%	32.5%	32.4%	35.0%		26.7%	32.7%
番茄病毒病	29.2%	22.5%	38.0%	29.9%	32.0%	25.7%	39.2%	26.3%	35.3%	40.1%		33.1%	30.0%	38.3%	25.0%	33.9%	41.4%	32.5%	38.5%	34.2%
番茄灰霉病		23.6%	32.3%	28.0%	24.2%	38.6%	36.8%	24.3%	28.5%	35.0%	25.3%	30.4%	23.0%				20.6%		26.8%	23.5%
番茄叶毒病							33.4%	24.7%	21.6%	20.0%		24.9%								
番茄白粉病								21.0%				21.0%	21.0%							21.0%
番茄菌核病		25.0%	44.4%	34.7%	22.7%	42.5%	35.0%	45.0%	36.1%		29.0%	35.1%	35.0%	33.5%		33.5%	29.5%	21.0%	25.8%	29.7%
番茄病毒根腐病							35.0%	35.0%				35.0%								
番茄疫霉根腐病																	17.5%			17.5%
辣椒炭疽病	28.4%	26.6%	35.6%	33.9%	34.5%		36.8%	40.2%	32.9%		29.6%	34.8%	26.1%	32.8%	28.8%	28.7%	29.7%	25.0%	35.4%	29.5%
辣椒病毒病			35.6%	30.2%	23.7%		36.1%	36.1%	33.1%	35.5%		32.9%	27.8%	32.8%	32.8%	30.5%	12.6%	21.0%	25.6%	25.1%
辣椒疫病	42.7%	43.8%	35.4%	40.6%	31.0%	41.7%	40.7%	40.9%	43.5%	42.0%	24.7%	37.1%	38.4%	30.3%	32.9%	30.9%	36.8%	25.0%	42.6%	33.8%
辣椒白粉病		31.7%		31.7%	23.4%		36.1%	38.4%	41.2%			36.2%	21.5%			32.1%			26.8%	26.8%
瓜类灰霉病							33.3%	32.0%	43.5%			36.3%	25.0%				27.0%			26.0%
瓜类白粉病							37.9%	35.4%	34.2%	45.0%		38.1%	25.0%				35.0%	36.7%		32.2%

（续）

5级自然损失率 $S_损$	东北区				华北区								长江流域							
	黑龙江	吉林	辽宁	平均	河南	河北	山东	山西	内蒙古	北京	天津	平均	湖南	湖北	江西	安徽	浙江	江苏	上海	平均
瓜类霜霉病					32.9%	25.0%	38.3%	29.3%	31.6%	43.6%	23.4%	32.0%	30.0%	15.5%	41.7%		27.6%	30.0%		29.0%
瓜类炭疽病					30.0%	23.0%	37.5%	28.7%	32.5%			30.3%	25.0%	35.3%			14.0%	30.0%		26.1%
黄瓜霜霉病	28.4%	39.5%	38.7%	35.5%	35.9%	38.8%	36.0%	38.7%	35.0%			36.9%	28.8%		32.4%	26.7%	37.8%	44.3%		34.0%
黄瓜炭疽病	26.7%		35.3%	31.0%	28.7%	23.4%	35.4%	37.1%	15.0%			27.9%	29.2%		25.0%	28.7%	37.5%	31.3%		30.3%
瓜类枯萎病	38.4%	27.9%	43.3%	36.5%	28.6%		38.1%	33.1%	20.0%			30.0%	38.7%	31.3%	31.8%	32.2%	32.5%	21.0%	38.6%	32.3%
瓜类菌核病							36.3%					36.3%	25.0%	30.0%	16.9%		16.5%		44.2%	26.5%
瓜类蔓枯病	34.9%			34.9%	30.7%	33.4%	37.1%	36.4%	15.0%			29.8%	31.0%	20.5%	22.9%		39.0%		41.6%	31.0%
瓜类疫病	26.8%	25.0%	36.3%	29.4%	27.3%	30.6%	33.2%	30.6%	34.3%			31.8%	40.0%	37.8%	35.6%	32.8%	38.3%	40.0%	45.0%	38.5%
瓜类细菌性角斑病	33.4%	25.0%	42.8%	33.7%	26.4%	29.8%	34.2%	23.6%	31.3%	30.0%		29.2%	28.6%	30.0%		36.3%	27.3%		32.6%	31.0%
根结线虫病						20.0%	40.7%	33.3%	32.8%	39.0%		33.2%	20.0%		12.0%		15.5%	15.5%	15.5%	15.5%
莴苣霜霉病																15.5%	16.5%	15.5%	16.0%	16.0%
十字花科蔬菜根肿病																13.7%	13.7%	13.7%	13.7%	13.7%
瓜实蝇	21.3%		40.2%	30.8%																
菜蚜		41.9%	37.7%	39.8%	28.9%	32.1%	37.0%	31.9%	36.7%		23.2%	31.6%	25.7%	27.8%	23.1%	27.5%	29.7%	24.0%	30.1%	26.8%
菜青虫					31.5%	31.4%	36.6%	30.6%	37.8%		17.3%	30.9%	30.2%	30.3%	26.1%	30.4%	40.9%	38.0%	44.9%	34.4%
小菜蛾	35.3%	35.2%	35.2%	35.3%	26.7%	31.1%	37.2%	32.2%	38.4%		18.8%	30.7%	30.5%	44.7%	15.0%	28.7%	34.3%	38.3%	43.6%	33.6%
黄曲条跳甲	25.0%			25.0%			34.9%	15.0%	15.0%			15.0%	29.4%	36.3%	31.3%	40.3%	40.3%	30.5%	44.0%	35.3%
斜纹夜蛾					28.6%	28.4%	36.3%	33.1%		28.6%		34.0%	39.6%	44.3%	34.8%	35.0%	35.5%	41.8%	46.0%	39.6%
甜菜夜蛾							32.2%	30.0%	24.3%		18.0%	27.7%	34.4%	40.2%	32.7%	35.7%	33.1%	41.0%	46.0%	37.6%
甘蓝夜蛾	21.7%			21.7%		32.2%	30.0%	30.0%	44.5%	28.6%		35.6%	35.0%	35.0%		34.4%	34.4%	45.2%	45.2%	38.2%
美洲斑潜蝇		24.2%	24.2%	24.2%	24.0%	27.6%	34.6%	42.3%	39.6%		16.6%	31.5%	27.1%	25.5%	20.7%	31.6%	19.8%	28.4%	28.4%	25.5%
南美斑潜蝇				24.2%			31.5%	30.6%				31.1%	30.0%	30.0%		20.0%	20.0%	25.0%	25.0%	25.0%

（续）

5级自然损失率 $S_{\text{恒}}$	东北区				华北区								长江流域							
	黑龙江	吉林	辽宁	平均	河南	河北	山东	山西	内蒙古	北京	天津	平均	湖南	湖北	江西	安徽	浙江	江苏	上海	平均
豌豆潜叶蝇					15.1%	41.9%	26.4%	30.0%				28.4%					15.0%	30.0%	29.6%	24.9%
白粉虱			30.7%	30.7%	27.9%	35.7%	35.5%	32.0%	39.6%	27.6%	21.5%	31.4%	20.0%	20.5%			28.4%			23.0%
烟粉虱					26.6%	26.6%	36.1%	33.7%		29.4%	21.7%	29.0%	23.5%	25.5%			35.0%	40.6%	42.5%	33.4%
瓜蓟马						20.2%	33.9%	27.4%		30.0%		27.9%	20.0%	25.0%			23.8%		25.6%	23.6%
菜蝽					24.6%		32.3%	40.5%				32.5%	20.0%				33.6%		45.2%	32.9%
瓜绢螟													20.8%	22.5%	22.9%		32.4%	40.0%	19.3%	26.3%
豆荚螟					22.5%	28.9%	29.3%	22.5%	15.0%	40.0%		28.6%	33.8%	25.5%	39.0%	27.1%	37.5%	25.0%	26.7%	31.3%
黄守瓜			27.7%	27.7%	22.3%	37.8%	30.0%	20.3%	25.0%			15.0%	22.5%	20.5%		22.2%	35.4%		25.8%	26.1%
根蛆		42.8%	35.7%	39.3%	29.2%	38.2%	36.7%	32.3%	15.0%			25.3%	30.0%			32.1%				31.1%
韭蛆					25.0%		35.0%	35.1%		30.0%	14.2%	30.2%								
棉铃虫					22.2%		27.8%	25.1%		30.0%		29.6%	24.0%	25.0%						22.8%
烟青虫							27.4%					25.0%	21.3%							24.1%
茶黄螨						44.7%	27.4%	34.7%				35.6%	30.6%	30.0%	19.5%		25.2%	35.0%	38.4%	29.7%
红蜘蛛					27.7%	34.5%	37.1%	34.1%	34.8%			33.6%	30.6%	30.0%	20.4%	19.5%	22.9%		28.6%	25.3%
二斑叶螨					23.5%		20.0%	25.0%				22.8%				22.8%				
十五、其他经济作物																				
甜菜褐斑病										19.3%		19.3%								
甘蔗梢腐病																	12.0%		12.0%	12.0%
甘蔗黑穗病																				
甘蔗凤梨病																	11.0%		11.0%	11.0%
茶云纹叶枯病													25.0%	32.2%			20.1%		25.8%	25.8%
茶饼病													30.0%				29.4%		29.7%	29.7%
茶白星病													30.0%						30.0%	30.0%

（续）

5级自然损失率 S_5	东北区				华北区								长江流域							
	黑龙江	吉林	辽宁	平均	河南	河北	山东	山西	内蒙古	北京	天津	平均	湖南	湖北	江西	安徽	浙江	江苏	上海	平均
草莓白粉病									20.0%	38.8%		29.4%	30.0%			10.9%	35.0%			25.3%
草莓灰霉病									15.0%	35.6%		25.3%	25.0%	35.5%		17.5%	30.5%			27.1%
草莓炭疽病													31.0%			32.8%	32.5%			32.1%
烟草病毒病					35.9%							35.9%					20.0%			20.0%
烟草黑胫病					32.0%							32.0%					31.7%			31.7%
甘蔗螟虫																	30.0%			30.0%
甘蔗蓟马																				
甘蔗龟																				
甘蔗绵蚜																				
甘蔗蔗根锯天牛																				
甘蔗蔗土蝗																				
枸杞蚜虫																				
枸杞瘿螨																				
茶小绿叶蝉					12.3%							12.3%	30.0%	38.2%	39.6%		32.2%			35.0%
茶黄螨					23.8%							23.8%	20.0%				26.2%			23.1%
茶毒蛾													15.0%		15.0%		21.0%			17.0%
茶尺蠖					35.2%							35.2%	40.0%	39.1%	39.7%	33.0%	39.8%			38.3%
茶蚜虫					12.2%							12.2%	15.0%				16.0%			15.5%
茶黑刺粉虱													15.0%	30.5%						22.8%
草莓叶螨										36.1%		36.1%					15.0%			15.0%
烟蚜					31.8%		29.2%					30.5%	23.4%	42.4%						32.9%
烟青虫					30.7%							30.7%	30.0%							30.0%

（续）

5级自然损失率 S_5	西北区						西南区						华南区				
	新疆	青海	甘肃	宁夏	陕西	平均	四川	云南	贵州	重庆	西藏	平均	广东	广西	福建	海南	平均
一、水稻																	
稻瘟病				28.0%	35.8%	31.9%	41.0%		37.4%	37.1%		38.5%	41.0%	36.0%	31.9%	27.7%	34.2%
水稻纹枯病					30.0%	30.0%	29.4%	27.7%	26.3%	29.2%		28.2%	37.6%	29.5%	35.7%	24.5%	31.8%
水稻白叶枯病					24.0%	24.0%	35.9%		28.5%			32.2%	33.7%	29.8%	43.0%		35.5%
水稻稻曲病							30.1%		21.5%			25.8%	27.8%	24.7%	24.7%	19.6%	24.2%
水稻恶苗病				10.5%		10.5%							33.0%	21.5%			27.3%
水稻条纹叶枯病							35.0%					35.0%	20.0%				20.0%
水稻粒黑粉病				12.0%		12.0%	25.3%					25.3%	15.0%				15.0%
水稻胡麻叶斑病													23.2%	24.3%		36.4%	28.0%
水稻细菌性基腐病													15.0%				15.0%
二化螟					25.0%	25.0%	32.3%	24.0%	25.6%			28.2%	25.8%	24.8%	24.8%		25.1%
三化螟							34.5%	21.2%	19.5%			25.1%	26.6%	25.6%	35.0%	32.3%	29.9%
稻纵卷叶螟					25.0%	25.0%	26.9%		24.2%	35.0%		28.7%	35.5%	23.7%	35.2%	24.4%	29.7%
稻飞虱				15.0%		15.0%	41.6%	41.0%	32.8%	40.5%		39.0%	41.6%	33.6%	38.2%	34.6%	37.0%
大螟							32.4%		18.4%	33.4%		28.1%	25.2%	21.4%		25.0%	23.9%
稻苞虫							38.7%			12.5%		25.6%	35.7%	30.3%	28.0%		31.3%
稻叶蝉							36.2%					36.2%		27.7%			27.7%
稻赤斑黑沫蝉							29.8%					29.8%					
稻蓟马							23.0%					23.0%	22.2%				22.2%
稻象甲													23.6%				23.6%
稻负泥虫							35.9%					35.9%					
稻瘿蚊													33.3%	31.9%	31.3%		32.2%
稻秆潜蝇									33.4%	25.0%		29.2%					

（续）

5级自然损失率 S_5	西北区						西南区						华南区				
	新疆	青海	甘肃	宁夏	陕西	平均	四川	云南	贵州	重庆	西藏	平均	广东	广西	福建	海南	平均
稻水蝇														23.2%			23.2%
稻蝗				9.0%		9.0%	30.9%					30.9%	33.9%	30.5%		26.7%	30.4%
黏虫				12.3%		12.3%	32.2%	34.1%	29.2%	11.7%		26.8%	36.9%	27.3%	33.9%	39.8%	34.5%
二、小麦																	
小麦条锈病	25.2%	30.0%	33.6%	30.6%	35.0%	30.9%	41.3%	42.3%	32.6%	34.1%		37.6%					
小麦叶锈病	24.9%		17.9%		30.0%	24.3%	25.1%	33.5%	20.1%			26.2%					
小麦赤霉病	37.0%				35.0%	36.0%	37.1%			29.6%		33.4%					
小麦白粉病	27.5%		24.2%	27.1%	23.1%	25.5%	31.5%	36.4%	31.2%	34.5%		33.4%					
小麦纹枯病	22.5%	20.0%	25.9%	15.7%	25.0%	25.0%	23.2%			26.9%		25.1%					
小麦黑穗病	24.6%	30.0%	28.6%	14.6%	34.0%	21.0%	16.4%					16.4%					
小麦黄矮病	24.6%	25.0%	27.7%	21.4%	30.0%	26.8%	14.6%					14.6%					
小麦根腐病	21.1%	26.7%	22.9%	29.1%	26.5%	25.8%											
小麦全蚀病		20.0%	24.3%	17.2%	25.0%	25.1%	31.5%					29.0%					
小麦蚜虫			27.2%	14.6%	34.6%	24.2%	29.3%	36.2%	25.6%	22.7%		29.3%					
麦蜘蛛				18.4%		23.1%											
小麦吸浆虫	25.0%	25.0%				24.7%											
黏虫			27.5%		25.0%	23.0%	23.0%					23.0%					
麦叶蜂	15.0%	15.0%				15.0%											
麦茎蜂																	
蝼蛄	21.3%		23.8%			23.4%	24.9%					24.9%					
蟛蚰							25.7%					25.7%					

（续）

5级自然损失率 S_{25}	西北区						西南区						华南区				
	新疆	青海	甘肃	宁夏	陕西	平均	四川	云南	贵州	重庆	西藏	平均	广东	广西	福建	海南	平均
金针虫	20.0%	18.9%	23.7%	15.2%	25.0%	20.6%											
三、玉米																	
玉米大斑病			22.0%	18.7%	25.5%	22.1%	26.9%	40.0%	25.3%			30.7%	40.0%	23.6%	31.2%	22.2%	29.3%
玉米小斑病			21.1%	12.0%	24.0%	19.0%	23.0%	38.0%	22.4%	26.7%		27.5%	38.8%	22.6%			30.7%
玉米丝黑穗病	13.6%	20.0%	23.5%	10.2%	20.0%	17.5%	30.2%		30.0%			30.1%	28.2%	37.6%		14.7%	26.8%
玉米锈病			28.4%			28.4%	21.2%		16.8%			19.0%	31.7%	20.3%			26.0%
玉米纹枯病							22.4%		19.8%	27.4%		23.2%	23.3%	24.2%			23.8%
玉米褐斑病			22.3%			22.3%	15.6%					15.6%					
玉米灰斑病			21.0%			21.0%	33.1%	40.7%				36.9%					
玉米弯孢霉叶斑病	27.0%		23.4%			23.4%											
玉米茎腐病		12.6%	15.0%	15.0%		14.2%											
玉米青枯病							33.4%					33.4%					
玉米疯顶病			22.0%			22.0%											
玉米瘤黑粉病			25.4%	12.0%		21.5%											
玉米顶腐病			22.2%			22.2%	38.7%					38.7%					
玉米矮花叶病			21.2%		40.0%	30.6%											
玉米粗缩病					30.0%	30.0%											
玉米螟	40.0%	20.0%	21.6%	14.6%	20.0%	23.2%	30.1%	28.9%	28.5%	26.4%		28.5%	43.3%	29.4%		37.1%	36.6%
土蝗	21.3%			20.5%		21.3%	35.0%					35.0%		26.4%			26.4%
棉铃虫	27.8%	19.3%	18.0%		37.5%	21.4%	13.1%					13.1%		20.0%		20.2%	20.1%
黏虫			28.3%	28.6%		31.5%	26.4%		35.2%	21.4%		27.7%	27.8%	27.1%			27.5%
草地螟							30.5%					30.5%					
玉米蚜虫	25.5%	25.0%	21.9%	20.0%	12.1%	20.9%							20.3%	22.4%			21.4%

（续）

5级自然损失率 S_5	西北区						西南区						华南区				
	新疆	青海	甘肃	宁夏	陕西	平均	四川	云南	贵州	重庆	西藏	平均	广东	广西	福建	海南	平均
玉米叶螨	28.2%		27.5%	28.7%		28.1%											
玉米蓟马	12.0%				15.0%	13.5%											
玉米耕葵粉蚧																	
斜纹夜蛾													25.0%	28.0%			26.5%
双斑萤叶甲			18.5%	12.3%	15.0%	15.3%											
蛴螬		21.3%				21.3%	27.2%					27.2%		21.8%			21.8%
蝼蛄							23.3%					23.3%		30.5%			30.5%
金针虫		18.5%	26.2%	17.4%		20.7%	9.0%					9.0%					
地老虎	22.3%		20.4%	24.4%		22.4%	23.8%		22.0%			22.9%		36.4%			36.4%
四、大豆																	
大豆锈病			19.9%			19.9%	21.0%					21.0%	37.5%	30.5%	32.2%		33.4%
大豆霜霉病			21.3%			21.3%									17.5%		17.5%
大豆病毒病			21.3%			21.3%	18.1%					18.1%	32.8%	30.2%			31.5%
大豆白粉病																	
大豆菌核病							23.7%					23.7%					
根结线虫病																	
大豆胞囊线虫病																	
大豆蚜			21.8%			21.8%	22.1%					22.1%	27.9%	27.9%			27.9%
大豆食心虫	34.2%		21.4%			27.8%	22.2%					22.2%	38.7%	24.3%	32.0%		31.7%
豆荚螟			19.4%			19.4%											
棉铃虫																	
草地螟																	
土蝗														30.3%			30.3%

（续）

5级自然损失率 S_5	西北区						西南区						华南区				
	新疆	青海	甘肃	宁夏	陕西	平均	四川	云南	贵州	重庆	西藏	平均	广东	广西	福建	海南	平均
豆荚螟			19.5%		21.4%	20.5%	31.2%			30.2%		30.7%		21.6%			21.6%
豆天蛾																	
双斑萤叶甲			20.9%			20.9%											
烟粉虱							16.0%					16.0%					
蚜螨														30.3%			30.3%
蝼蛄														30.5%			30.5%
金针虫														30.3%			30.3%
地老虎	33.4%					33.4%	20.7%		22.0%			21.4%		30.7%			30.7%
五、马铃薯																	
马铃薯早疫病	27.0%	20.3%	21.1%	29.7%	25.0%	24.6%	32.5%		27.7%			30.1%	34.4%	27.9%	36.1%		32.8%
马铃薯晚疫病	35.4%	40.2%	40.0%	40.0%	35.0%	38.1%	40.8%	41.2%	41.6%	43.1%		41.7%	38.5%	30.1%	36.6%		35.1%
马铃薯环腐病		30.0%	31.0%	23.0%		28.0%			36.3%			36.3%	18.0%	30.7%			24.4%
马铃薯病毒病	33.0%	30.0%	28.4%	17.0%	25.0%	26.7%	29.1%		27.0%			28.1%		24.2%	38.0%		31.1%
马铃薯黑胫病	37.0%	33.0%	18.2%	15.0%		25.8%			20.7%			20.7%			33.5%		33.5%
马铃薯青枯病				13.7%		13.7%	28.3%		25.0%	25.0%		26.1%	26.7%				26.7%
马铃薯疮痂病																	
马铃薯干腐病																	
二十八星瓢虫			20.8%			20.8%				37.4%		32.7%			30.0%		30.0%
蚜虫			24.1%		20.2%	22.2%			12.6%			19.4%	20.9%		32.0%		26.5%
豆芫菁		10.0%	21.5%	10.9%		14.1%											
草地螟																	
双斑萤叶甲		13.0%	22.7%	12.4%		16.0%	29.5%		22.5%			26.0%	13.9%	30.7%	28.2%		24.3%
蝼蛄																	

（续）

5级自然损失率 S_5	西北区						西南区						华南区				
	新疆	青海	甘肃	宁夏	陕西	平均	四川	云南	贵州	重庆	西藏	平均	广东	广西	福建	海南	平均
蝼蛄	14.2%		13.9%			13.9%	14.6%					14.6%	34.7%				34.7%
金针虫		10.0%	22.5%			15.6%							33.6%				33.6%
地老虎		25.0%	11.4%	11.0%		15.8%	31.8%					31.8%	34.7%	21.1%			27.9%
六、其他粮食作物																	
甘薯黑斑病							36.1%			34.7%		35.4%	15.0%	26.9%	38.7%		26.9%
甘薯根腐病							21.3%			32.5%		26.9%		30.3%			30.3%
谷子黑穗病			23.1%		23.1%	23.1%											
谷子白发病			21.8%		21.8%	21.8%											
高粱蚜虫			22.9%		22.9%	22.9%	32.2%					32.2%					32.2%
粟灰螟																	
七、棉花																	
棉花苗病	30.0%					30.0%	14.6%					14.6%					
棉花铃病							29.9%					29.9%					
棉枯萎病	23.8%					23.8%	25.0%					25.0%					
棉黄萎病	19.1%					19.1%	12.8%					12.8%					
棉花炭疽病																	
棉花角斑病																	
棉蚜	25.8%					25.8%	19.9%					19.9%					
棉铃虫	30.4%					30.4%	19.9%					19.9%					
棉红铃虫							33.6%					33.6%					
棉红蜘蛛	32.7%					32.7%	24.3%					24.3%					
棉盲蝽	20.3%					20.3%											
棉大造桥虫																	

（续）

5级自然损失率 $S_{损}$	西北区						西南区						华南区				
	新疆	青海	甘肃	宁夏	陕西	平均	四川	云南	贵州	重庆	西藏	平均	广东	广西	福建	海南	平均
棉花象鼻虫	17.8%					17.8%											
棉蓟马																	
玉米螟																	
烟粉虱	34.4%					34.4%											
斜纹夜蛾																	
八、油菜																	
油菜菌核病		35.0%	27.1%		23.8%	28.6%	32.1%		25.1%	30.2%		29.1%	38.0%		25.4%	30.2%	31.2%
油菜病毒病		20.0%	24.4%			22.2%	23.9%		22.7%	30.0%		25.5%					
油菜霜霉病		20.0%	25.4%			22.7%	28.4%		23.5%	21.2%		24.4%					
油菜根肿病						39.2%	39.2%					39.2%					
油菜蚜虫	35.0%	26.1%	22.7%		19.3%	25.8%	25.8%		25.3%	27.9%		26.3%	39.9%				39.9%
小菜蛾		20.2%	25.8%			23.0%	18.2%					18.2%	33.7%				33.7%
菜青虫			23.2%			23.2%	26.7%					26.7%					
油菜茎象甲		22.4%	23.1%		23.4%	23.0%											
油菜黄条跳甲		36.8%				36.8%											
油菜露尾甲		30.2%				30.2%											
油菜角野螟		37.1%				37.1%											
九、花生																	
花生病毒病							29.6%					29.6%	29.0%	31.3%		21.4%	27.2%
根结线虫病														27.7%		18.4%	23.1%
花生叶斑病	12.5%					12.5%	18.2%			20.6%		19.4%	36.0%	29.3%	31.4%		32.2%
花生炭疽病							18.9%					18.9%	25.7%	25.0%		19.5%	23.4%
花生青枯病							31.8%					31.8%	33.4%	24.2%	34.1%		30.6%

（续）

5级自然损失率 S危	西北区						西南区						华南区				
	新疆	青海	甘肃	宁夏	陕西	平均	四川	云南	贵州	重庆	西藏	平均	广东	广西	福建	海南	平均
花生锈病							25.1%					25.1%	29.8%	21.2%		20.0%	23.7%
花生蚜虫							24.2%					24.2%	22.9%	25.5%		17.9%	22.1%
花生叶螨													20.4%	30.0%			25.2%
棉铃虫													32.0%	30.0%			31.0%
斜纹夜蛾													35.1%	27.3%			31.2%
蝼蛄							24.0%					24.0%	28.9%	30.5%			29.7%
蟋蟀							20.6%					20.6%	30.2%				30.2%
金针虫							14.4%					14.4%	26.7%				26.7%
地老虎													32.2%	30.4%			31.3%
十、其他油料																	
向日葵菌核病	39.6%		29.3%			34.5%											
向日葵锈病	30.0%			24.2%		27.1%											
向日葵黄萎病	20.0%		21.1%			20.6%											
向日葵螟			20.0%	20.0%		20.0%											
胡麻枯萎病			22.0%	23.4%		22.7%											
胡麻潜油虫			20.8%	21.8%		21.3%											
十一、苹果																	
苹果腐烂病	26.1%	35.2%	35.9%		35.0%	33.1%	25.0%					25.0%					
苹果炭疽病			25.3%		29.2%	27.3%	25.0%					25.0%					
苹果轮纹病			25.9%		25.0%	25.5%	21.1%					21.1%					
苹果白粉病			29.8%		15.0%	22.4%	27.0%					27.0%					
苹果褐斑病			24.8%		30.0%	27.4%	23.6%					23.6%					
苹果斑点落叶病					22.1%	22.1%											

（续）

5级自然损失率 $S_{损}$	西北区						西南区						华南区				
	新疆	青海	甘肃	宁夏	陕西	平均	四川	云南	贵州	重庆	西藏	平均	广东	广西	福建	海南	平均
苹果干腐病			23.6%			23.6%											
苹果锈病			23.6%		21.7%	22.7%											
苹果叶螨	27.5%		24.5%			26.0%											
山楂叶螨			24.2%		23.4%	23.8%											
二斑叶螨	12.5%					12.5%											
桃小食心虫	19.5%	25.0%	36.6%		24.6%	26.4%											
梨小食心虫		25.0%	37.5%			31.3%											
苹果小卷叶蛾		20.0%	21.5%			20.8%											
金纹细蛾			25.1%		25.0%	25.1%											
苹果黄蚜			24.2%		20.0%	22.1%											
苹果瘤蚜			23.0%			23.0%											
介壳虫			26.9%			26.9%	25.0%					25.0%					
苹小吉丁虫		35.0%				35.0%											
十二、柑橘																	
柑橘疮痂病							22.3%					23.7%	35.1%	25.7%	33.6%		31.5%
柑橘炭疽病							27.2%		25.0%	33.4%		28.5%	37.1%	26.0%	30.4%		31.2%
柑橘黑星病													37.5%	25.3%			31.4%
柑橘煤烟病							26.4%			31.9%		29.2%	31.1%	22.5%			26.8%
柑橘脚腐病							26.7%					26.7%					
柑橘树脂病							13.2%					13.2%					
柑橘大实蝇							36.0%			40.7%		38.4%					
柑橘叶螨							36.3%		21.7%	35.5%		31.2%	37.6%	27.2%	32.1%		32.3%

(续)

5级自然损失率 $S_后$	西北区						西南区						华南区				
	新疆	青海	甘肃	宁夏	陕西	平均	四川	云南	贵州	重庆	西藏	平均	广东	广西	福建	海南	平均
柑橘锈螨							23.4%		22.5%	33.4%		26.4%	38.0%	32.7%	33.5%		34.7%
柑橘蚧类							32.1%		31.7%	39.7%		34.5%	35.1%	23.8%	28.4%		29.1%
柑橘潜叶虫类							29.8%			29.4%		29.6%	37.0%	23.4%	27.5%		29.3%
柑橘卷叶虫类										19.0%		19.0%	35.1%	31.0%			33.1%
柑橘凤蝶类							24.9%					24.9%	29.2%	25.0%			27.1%
柑橘粉虱类							27.2%		20.2%			30.7%	31.1%	22.5%			26.8%
天牛类							26.0%			34.2%		28.0%	32.0%	29.5%	33.5%		31.7%
吸果夜蛾类							22.9%			30.0%		21.6%	29.6%		31.7%		30.7%
柑橘木虱							23.2%			30.9%		27.1%	30.7%	23.6%	25.0%		26.4%
柑橘花蕾蛆													33.6%	28.6%	28.0%		30.1%
柑橘花蕾马							29.9%			19.0%		24.5%	22.2%	29.5%	26.7%		26.1%
柑橘蓟马														35.2%			35.2%
十三、其他果树																	
梨黑星病			26.7%		30.0%	28.4%	29.8%		30.1%	28.0%		29.3%	24.0%		39.8%		31.9%
梨树腐烂病	18.7%	25.8%	36.4%			27.0%	29.5%					29.5%					
梨轮纹病			26.7%			26.7%	38.8%			38.7%		38.8%	24.0%				24.0%
梨锈病			26.3%			26.3%	31.5%			27.0%		35.1%					
葡萄炭疽病							36.0%		33.7%	29.5%		31.5%			38.6%		38.6%
葡萄霜霉病	17.8%		25.6%		26.9%	23.4%	34.5%			25.5%		32.6%					
葡萄白粉病	15.1%		22.2%			18.7%	29.2%		31.1%			27.4%					
葡萄黑痘病													20.0%		35.4%		27.7%
葡萄根癌病							30.9%					31.0%					
桃穿孔病					30.0%	30.0%	32.7%					32.7%			24.4%		24.4%

（续）

5级自然损失率 S五	西北区						西南区						华南区				
	新疆	青海	甘肃	宁夏	陕西	平均	四川	云南	贵州	重庆	西藏	平均	广东	广西	福建	海南	平均
桃炭疽病							28.1%					28.1%			27.4%		27.4%
桃树穿孔病							33.0%					33.0%	25.0%		21.9%		23.5%
龙眼丛枝病													26.9%	24.3%			25.6%
荔枝霜疫霉病													38.3%	28.1%	32.2%	38.7%	34.3%
荔枝毛毡病													37.4%	21.8%			29.6%
香蕉细菌性枯萎病														31.3%			31.3%
香蕉炭疽病													41.8%	26.8%		42.2%	36.9%
香蕉叶斑病													35.1%	32.9%		17.3%	28.4%
香蕉束顶病													31.3%	31.2%		19.7%	27.4%
香蕉花叶心腐病													28.4%	31.0%			29.7%
芒果炭疽病													38.3%				38.3%
芒果白粉病													35.0%	16.7%		17.0%	22.9%
桃小食心虫		25.0%	34.0%		25.0%	28.0%				22.0%		22.0%			30.0%		30.0%
梨小食心虫		25.0%	30.7%			27.9%				23.0%		23.0%			30.0%		30.0%
桃蚜			21.4%		20.0%	20.7%	32.6%			28.0%		28.5%					
梨蚜			21.2%		20.0%	20.6%	32.5%			29.0%		30.8%					
桃蛀螟			27.7%		30.0%	30.0%	32.7%					32.7%					
梨木虱					25.0%	26.4%			24.8%								
梨茎蜂					25.0%	25.0%	35.2%					35.2%					
梨星毛虫			17.8%			17.8%											
香蕉象甲类													39.0%	31.0%			35.0%
荔枝蝽													38.5%	24.0%	38.1%		31.3%
荔枝蛀蒂虫													40.0%	27.0%		42.0%	36.8%

（续）

5级自然损失率 S_{55}	西北区						西南区						华南区				
	新疆	青海	甘肃	宁夏	陕西	平均	四川	云南	贵州	重庆	西藏	平均	广东	广西	福建	海南	平均
荔枝蝽蟓													39.9%	31.3%			35.6%
龙眼角颊木虱													34.1%	16.7%			25.4%
十四、蔬菜																	
白菜霜霉病	21.3%	20.0%	25.2%	16.7%		20.8%	25.1%		20.7%	30.5%		25.4%	41.6%	22.6%	29.6%	38.9%	33.2%
白菜软腐病	27.1%	38.8%	29.5%	30.8%	28.4%	30.9%	37.3%	36.5%	34.3%	30.8%		34.7%	43.2%	26.3%	43.4%	44.2%	39.3%
白菜病毒病	34.1%	17.2%	26.0%			25.8%	32.2%		23.8%	33.8%		29.9%	29.7%	28.9%	34.6%		31.1%
白菜灰霉病			23.8%			23.8%	26.9%		26.2%	24.0%		25.7%			26.2%		26.2%
白菜菌核病		23.1%				23.1%	30.0%		15.4%	33.4%		26.3%	27.2%	20.7%	23.6%		23.8%
番茄早疫病	28.4%	39.6%	22.4%	20.5%		27.7%	28.3%		27.1%	40.3%		31.9%	39.1%	26.5%	41.9%		35.8%
番茄晚疫病	23.2%	33.8%	32.4%	36.2%	41.1%	33.3%	35.6%	40.7%	40.7%	39.7%		39.2%	43.3%	24.9%	35.1%	43.1%	36.6%
番茄灰霉病	42.7%	42.6%	36.4%	23.5%	35.0%	36.0%	36.4%		34.3%	34.9%		35.2%	42.0%	18.3%	43.4%		34.6%
番茄叶霉病	36.8%	33.4%	24.1%	26.7%	20.0%	28.2%	38.1%	37.2%				37.7%		17.5%			17.5%
番茄白粉病			21.3%		21.0%	20.9%	25.6%					25.6%	30.4%	20.0%	37.4%		29.3%
番茄菌核病		21.0%	23.5%	20.3%		23.5%	30.6%					30.6%	32.0%				32.0%
番茄病毒病																	35.1%
番茄疫霉根腐病		37.1%	34.0%	21.8%	40.0%	32.6%	29.0%	30.0%	28.4%			28.7%					31.8%
辣椒炭疽病	30.1%	33.4%	25.4%			33.4%	27.0%	30.0%	29.6%	28.1%		28.7%	38.6%	25.4%	38.1%		33.6%
辣椒病毒病	20.9%		26.6%		20.5%	19.3%	32.1%		35.5%	30.7%		32.8%	43.4%	24.7%	32.6%	38.1%	36.0%
辣椒疫病	11.3%	35.0%	39.5%	25.0%	25.0%	24.6%	36.0%	41.2%	36.8%	35.7%		37.4%	42.5%	25.0%	40.5%		32.7%
辣椒白粉病	34.8%	29.5%	30.1%	34.4%	25.0%	32.6%	30.6%		36.0%	33.4%		33.3%	29.9%	24.9%	29.9%		29.9%
瓜类灰霉病	29.2%	27.7%	25.5%		30.0%	28.5%				22.0%		22.0%	37.3%				37.3%
瓜类白粉病	40.0%		24.5%		20.0%	27.8%				34.0%		34.0%	41.3%				41.3%
瓜类霜霉病			36.9%	25.0%	35.0%	32.1%			18.6%	43.5%		31.1%		32.0%			32.0%

（续）

5级自然损失率 $S_{总}$	西北区						西南区						华南区				
	新疆	青海	甘肃	宁夏	陕西	平均	四川	云南	贵州	重庆	西藏	平均	广东	广西	福建	海南	平均
瓜类炭疽病	23.4%	35.0%	25.0%	22.0%		23.5%			17.6%			17.6%	40.0%	32.2%			36.1%
黄瓜霜霉病			39.3%	25.0%	33.7%	31.3%	36.3%		31.2%	39.3%		35.6%	43.4%	30.3%	33.6%		35.8%
黄瓜炭疽病	29.2%	30.0%	24.7%	22.0%	32.4%	26.4%	28.1%	30.0%		35.4%		31.8%	32.6%	15.0%	42.0%		29.9%
瓜类枯萎病		32.5%	22.1%	30.4%	35.0%	30.0%	43.0%		26.1%	38.9%		36.0%	32.7%	22.9%	32.9%		29.5%
瓜类菌核病							34.2%					34.2%	36.4%				36.4%
瓜类蔓枯病	33.3%		24.6%	24.5%		27.5%				36.1%		36.1%	40.4%	26.5%	24.0%	44.8%	36.4%
瓜类疫病	29.9%	25.9%	26.9%	28.0%	20.0%	27.7%	32.7%	38.0%				35.4%	40.8%		24.9%		30.7%
瓜类细菌性角斑病	29.9%	29.2%	23.1%	18.7%	20.0%	22.8%	35.7%		23.0%			29.4%	41.9%	23.0%	28.6%		31.2%
根结线虫病				20.0%	30.0%	25.0%	28.9%			22.0%		25.5%					
菌苞霜霉病							35.5%					35.5%					
十字花科蔬菜根肿病					30.0%	30.0%							26.0%				26.0%
瓜实蝇	27.7%	34.7%	31.0%	37.9%	26.2%	31.5%	24.8%		27.1%	28.1%		26.7%	41.3%	24.8%	38.0%		32.9%
菜螟	29.2%	30.0%	36.6%	43.0%	25.7%	32.9%	27.3%	30.0%	24.0%	39.2%		30.1%	39.1%	25.2%	33.0%	27.5%	31.4%
菜青虫	22.3%	33.0%	28.7%	31.3%	27.0%	28.5%	22.9%	40.0%	27.0%	35.5%		31.4%	42.8%	25.8%	43.3%	28.2%	36.7%
小菜蛾	27.2%	28.0%	25.3%	15.6%		24.0%	43.7%		23.4%	25.0%		30.7%	40.8%	24.9%	26.5%	35.0%	30.7%
黄曲条跳甲			23.5%		20.0%	21.8%	28.2%		27.0%	31.9%		29.0%	41.2%	23.3%	32.0%	32.5%	32.3%
斜纹夜蛾	24.8%	24.8%		20.0%		20.0%	30.1%		27.0%	27.9%		28.3%	39.1%	20.0%	30.0%		29.7%
甜菜夜蛾			19.9%		20.0%	19.9%	30.4%		27.0%	20.0%		25.8%		29.0%	30.0%		29.0%
甘蓝夜蛾	18.4%		25.1%	21.7%	25.0%	22.6%	31.6%		20.6%	30.0%		27.4%	32.2%	20.1%	35.0%	41.0%	32.1%
美洲斑潜蝇	30.2%	30.2%	30.5%	30.5%		30.4%	40.0%			30.0%		35.0%	33.2%				33.2%
南美斑潜蝇	23.4%	23.4%	29.9%			23.8%	22.0%		19.5%			20.8%	39.5%	13.1%			26.3%
豌豆潜叶蝇				18.0%			20.0%					20.0%					
白粉虱	37.6%	24.2%	22.5%	15.0%	35.0%	26.9%	28.5%		11.2%			19.9%	36.3%	20.9%	21.9%		26.4%

（续）

5级自然损失率 $S_{局}$	西北区						西南区						华南区				
	新疆	青海	甘肃	宁夏	陕西	平均	四川	云南	贵州	重庆	西藏	平均	广东	广西	福建	海南	平均
烟粉虱	43.5%	25.9%		23.4%	35.0%	32.0%	35.9%		10.4%			23.2%	30.4%		25.1%		27.8%
瓜蓟马		23.4%		18.5%		21.0%							32.2%	31.3%			31.8%
菜螟			23.5%			23.5%	26.3%					26.3%	25.0%	20.6%			22.8%
瓜绢螟													23.4%	20.0%		40.4%	27.9%
豆荚螟		23.4%	20.2%			21.8%	37.0%		30.5%	32.0%		33.2%	41.0%	26.1%	23.0%	40.3%	32.6%
黄守瓜			17.8%			17.8%	27.7%		21.0%			24.4%	38.9%	32.2%		40.0%	37.0%
根蛆	28.3%	25.6%	21.5%	24.2%		24.9%	23.4%					23.4%					
韭蛆		16.7%	32.8%	15.4%	25.0%	22.5%	25.8%					25.8%					
棉铃虫	27.9%	25.9%	24.9%	24.5%		25.8%	22.8%		22.8%	27.0%		24.2%				40.2%	40.2%
烟青虫		30.0%	22.0%			26.0%	31.2%		26.3%	22.0%		26.5%	39.4%	29.6%	32.3%		33.8%
茶黄螨			20.7%	17.9%		19.3%	27.0%			35.5%		31.3%	34.5%				34.5%
红蜘蛛	43.5%	34.5%	24.1%			34.0%	29.1%			27.0%		28.1%			38.3%		38.3%
二斑叶螨										30.0%		30.0%					
十五、其他经济作物																	
甜菜褐斑病	23.5%					23.5%						23.5%					
甘蔗梢腐病													13.9%	22.7%			18.3%
甘蔗黑穗病														26.7%			26.7%
甘蔗凤梨病														26.8%			26.8%
茶云纹叶枯病													22.2%		30.0%		26.3%
茶饼病																	
茶白星病													35.0%		30.0%		32.5%
草莓白粉病									22.8%			22.8%	15.0%		34.5%		24.8%
草莓灰霉病									24.0%			24.0%	20.0%				20.0%

（续）

5级自然损失率 $S_{总}$	西北区						西南区						华南区				
	新疆	青海	甘肃	宁夏	陕西	平均	四川	云南	贵州	重庆	西藏	平均	广东	广西	福建	海南	平均
草莓炭疽病															20.0%		20.0%
烟草病毒病							25.0%		22.0%			23.5%	15.0%	15.4%		10.7%	13.7%
烟草黑胫病									32.0%	30.0%		31.0%	32.9%	25.6%	30.0%		29.5%
甘蔗螟虫							20.6%					20.6%	12.5%	25.4%	20.0%		19.3%
甘蔗蓟马													22.5%	19.4%	30.0%		24.0%
甘蔗龟													22.5%	22.9%	30.0%		24.0%
甘蔗绵蚜													19.1%	19.5%	20.0%		19.8%
甘蔗蔗根锯天牛														20.7%			20.7%
甘蔗土蝗																	
枸杞蚜虫		40.0%		22.5%		31.3%											
枸杞瘿螨		15.0%		22.8%		18.9%											
茶小绿叶蝉							21.3%		30.0%			25.7%	26.9%		32.0%		29.5%
茶黄螨							28.7%					28.7%	24.1%	20.0%	20.0%		21.4%
茶毒蛾															30.0%		30.0%
茶尺蠖							32.2%		32.1%			32.1%	20.0%	20.0%			20.0%
茶刺蛾													19.8%	20.0%	35.0%		24.9%
茶黑刺粉虱									30.0%			30.0%			35.0%		35.0%
草莓叶螨																	20.0%
烟蚜										20.0%		20.0%	20.0%		20.0%		20.0%
烟青虫									19.2%	34.7%		27.0%		10.1%	30.0%		20.1%

附录四

农作物病虫危害损失测算系统（V1.0）使用说明

农作物病虫危害损失测算软件使用说明请扫描以下二维码：

图书在版编目（CIP）数据

中国植物保护统计原理与应用／全国农业技术推广服务中心编著 . —北京：中国农业出版社，2021.6
ISBN 978 - 7 - 109 - 28140 - 0

Ⅰ.①中… Ⅱ.①全… Ⅲ.①植物保护－统计－中国
Ⅳ.①S4 - 32

中国版本图书馆 CIP 数据核字（2021）第 066146 号

中国农业出版社出版

地址：北京市朝阳区麦子店街 18 号楼
邮编：100125
责任编辑：阎莎莎　　文字编辑：王庆敏
版式设计：杜　然　责任校对：沙凯霖
印刷：中农印务有限公司
版次：2021 年 6 月第 1 版
印次：2021 年 6 月北京第 1 次印刷
发行：新华书店北京发行所
开本：787mm×1092mm　1/16
印张：15.25
字数：386 千字
定价：88.00 元
